ESSAI

DE

STATIQUE CHIMIQUE.

SECONDE PARTIE.

ESSAI

DE

STATIQUE CHIMIQUE,

PAR C. L. BERTHOLLET,

MEMBRE DU SENAT CONSERVATEUR, DE L'INSTITUT, etc.

SECONDE PARTIE.

DE L'IMPRIMERIE DE DEMONVILLE ET SOEURS.

A PARIS,

RUE DE THIONVILLE, No. 116,

CHEZ FIRMIN DIDOT, Libraire pour les Mathématiques, l'Architecture, la Marine, et les Éditions Stéréotypes.

AN XI. — 1803.

TABLE DES MATIERES

CONTENUES DANS CE VOLUME.

SECONDE PARTIE.

NOTES DE LA PREMIÈRE SECTION.

SECTION II.

DES ACIDES BINAIRES, CONSIDÉRÉS RELATIVEMENT A LEUR COMPOSITION.

NOTES DE LA SECONDE SECTION.

SECTION III.

DES ACIDES TERNAIRES.

SECTION IV.

DES ALCALIS ET DES TERRES.

SECTION V.

DES SUBSTANCES MÉTALLIQUES.

NOTES DE LA CINQUIÈME SECTION.

ESSAI

DE

STATIQUE CHIMIQUE.

~~~~~~

SECONDE PARTIE.

*De l'action chimique des différentes subs-
tances, et des phénomènes qui en
dépendent.*

———————

257. APRÈS avoir examiné successivement
toutes les causes qui contribuent aux phénomènes chimiques, indépendamment du caractère particulier des substances dans lesquelles
elles résident, je me propose de considérer dans
la seconde partie de cet ouvrage, les substances
mêmes dont les propriétés sont les puissances
réelles qui produisent les effets de l'action chimique.

Il résulte des considérations exposées dans la
première partie, que les forces que les subs-
~~~~~~

tances peuvent développer dans leur action, dépendent 1°. de leur tendance à la combinaison, par laquelle se produit une saturation, ou de leur affinité pour les autres substances, que l'on peut appeler affinité de combinaison; 2°. de l'affinité réciproque de leurs molécules avant la combinaison, ou de celles des parties intégrantes de la combinaison : à cette affinité doit être assimilée celle des substances qui ne causent pas de saturation mutuelle dans les propriétés caractéristiques; mais dont les effets sont analogues à ceux de l'affinité réciproque des molécules. Cette action réciproque produit, lorsqu'elle a assez d'énergie, la force de cohésion par laquelle je l'ai souvent désignée.

Je suivrai donc les changements que ces deux causes de l'action chimique des différentes substances éprouvent dans les combinaisons qu'elles forment, en tâchant de dériver des propriétés primitives des éléments d'une combinaison, celles de la combinaison même.

Je distinguerai les substances qui exercent une affinité simple et indépendante de toute composition, de celles qui exercent dans des circonstances une affinité résultante semblable à la précédente, et qui dans d'autres occasions agissent par leurs affinités élémentaires : je suivrai les changements qui sont dûs à la condensation qui donne naissance à l'affinité résultante, comme ceux qui surviennent lorsqu'elle fait place aux affinités élémentaires.

Le calorique concourt avec les forces chimiques des substances, par l'élasticité inégale qu'il leur donne; il est opposé à la force de cohésion et à toute combinaison dont l'essence est un rapprochement des parties qui la subissent; cependant son effet se combinant avec ceux de l'affinité de combinaison et de l'affinité réciproque, il devient tantôt un obstacle aux combinaisons, et tantôt il les favorise. J'examinerai les dispositions des substances sous ces différents rapports : le plus souvent j'observerai la liaison des propriétés des substances avec les effets qu'elles produisent, quelquefois ce sont les phénomènes que je considérerai pour démêler les différentes causes dont ils sont dérivés.

Il y a dans les substances des affinités dominantes qui sont la source de leurs propriétés caractéristiques (37) : il y en a d'autres qui cèdent à celles-là, mais qui cependant donnent naissance à plusieurs phénomènes remarquables ; les premières doivent sur-tout servir à classer les substances, et à expliquer les principaux effets qui résultent de leur action; mais les autres ne doivent pas être négligées. Ainsi, en rapprochant les substances dont l'affinité pour l'oxigène est celle qui domine, j'examinerai leurs combinaisons mutuelles.

Je n'exécuterai point le plan que je viens de tracer, avec les détails d'un traité de chimie : je n'examinerai que les substances qui sont éminentes par leurs propriétés, dont l'action explique celle des substances analogues, et qui sont devenues les puissances dont le chimiste cherche sur-tout à disposer, ou du moins je n'indiquerai les autres que par leurs différences.

Je me suppose dans une position où je rappelle à un élève les objets qui ont passé sous ses yeux, pour lui indiquer les rapports qui existent entre les propriétés particulières et les propriétés générales, entre les phénomènes simples et les phénomènes composés, entre les dispositions des substances et les procédés auxquels on les soumet ; j'examine avec lui les opinions sur lesquelles on n'est pas encore fixé : je discute les connaissances, encore vagues, qui composent ce que l'on peut appeler la chimie *flottante*; mais je soumets aux chimistes ces discussions, et les conjectures auxquelles elles me conduisent sur les objets sur lesquels je me suis formé quelque opinion particulière.

SECTION PREMIÈRE.

Des substances oxigénables, considérées dans leurs rapports avec l'oxigène et dans leurs rapports mutuels.

CHAPITRE PREMIER.

De l'oxigène et de l'oxigénation.

258. De toutes les substances, à part le calorique, c'est l'oxigène qui paraît être la première, par l'étendue et l'énergie de ses affinités; c'est encore celle qui, par son action sur le calorique, contribue le plus aux phénomènes qui dépendent de sa combinaison.

Non-seulement l'oxigène entre en combinaison avec un grand nombre de substances; mais la tendance que celles-ci ont à se combiner avec lui, forme ordinairement leur caractère distinctif, qu'elles conservent plus ou moins dans leurs combinaisons mutuelles; de sorte que le rapport des différentes substances avec l'oxigène doit

sur-tout diriger leur classification chimique ,
et sert principalement à l'explication des phénomènes auxquels elles contribuent ; avant
d'entrer dans l'examen des combinaisons particulières que l'oxigène forme, et des substances avec lesquelles il les produit, je lui appli-
querai les observations générales que j'ai présentées sur les combinaisons des substances
gazeuses, soit entre elles, soit avec les substances
qui sont dans un autre état.

Les propriétés de l'oxigène reçoivent dans ses
combinaisons des modifications considérables ,
selon l'état de condensation dans lequel il se
trouve , selon la quantité de calorique qu'il y
retient , et selon le degré de saturation qu'il
éprouve ; de sorte qu'en passant successivement
dans différentes combinaisons , il peut leur
donner différentes propriétés relatives à l'état
dans lequel il s'y trouve.

En raison de sa condensation , il porte dans
la sphère d'activité une masse beaucoup plus
considérable , et son action se trouve accrue
proportionnellement à son état de condensation ;
mais il ne conserve de sa tendance à la combinaison , que la partie qui n'est pas assujettie
par l'affinité de la substance avec laquelle il est
combiné : par là il perd d'autant plus de ses
propriétés , que la substance avec laquelle il est
combiné , a une plus forte affinité pour lui , et

qu'elle se trouve en plus grande proportion dans la combinaison (180).

Comme il a une grande disposition à l'élasticité, toute élévation de température affaiblit sa combinaison avec les corps solides, et en général avec toute substance dans laquelle cette disposition est moins grande ; par conséquent, plus la température est basse, plus cette espèce de combinaison doit avoir de force ; et si la chaleur est nécessaire à la combinaison de l'oxigène avec les solides, c'est parce qu'elle la favorise plus par la diminution de leur force de cohésion, qu'elle ne lui est nuisible par la dilatation de l'oxigène (153).

Dans la condensation que l'oxigène éprouve par la combinaison, il ne perd pas une quantité de calorique qui corresponde à la condensation (147) ; mais il en conserve plus ou moins, selon la force résultante que la combinaison exerce sur le calorique, et qui ne peut être déterminée que par l'expérience : de là les phénomènes différents qui sont dûs au calorique, lorsque l'oxigène passe d'une combinaison dans une autre.

259. On peut juger de l'action d'une substance sur l'oxigène, par les propriétés des combinaisons qu'elle forme avec lui, et dans lesquelles celles de l'oxigène ont éprouvé une saturation plus ou moins grande (183) ; mais pour comparer sous

ce rapport les substances entre elles, il faut connaître les proportions des éléments dans les combinaisons qu'elles forment avec l'oxigène, avoir égard à l'état de condensation dans lequel il s'y trouve, et se faire une idée juste des propriétés qui peuvent en dépendre. Or, les deux propriétés qui caractérisent particulièrement l'oxigène, sont : 1°. de se combiner avec les substances qui sont inflammables, et qui cessent de l'être par sa combinaison ; 2°. de communiquer l'acidité aux combinaisons qu'il forme, lorsqu'il n'éprouve pas un degré de saturation trop considérable : sous ce dernier rapport, on a eu raison de l'appeler principe acidifiant.

J'ai, dans d'autres occasions, résisté à cette dernière idée qui est due à Lavoisier ; mais il me paraît aujourd'hui que l'on donnait trop d'extension au principe qu'on voulait établir, et que de mon côté j'y apportais trop de restriction.

En effet, vouloir conclure de ce que l'oxigène donne l'acidité à un grand nombre de substances que toute acidité en provient, même celle des acides muriatique, fluorique et boracique, c'est reculer trop loin les limites de l'analogie.

L'hydrogène sulfuré qui possède réellement les propriétés d'un acide, prouve directement que l'acidité n'est pas toujours due à l'oxigène.

On ne serait pas plus fondé à conclure, de

ce que l'ammoniaque paraît devoir l'alcalinité
à l'hydrogène, que l'hydrogène est le principe
de l'alcalinité, non-seulement dans les alcalis
proprement dits, mais dans la magnésie, la
chaux, la strontiane et la baryte.

D'un autre côté, l'objection que je tirais des
propriétés de l'acide muriatique oxigéné, auquel
l'oxigène semble enlever l'acidité, ne me paraît
pas fondée, parce que je négligeais l'état dans
lequel il s'y trouve.

Dans l'acide muriatique oxigéné, l'oxigène est
faiblement retenu ; de sorte qu'il abandonne
facilement l'acide muriatique pour se combiner
sur-tout avec l'hydrogène condensé ; de là naît
aussitôt la décomposition de l'acide muriatique
oxigéné ; mais il entre réellement en combinaison
avec les alcalis ; car je me suis assuré qu'en y
mêlant un alcali ou une terre alcaline, ses propriétés naturelles étaient diminuées : et son
odeur, très-affaiblie, le fait bien appercevoir ;
mais il n'agit sur les alcalis que comme un acide
faible, parce qu'il est peu condensé, et l'objection
que l'on peut tirer de la débilité de son action
dans cette circonstance, devrait aussi s'appliquer
à l'acide muriatique, dont l'action sur les alcalis
se trouve également affaiblie ; cependant à mesure qu'il est concentré, il acquiert de la force,
et il chasse l'acide carbonique de ses combinaisons avec la potasse et la soude, quoique celui-

ci ait une capacité de saturation considérable : par
là même qu'il se condense , son action sur l'acide
muriatique augmente, et cette saturation réciproque doit affaiblir leur tendance aux autres combinaisons : dans le muriate suroxigène de potasse,
où l'oxigène se trouve beaucoup plus condensé
et en beaucoup plus grande proportion que dans
l'acide muriatique oxigéné , il sature une portion
considérable de potasse , en agissant sur elle par
une affinité résultante.

Ces considérations prouvent que l'oxigène peut
être regardé comme le principe d'acidité le plus
ordinaire , mais que cette espèce d'affinité pour
les alcalis peut appartenir à des substances qui
ne contiennent point d'oxigène ; qu'ainsi l'on
ne doit pas toujours conclure de l'acidité d'une
substance qu'elle contient de l'oxigène , quoiqu'elle soit un motif pour y en chercher l'existence : il faut encore moins conclure de ce
qu'une substance contient de l'oxigène , qu'elle
doit avoir les propriétés acides; au contraire ,
l'acidité d'une substance oxigénée fait voir que
l'oxigène n'y éprouve qu'une saturation incomplète , puisque ses propriétés restent dominantes.

260. Lors donc qu'une substance se combine
avec l'oxigène , il faut déterminer la proportion
d'oxigène qui entre dans la combinaison , et
examiner les propriétés de cette combinaison;

l'on est fondé à attribuer une forte affinité pour lui , aux substances qui peuvent en assujettir et en prendre en combinaison une grande quantité , sans devenir acides , et sans montrer les autres dispositions à se combiner , qui appartiennent à l'oxigène.

Ce moyen de juger de l'affinité comparative des différentes substances pour l'oxigène , est le même que celui par lequel on doit déterminer la capacité comparative de saturation des acides et des alcalis (88) , et il me paraît devoir s'appliquer à toutes les affinités de combinaison.

Les substances simples ou indécomposées sur lesquelles l'oxigène exerce une forte action , et avec lesquelles il forme les combinaisons les plus remarquables , sont l'hydrogène , le carbone , le soufre , le phosphore , l'azote et les substances métalliques ; ces dernières substances , les combinaisons qu'elles produisent , et les phénomènes qui en dérivent , seront examinés particulièrement ; mais entre les autres , ce sont l'hydrogène et le carbone qui , sous ce point de vue , tiennent le premier rang.

De toutes les substances connues , il n'y en a point qui , à poids égal , puisse se combiner avec une plus grande proportion d'oxigène , en fesant disparaître ses propriétés caractéristiques , que l'hydrogène ; mais en perdant toutes celles qui le caractérisent lui-même : il ne faut qu'environ $\frac{16}{100}$ d'hydrogène, pour en saturer à ce point près de $\frac{85}{100}$ d'oxigène.

J'ai fait voir que c'était au terme où l'effet de la plus forte action réciproque, et par conséquent la condensation devait être la plus grande, que devait s'opérer la combinaison de deux substances gazeuses (206) : un si grand effet de saturation qui est sans exemple dans les combinaisons chimiques, prouve une grande puissance d'action dans l'hydrogène; il devrait donc être considéré comme beaucoup plus actif que l'oxigène, s'il exerçait une action correspondante sur un aussi grand nombre de substances; mais il y en a plusieurs avec lesquelles il ne produit que de faibles combinaisons, et un plus grand nombre encore avec lesquelles il n'en peut former, parce que la faiblesse de son action sur ces substances, ne peut surmonter les obstacles qui s'opposent à son union avec elles; d'ailleurs il a beaucoup moins de rapports avec le calorique que l'oxigène : ces motifs doivent engager à classer et à examiner les différentes substances, principalement selon leurs rapports avec l'oxigène.

261. L'hydrogène, dont la pesanteur spécifique est dans l'état de gaz à-peu-près comme 13 à 1, contribue à la légèreté spécifique et à la volatilité de toutes les substances dans lesquelles il se trouve combiné; il donne sur-tout à ses com-

binaisons la propriété d'être inflammables, qui
est due à son affinité dominante pour l'oxigène.

Les élévations de température doivent diminuer la condensation produite par la combinaison, et par conséquent l'effet de l'affinité
réciproque de ses éléments; l'énergie de l'affinité doit donc s'affaiblir à mesure que la température s'élève, et lorsqu'elle est parvenue au
terme où la dilatation produite par la chaleur
compense la condensation produite par l'affinité,
la force de la combinaison doit se trouver très-
affaiblie.

Il est probable que c'est en produisant un effet
semblable, qu'une forte électricité décompose
l'eau, lorsque cette décomposition n'est pas
bornée au dégagement d'une partie de l'un de
ses deux éléments, comme dans l'action de l'appareil électromoteur (139).

Cette action de l'électricité, analogue à celle
de la chaleur, paraît donc confirmer qu'il y
a un degré de température, où l'eau ne peut
exister, mais où elle est réduite en ses deux
éléments qui s'isolent, comme il arrive à l'ammoniaque à un degré fort inférieur : les substances qui la décomposent en dégageant simplement le gaz hydrogène, ne font qu'accélérer
le terme de cette séparation naturelle, comme

celles qui décomposent l'ammoniaque en s'emparant de son hydrogène, accélèrent celui où la chaleur seule aurait produit cette séparation.

Si une substance, du fer, par exemple, agit sur l'oxigène de l'eau en même temps que celle-ci éprouve une dilatation qui affaiblit l'action réciproque de ses éléments, son action concourt avec celle de la chaleur; mais cet effet doit avoir des limites, parce qu'une haute température tend aussi à séparer l'oxigène du fer.

Les décompositions qui s'opèrent avec un concours de circonstances qui changent l'action mutuelle de différentes substances, peuvent facilement en imposer sur l'affinité comparative de ces substances; ainsi, de ce que le fer décompose l'eau, il ne faudrait pas en conclure qu'il a une plus forte affinité avec l'oxigène que l'hydrogène; car cette décomposition ne peut s'effectuer qu'au moyen de la dilatation qu'éprouve le gaz hydrogène par l'action de la chaleur : et dans une circonstance différente, c'est l'hydrogène qui enlève l'oxigène au fer, malgré le désavantage qui se trouve dans une substance très-rare, lorsqu'elle exerce une action opposée à celle d'une substance condensée.

Priestley a fait voir qu'en dirigeant le foyer d'un verre ardent sur un oxide de fer dans un vase rempli de gaz hydrogène, le métal subissait une réduction complète : dans cette circons-

tance, le gaz hydrogène subit peu de changement de température, peu d'augmentation dans
son effort élastique ; mais l'oxigène en éprouve
une très-considérable, et il abandonne le fer
pour se combiner avec l'hydrogène dont il
aurait, au contraire, été séparé par le fer, si
l'effet eût été le même pour tous deux, comme
dans la décomposition de l'eau. (*Note XIX.*)

262. Le carbone exerce aussi une action puissante sur l'oxigène ; cependant il en faut à-peu-
près 16 parties pondérales pour pouvoir en
assujettir 43 d'oxigène, et la combinaison qui
se forme par là est un acide assez puissant ; le
carbone n'a pu, dans cette proportion, saturer
qu'une partie des propriétés de l'oxigène ; il
paraît donc que son affinité est fort inférieure à
celle de l'hydrogène.

Ce qui complique plusieurs phénomènes, c'est
que le carbone a en même temps une grande
affinité pour l'hydrogène ; de sorte qu'il forme
facilement des combinaisons gazeuses avec lui,
et qu'il en retient toujours en combinaison lorsqu'il conserve l'état solide : il a de plus la propriété de former des combinaisons ternaires avec
l'oxigène et avec l'hydrogène : on ne le connaît
encore dans son état d'isolement que dans le
diamant, autant que permettent de le conclure
les expériences qui ont été faites jusqu'à présent
sur cette substance remarquable.

Ce qui confirme la plus forte action de l'hydrogène sur l'oxigène, c'est que, à toutes les températures, les substances qui contiennent le charbon et l'hydrogène donnent plutôt naissance à l'eau qu'à l'acide carbonique, à moins qu'il ne se fasse une combinaison triple ; de sorte que les substances inflammables commencent par se charbonner, c'est-à-dire qu'elles commencent par céder leur hydrogène, en perdant en même temps leurs autres principes volatils. L'élévation de température affaiblit l'action réciproque de l'oxigène et de l'hydrogène ; mais elle affaiblit bien plus celle du carbone qui est beaucoup moins dilatable que l'hydrogène ; aussi verrons-nous que l'hydrogène décompose l'acide carbonique.

La décomposition de l'eau par le charbon, n'est pas due à une supériorité d'affinité du carbone pour l'oxigène ; dans cette circonstance, il se forme deux combinaisons ; celle de l'acide carbonique et celle de l'hydrogène carburé, et les deux combinaisons occupent un volume beaucoup plus considérable que la vapeur de l'eau ; de sorte que l'action du calorique doit être favorable à leur production, indépendamment du concours des affinités.

263. L'oxigène, dans l'état de gaz, paraît avoir une plus grande quantité de calorique que toutes les autres substances ; car on n'en connaît aucune

qui en laisse dégager autant dans ses changements de constitution.

On ne peut prouver directement cette propriété ; car lorsque le gaz oxigène abandonne
son calorique en passant dans quelque combinaison , la chaleur qui se produit peut être
attribuée à la substance avec laquelle il se combine ; mais si l'on fait attention que les substances dans lesquelles l'oxigène retient la plus
grande partie de son calorique , telles que
l'acide nitrique , l'acide muriatique oxigéné,
et quelques oxides , possèdent toutes la
propriété d'en donner beaucoup, lorsque leur
oxigène passe dans d'autres combinaisons ; si
l'on considère que celles qui occasionnent le
dégagement de beaucoup de calorique , n'en
donnent qu'une quantité beaucoup plus petite ,
en formant d'autres espèces de combinaisons ,
on ne peut douter que la plus grande partie
de celui qui est mis en liberté dans la combustion , ne doive être attribuée au changement
d'état de l'oxigène.

Comme on a été tenté de n'attribuer le dégagement du calorique qu'aux changements de
dimension des corps et sur-tout des gaz qui se
fixent, on a pu croire que l'hydrogène contribuait pour beaucoup, et même pour la plus
grande partie , à la chaleur produite par la
formation de l'eau ; mais il est, d'une part, des

corps solides, tels que le phosphore, qui font une plus grande émission de calorique avec une quantité donnée de gaz oxigène ; d'autre part, lorsqu'on décompose l'eau par le moyen de l'acide sulfurique et du fer, il s'excite beaucoup de chaleur, et cependant tout l'hydrogène de l'eau qui se décompose, reprend l'état élastique : il faut donc que la chaleur provienne du changement d'état de l'oxigène, et que le calorique nécessaire pour faire passer l'hydrogène à l'état de gaz, ne soit qu'une faible partie de celui qui est dégagé de l'oxigène, qui passe de l'état où il est dans l'eau, à celui qu'il prend en se combinant avec le fer.

Quoique le gaz oxigène tienne en combinaison une grande proportion de calorique, qu'il abandonne en plus ou moins grande quantité, en changeant d'état, il n'a cependant qu'un faible calorique spécifique ; car d'après les expériences de Lavoisier et de Laplace, son calorique spécifique n'est à celui de l'eau, que comme 60:100 ; ce qui confirme de plus en plus que le calorique spécifique n'a pas de rapport connu avec le calorique absolu (150).

264. Comme l'oxigène et l'hydrogène ne forment pas seulement une combinaison dans l'état de gaz, mais qu'ils peuvent aussi produire de l'eau, lorsqu'ils se trouvent déjà en état de combinaison, ou dans la même substance, ou dans

deux substances séparées, les phénomènes qui dépendent du calorique, et principalement de celui qui est dégagé de l'oxigène, répondent à l'état dans lequel l'oxigène se trouve dans les combinaisons qu'il abandonne pour produire de l'eau avec l'hydrogène.

Ces vastes propriétés de l'oxigène étaient ignorées, en grande partie, avant que Lavoisier fît connaître ses combinaisons, et analysât les phénomènes nombreux qui en dépendent : c'était une époque heureuse pour la chimie, que celle où Black venait de jeter les fondements de la théorie de la chaleur ; où Priestley découvrait par des procédés nouveaux, un grand nombre de substances gazeuses négligées jusque-là ; où Cavendish alliait aux recherches les plus délicates de la chimie l'application d'une physique lumineuse ; où Bergman ordonnait tous les procédés qui servent à diriger l'action chimique, et à en classer les effets ; où Schéele découvrait des terres, des métaux, des acides, des combinaisons ; où Guyton établissait une communication entre toutes les opinions, et les balançait ; où Fourcroy commençait à proclamer avec éclat les découvertes rapides auxquelles il contribuait. Tout-à-coup les expériences de Lavoisier dévoilèrent une grande partie des phénomènes que les chimistes étaient obligés de laisser sans explication, ou dont ils ne donnaient qu'une interprétation incomplète, au moyen d'une supposition idéale à laquelle ils prêtaient l'importance de la réalité, et lui assurèrent la première place parmi les chimistes français.

La combinaison de l'oxigène avec les autres substances est accompagnée de phénomènes différents, selon la quantité de calorique qui s'en dégage : lorsque cette quantité est très-petite, c'est une simple oxigénation qui a lieu ; lorsqu'elle est considérable, et qu'elle produit beaucoup de chaleur, et même de la lumière, elle constitue ce qu'on appele la combustion, et le corps qui la subit, est proprement dit combustible ou inflammable : ces deux espèces de combinaison ne diffèrent donc que par un degré indéterminé : il est cependant convenable de les distinguer, en regardant l'oxigénation comme un phénomène plus général, et la combustion ou l'inflammation comme appartenant à une partie des corps oxigénables dans les circonstances qui sont favorables à l'action de l'oxigène : l'oxigénation, considérée dans toute son étendue, comprend la plus grande partie des phénomènes chimiques dont elle est la cause immédiate, ou auquel elle concourt plus ou moins.

Les deux substances, qui, à part les métaux, le phosphore et le soufre, produisent les phénomènes de la combustion, qui ne se distingue de la simple oxigénation que par la grande

proportion de calorique qui se dégage , sont
l'hydrogène et le carbone , qui par leur combinaison avec l'oxigène , forment l'eau et l'acide
carbonique : c'est à l'hydrogène et au carbone
que les autres corps composés doivent les propriétés caractéristiques qui les font classer parmi
les substances inflammables ou combustibles.

C'est donc à la formation de l'eau et de l'acide
carbonique que sont dûs principalement les phénomènes de la combustion , soit qu'un grand
changement de température l'accompagne , soit
qu'elle produise des effets moins sensibles, une
combustion lente et obscure , et des changements
de constitution qui ont ensuite leurs conséquences dans l'action chimique. Une si grande
importance dans la production des phénomènes
dont la chimie s'occupe , exige que l'on se forme
l'idée la plus exacte qu'il est possible de ces
deux espèces de combinaison.

CHAPITRE II.

De l'action réciproque de l'oxigène et de l'hydrogène; de l'action de l'eau.

265. On peut distinguer deux espèces de procédés, par lesquels a été exécutée l'opération mémorable de la composition de l'eau, de manière à en constater tous les résultats.

Dans la première, qui a été employée par Lavoisier et Meusnier, et par tous ceux qui se sont occupés depuis à ajouter à la première précision, on remplit un ballon de gaz oxigène, on y fait arriver du gaz hydrogène; on établit la combustion par le moyen de l'électricité, et l'on fait affluer alternativement le gaz hydrogène et le gaz oxigène contenus dans dés réservoirs appelés gazomètres, dont l'immersion dans l'eau détermine la quantité de gaz qu'ils fournissent, de manière que la combustion soit soutenue par les proportions convenables de l'un et de l'autre gaz, jusqu'à ce que le résidu gazeux de la combustion s'oppose à sa continuation : à ce terme, si l'on veut continuer l'opération, on retire le gaz par le moyen d'une pompe pneumatique, et l'on recommence l'opération (1).

Dans le second procédé, Monge (2) après avoir fait le vide dans un ballon, y a introduit une quantité de gaz oxigène qui, à la température et à la pression de l'atmosphère, aurait rempli le douzième de sa capacité ; puis il a fini de le remplir de gaz hydrogène : après avoir interrompu la communication entre le ballon et les cylindres gradués qui fournissaient les gaz, il a enflammé le mélange par l'électricité ; il a introduit un nouveau douzième de gaz oxigène, et ainsi de suite : lorsque le résidu gazeux s'opposait à l'explosion, il le retirait par le moyen d'une pompe pneumatique, et il recommençait l'introduction des gaz et les explosions successives.

Ce procédé a l'inconvénient d'exposer à la rupture des vaisseaux par la force de l'explosion ; mais les cylindres gradués que Monge a employés pour mesurer les quantités de gaz, ont autant de précision et sont beaucoup moins dispendieux que les gazomètres.

Dans l'un et l'autre procédé, on obtient l'eau plus ou moins pure, et un résidu gazeux ; ce résidu est formé, 1°. du gaz azote qui se trouve

(1) Mém. de l'Acad. 1782.

(2) *Ibid.* 1783.

toujours en proportion plus ou moins grande avec le gaz oxigène, selon les substances dont on a retiré celui-ci, et qui sont ordinairement le muriate oxigéné de potasse, celle de toutes qui le donne dans le plus grand état de pureté, l'oxide de manganèse et l'oxide de mercure; 2°. du gaz acide carbonique qui est ordinairement en plus ou moins grande proportion avec le gaz oxigène, lorsqu'on l'a retiré de l'oxide de mercure ou de l'oxide de manganèse : on diminue beaucoup la quantité de cet acide, en lavant le gaz dans l'eau de chaux; mais on ne peut l'enlever entièrement par ce moyen : une partie provient aussi du gaz hydrogène, soit qu'il y fût en dissolution, soit qu'il ait été formé par la combustion du carbone que le gaz hydrogène contient toujours en plus ou moins grande quantité, lorsqu'on le retire du fer, comme on fait ordinairement; 3°. au moment où finit l'opération, il se trouve, avec l'acide carbonique et le gaz azote, plus ou moins de gaz oxigène et de gaz hydrogène qui n'ont pu entrer en combinaison à cause du mélange d'autres gaz, qui a empêché la combustion.

Pour comparer les résultats de l'opération avec les quantités de gaz employés, on a déterminé la pesanteur spécifique de ces gaz à une certaine température, et on fait l'analyse du résidu, qui, avec l'eau produite, doit représenter leur poids.

266. Le liquide qui est produit n'est pas toujours de l'eau pure, il contient souvent de l'acide nitrique, dont on reconnait la quantité par le moyen de la potasse qui forme du nitrate de potasse.

Cavendish, *qui paraît avoir remarqué le premier* (1) *que l'eau produite dans cette combustion est le résultat de la combinaison de deux fluides aériformes, et qu'elle est d'un poids égal au leur,* a aussi observé le premier la production de l'acide nitrique dans la formation de l'eau (2). Cet acide se forme, selon ses observations, lorsque le gaz oxigène qu'on emploie contient une proportion un peu considérable de gaz azote ; on augmente sa quantité lorsqu'on ajoute une certaine proportion de gaz azote au gaz oxigène, à-peu-près jusqu'au quart de son volume ; on obtient au contraire moins d'acide lorsqu'on se sert d'air atmosphérique, dont plus des trois quarts sont du gaz azote ; et enfin on évite la formation de l'acide nitrique, en employant une proportion de gaz hydrogène suffisante pour qu'il ne reste pas de gaz oxigène libre.

D'un autre côté, Fourcroy, Vauquelin et Séguin ont observé que si la combustion se fait

(1) Rapport fait à l'Acad. par Lavoisier, Brisson, Meusnier et Laplace. Recueil de Mémoires, par Séguin, tom II, p. 309.

(2) Trans. philos. 1784.

avec beaucoup de lenteur, il ne se produit point d'acide nitrique; mais que cette combinaison a lieu dès que la combustion prend une certaine vivacité.

La chaleur produit ici le même effet que l'électricité dans l'expérience par laquelle Cavendish a formé l'acide nitrique, mais on a vu que les effets de l'électricité répondaient à ceux d'une température beaucoup plus élevée que l'action de la lumière ou de l'ébullition de l'eau (135); de sorte que ce n'est qu'avec une certaine vivacité de combustion que l'acide nitrique peut être produit.

Il y a, dans cette production d'un acide, une circonstance qui mérite peut-être d'attirer l'attention : Keir ayant examiné une eau que Priestley avait formée par la combustion du gaz hydrogène, et qui tenait de l'acide et un peu d'oxide de cuivre, dit (1) qu'il a tenu le liquide en ébullition pendant une demi-heure avec de l'eau distillée et de l'acide nitrique pur, pour en chasser tout le gaz nitreux qui pouvait s'y trouver, et que néanmoins la dissolution d'argent en a précipité de l'acide muriatique : il en conclut qu'il se produit de l'acide muriatique avec l'acide nitrique, comme dans plusieurs autres opérations de la nature.

Cavendish avait aussi observé que l'acide ni-

(1) Trans. philos. 1788.

trique qu'il avait formé, donnait un petit précipité avec la dissolution d'argent ; mais il attribua ce précipité à l'état nitreux de l'acide, et il éprouva que le nitrate de potasse, réduit en nitrite, produisait aussi un précipité : je remarquerai cependant que l'acide nitrique, fortement imprégné de gaz nitreux, ne produit point de précipité avec la dissolution d'argent, et qu'on n'en obtient aucun, en fesant passer une grande quantité de gaz nitreux à travers une dissolution d'argent ; il n'en est pas à cet égard de la dissolution d'argent comme de celle d'or, de laquelle, comme l'a fait voir Tennant (1), on peut précipiter l'or dans l'état métallique par un nitrite.

Au moyen des observations précédentes, on peut facilement diriger l'opération, de manière à n'obtenir que de l'eau pure, et l'on peut se rendre raison de la formation de l'acide nitrique, et des circonstances qui l'empêchent ou qui la favorisent.

Si la quantité d'azote est très-petite, elle est retenue par le gaz oxigène qui n'est pas combiné, et il ne se produit pas d'acide nitrique ; celui-ci ne peut se former qu'à une température plus élevée que celle qui est nécessaire pour l'eau ; de sorte que lorsque la combustion se

(1) Trans. philos. 1797.

fait avec beaucoup de ménagement, l'eau est pure, même lorsqu'on se sert d'un gaz oxigène qui contient une proportion de gaz azote favorable à la production de cet acide, et lorsque la proportion est telle que celle de l'air atmosphérique, on ne peut obtenir qu'une très-petite proportion de cet acide, ou même on n'en obtient point, parce qu'alors la combustion a peu de vivacité; enfin, si le gaz hydrogène est, pendant toute l'opération, en proportion suffisante, il ne se forme pas d'acide nitrique, parce que l'eau est produite de préférence; de sorte que le gaz hydrogène décomposerait l'acide nitrique à une haute température : on voit donc que dans l'expérience de Monge, où le gaz hydrogène était toujours prédominant, il n'a pas dû se trouver de l'acide nitrique, quoiqu'il y eût une quantité assez considérable de gaz azote : aussi l'eau qu'il a obtenue ne donnait presque aucun indice d'acidité.

Pour prévenir les incertitudes qui auraient pu naître de la quantité d'eau qui pouvait être tenue en dissolution dans les gaz soumis à la combinaison, Lavoisier et Meusnier ont fait passer ces gaz à travers du muriate de chaux desséché, qui remplissait imparfaitement les tubes qui les conduisaient dans le ballon où s'opérait leur combinaison : Après cela, ils ne devaient en contenir qu'une quantité extrêmement petite, et qui ne peut apporter aucune incertitude dans les résultats ; cependant ces résultats prouvent que l'eau est composée à peu-près de 85 parties pondérales d'oxigène et de 15 d'hydrogène , évaluation dont on peut se contenter dans les circonstances ordinaires ; mais l'expérience faite par Fourcroy , Vauquelin et Seguin , avec une précision à laquelle il est difficile d'atteindre , fait voir que les poids d'oxigène et d'hydrogène qui entrent dans la composition de l'eau , sont dans le rapport suivant : oxigène , 85,662 ; hydrogène , 14,338 , et pour les volumes de gaz qui servent à la combustion : gaz oxigène , 15,837 ; gaz hydrogène , 32,517 ; de sorte que le volume du gaz oxigène est à celui du gaz hydrogène , comme 1 à 2,050 (1).

267. On ne trouve plus dans l'eau aucun indice des affinités élémentaires de l'oxigène et de l'hydrogène ; leur saturation mutuelle paraît complète ; cependant comme ces deux éléments ont non-seulement une affinité mutuelle , mais qu'ils en ont avec les autres substances , l'eau a encore une affinité résultante qui est puissante , quoique différente de l'affinité distinctive de l'oxigène , et de celle de l'hydrogène. Elle n'affecte pas les propriétés caractéristiques des autres substances , pendant qu'elle n'éprouve pas de décomposi-

(1) Mém. de l'Acad. 1790.

tion : une partie de ses effets se passe dans les degrés de l'échelle thermométrique qui se trouvent
entre le terme de la glace et le terme de l'ébullition de l'eau, en formant les phénomènes hygrométriques; mais l'affinité réunit quelquefois avec
beaucoup plus de force une autre quantité d'eau,
et nous verrons que l'alumine peut en retenir un
dixième de son poids au plus haut degré de chaleur; cette affinité de l'eau qui modifie l'action
réciproque des molécules d'une substance ou des
parties intégrantes d'une combinaison, est la cause
principale des séparations qui se font par une différence de solubilité. Je me suis assez occupé de
ces effets dans la première partie de cet ouvrage ;
cependant, je vais rappeler ceux qui dépendent
le plus immédiatement de l'action de l'eau et de
ses différents états.

L'action de l'eau sur les substances solides
affaiblit les effets de l'action réciproque de leurs
molécules ou des parties intégrantes de leurs
combinaisons, et lorsqu'elle devient assez puissante, elle les réduit dans l'état liquide; mais
les solides produisent sur elle une action opposée,
et lorsque cette action est prépondérante, ils la
réduisent elle-même à l'état solide : ils avancent
le terme de sa congélation, comme elle accélère
le terme de leur liquéfaction par le calorique.

L'action des corps solides avec lesquels l'eau
se combine, produit donc sur elle le même effet

que l'abaissement de température : elle la réduit
à l'état solide, avec cette différence, que lorsque ses molécules n'obéissent qu'à leur action
mutuelle, le phénomène de la congélation n'a
lieu que successivement ; de sorte que celles
qui passent à l'état solide, peuvent prendre
un arrangement plus ou moins symétrique ,
qui augmente les dimensions de la glace,
mais lorsqu'elle se solidifie dans les sels, par
exemple, elle n'éprouve pas cet accroissement
accidentel de volume ; ce qui le prouve, c'est
que les sels subissent une condensation en cris-
tallisant(142) ; si l'eau prenait les dimensions de la
glace, ils devraient au contraire éprouver une
dilatation en passant à l'état solide, et une condensation en se liquéfiant.

Lorsqu'elle prend ainsi l'état solide par l'action
des parties intégrantes des sels, elle peut leur communiquer,en raison de sa quantité, les propriétés
qui dépendent de l'action réciproque des molécules solides ; elle sert d'intermède entre elles , et
pour ainsi dire, de ciment qui les réunit ; mais
elle les rend plus ou moins fusibles par la chaleur ;
lorsqu'elle est en petite proportion, elle n'a
pas d'influence sur leur arrangement symétrique ; mais elle paraît changer les formes de
la cristallisation, lorsqu'elle est en plus grande
quantité. (*Note XIV.*)

Quand elle communique la liquidité, elle peut

changer l'état de saturation des combinaisons par
la plus forte action qu'elle exerce sur l'un de leurs
éléments ; mais elle ne contribue que par ce changement à l'état de saturation qui résulte de son
action.

L'eau conserve de l'action sur les autres substances gazeuses ; elle peut en dissoudre plus ou
moins, et réduire leur volume ; quoique cette réduction soit ordinairement très-inférieure à celle
qui accompagne les combinaisons plus fortes ,
comme le prouve la facilité beaucoup plus grande
avec laquelle on leur rend l'état élastique.

Ce qui reste d'effort élastique à ces substances
dans cet état de dissolution , ainsi qu'à l'eau elle-
même, forme leur tension, par laquelle une partie
reprend l'état gazeux lorsque la compression est
supprimée , ou lorsque l'affinité de l'air atmosphérique vient la seconder : on l'augmente par
la chaleur , et l'on favorise par là le dégagement
de la substance gazeuse, comme on le fait en
opposant une base fixe à l'action par laquelle
elle est retenue plus fortement dans une combinaison ; mais cette tension doit varier selon
les proportions de l'eau, comme l'on a vu qu'elle
variait dans l'éther par l'action de l'alcool
(*Note XVII*); et ce que j'ai rapporté de la
tension comparative de l'alcool et de l'ammoniaque (165), ne doit être appliqué à ces substances, ainsi qu'à l'acide muriatique et à tous

les liquides qui sont dûs à la combinaison d'un gaz avec l'eau ou avec un autre liquide, qu'en les supposant dans un état uniforme.

On voit par les différentes comparaisons, que je viens d'exposer, que l'eau agit par une affinité semblable à celle de toutes les substances qui ne portent pas de changement dans les propriétés des autres, en altérant leur état de saturation ; mais elle produit cet effet dès qu'elle vient à se décomposer, et alors naissent des combinaisons qui ont des propriétés particulières, et dont les principales seront examinées successivement.

L'oxigène qui est tenu en dissolution dans l'eau, entre facilement en combinaison avec d'autres substances ; ainsi l'oxide de fer précipité d'un sulfate vert (1), passe dans l'eau à un degré plus avancé d'oxidation ; l'azote phosphuré devient lumineux, et une portion de gaz nitreux passe à l'état d'acide : on ne chasse qu'une partie de cet air par l'ébullition ; car l'azote phosphuré devient encore lumineux avec l'eau distillée, et avec celle qui a subi l'ébullition.

Il faut une action plus puissante pour décomposer l'eau, telle qu'une forte commotion électrique qui chasse en même temps le gaz oxigène et le gaz azote qui pouvaient être tenus

____

(1) Schéele, de l'Air et du Feu.

2.   3

en dissolution, même dans l'eau distillée (1) ; mais c'est ordinairement par le concours de plusieurs forces que l'on parvient à opérer cette décomposition, qui confirme, de la manière la plus satisfesante, les résultats de la composition.

268. C'est ordinairement du fer qui est employé pour cet objet ; il peut à peine, à une température ordinaire, produire la décomposition de l'eau ; mais à une température plus élevée, où la force de cohésion de ses parties se trouve fort affaiblie, cette décomposition se fait beaucoup plus facilement : le métal ne reçoit pas toute la quantité d'oxigène avec laquelle il peut se combiner dans l'air atmosphérique ; mais il n'en prend qu'un peu plus du quart de son poids ; de sorte qu'à ce degré d'oxidation l'action qu'il exerce sur l'oxigène ne suffit plus pour opérer la décomposition de l'eau.

Dans cette circonstance même, il paraît que ce n'est que par le concours de l'action expansive du calorique sur le gaz hydrogène, que la décomposition peut s'opérer, puisqu'en évitant cette action, le gaz hydrogène peut décomposer à son tour tout l'oxide de fer (261).

Le concours de l'action d'un acide qui tend à se combiner avec un métal dans l'état d'oxide, favorise la décomposition de l'eau ; de sorte

(1) Tennant, Trans. philos. 1797.

qu'alors le métal qui n'aurait pu l'opérer, parvient à produire cet effet, comme on l'observe dans le cuivre que l'on dissout par l'acide muriatique, et qui seul ne pourrait décomposer l'eau.

Cette décomposition de l'eau, par le moyen de laquelle un métal peut se dissoudre dans un acide, et qui jette le plus grand jour sur plusieurs phénomènes chimiques, fut pressentie par Laplace, dès que la composition de ce liquide fut établie par des expériences directes : il conclut que cet effet avait lieu, de ce que l'acide qui servait à la dissolution n'était point décomposé, et de ce que l'oxigène qui se fixait avec le métal ne pouvait être dû qu'à la décomposition de l'eau (1), et cette conclusion est devenue bientôt une vérité très-féconde et généralement reconnue.

L'eau qui est produite par la combustion du gaz hydrogène, n'exige, pour se maintenir au même équilibre de température, que les gaz dont elle provient, la pression restant la même, qu'une quantité beaucoup plus petite de calorique ; celui-ci a perdu par conséquent de sa puissance de combinaison par celle qui s'est établie entre l'oxigène et l'hydrogène ; la quantité qui est devenue superflue se dégage en partie

____

(1) Mém. de l'Acad. 1781.

3..

sous la forme de lumière et de calorique rayonnant ; le reste porte l'eau à une température
beaucoup plus élevée que celle des gaz qui
l'ont formée ; et elle en reçoit une expansion
beaucoup plus grande : le degré qui la réduit
en vapeurs lui donne un volume qui est à-peu-
près, avec celui du liquide , dans le rapport
de 1600 à 1. En considérant la pesanteur spécifique du gaz oxigène , et celle du gaz hydrogène qui ont produit cette eau , on voit que le
volume de l'eau qui vient de se former serait
fort inférieur à la même température à celui des
deux gaz , si dans l'instant de sa production
elle ne se trouvait qu'au degré de l'ébullition ;
mais elle est à une température fort supérieure ;
d'où il suit qu'elle prend des dimensions beaucoup plus grandes que n'étaient celles des gaz
qui l'ont formée ; de là vient que lorsque la
combinaison de l'oxigène avec l'hydrogène s'opère
sur des quantités trop considérables de l'un et
l'autre gaz , le vase se brise avec éclat.

Cette force, que la vapeur de l'eau acquiert,
ne doit pas être considérée comme un accroissement d'élasticité , puisqu'elle n'est due qu'au
changement de température ; si elle est ramenée
au même degré thermométrique où se trouvaient
le gaz oxigène et le gaz hydrogène avant leur
combinaison, elle ne peut plus former que la
vapeur, qui non-seulement à près du double de

pesanteur spécifique, relativement à celle du mélange des gaz; mais qui ne peut résister qu'à une faible compression : alors elle passe à l'état liquide, et lorsque la température approche de la congélation, l'action réciproque des molécules donne naissance à la force de cohésion.

On a comparé l'effet du calorique qui se dégage dans la combustion du gaz hydrogène avec la chaleur nécessaire pour fondre la glace (1) : on a observé qu'une partie pondérale de gaz hydrogène en se combinant avec une quantité proportionnelle d'oxigène, liquéfiait un peu plus de 3oo parties de glace; de sorte que dans la production d'une partie d'eau, il se dégage assez de calorique pour fondre à-peu-près 5o parties de glace, ou pour élever 5o parties d'eau du degré de la congélation à 75 degrés du thermomètre centigrade, ce qui donnerait pour la température de la vapeur d'eau, au moment où elle se forme, 375o degrés égaux à ceux de l'échelle thermométrique, au-dessus du terme où se trouvent les gaz au moment de leur combinaison, si une partie du calorique n'était employée à réduire l'eau en vapeurs, et ne devenait latente en raison de la dilatation qu'elle peut produire, et s'il ne s'en échappait une autre partie en lumière et en calorique rayonnant.

(1) Mém. recueillis par Seguin, tom. I.

Comme l'état de gaz n'est pas nécessaire à l'oxigène et à l'hydrogène, pour qu'ils forment une combinaison ; mais qu'ils peuvent aussi produire de l'eau lorsqu'ils sont déjà en état de combinaison ou dans une même substance, ou dans deux substances séparées, les phénomènes qui dépendent du calorique, et principalement de celui qui est abandonné par l'oxigène, répondent à l'état dans lequel l'oxigène se trouve dans les combinaisons qu'il abandonne pour produire de l'eau avec l'hydrogène (264).

269. Les procédés dans lesquels on fait usage de l'action de l'eau, et l'explication des phénomènes qui en dépendent, exigent donc que l'ou distingue ceux qui sont dûs à l'affinité par laquelle elle s'unit aux substances sans éprouver de changement dans son état de saturation, et sans en produire dans les substances ; ceux qui dépendent des changements de saturation qui se font dans une combinaison, parce qu'elle s'unit avec l'un de ses éléments plutôt qu'avec un autre (216), et enfin ceux dans lesquels ses éléments éprouvent et produisent un changement de combinaison et de saturation.

Il faut distinguer également les changements d'état qu'elle subit par les différences de température, ou par l'action des autres substances : elle peut, par l'un et par l'autre moyen, passer à l'état élastique ou à l'état solide.

Enfin elle absorbe ou elle abandonne du calo‑
rique, selon les changements qu'elle éprouve,
et les éléments qui la forment, en éliminent
plus ou moins en se combinant, selon la quan‑
tité qu'ils en contenaient, pour ne conserver
que celle qui lui convient dans l'état où elle se
trouve.

CHAPITRE III.

Du charbon et de l'acide carbonique.

270. Le charbon doit son caractère dominant
à la forte affinité qu'il a pour l'oxigène ; mais
il en a encore une puissante pour l'hydrogène,
et ce sont les affinités mutuelles de ces trois
éléments qui compliquent et les combinaisons
qui peuvent en résulter, et les effets qui leur
sont particuliers : par là même il est difficile
de classer les faits qui font connaître la compo‑
sition du charbon, les propriétés distinctives
qu'il porte dans les combinaisons qu'il forme,
et les phénomènes qui peuvent dépendre de l'ac‑
tion de ses éléments : je considérerai principale‑
ment dans ce chapitre la composition et les

propriétés du charbon, et celles de l'acide carbonique qu'il produit par sa combinaison avec l'oxigène, et dans le suivant, celles des gaz qui doivent leurs propriétés distinctives au carbone et à l'hydrogène ; mais quelques objets, traités dans un chapitre ne pourront recevoir les éclaircissements nécessaires que dans le suivant.

Le charbon n'est pas une substance simple, de là vient que l'on a distingué par carbone l'élément qui domine dans sa composition, et auquel il doit ses propriétés distinctives, et particulièrement sa fixité qui résiste à l'action la plus puissante du calorique, lorsqu'elle n'est pas obligée de céder à la formation de quelque combinaison.

En se combinant avec l'oxigène, le charbon donne naissance à l'acide carbonique ; Lavoisier, auquel on doit cette importante découverte (1), fit plusieurs expériences pour déterminer les proportions de carbone et d'oxigène qui forment l'acide carbonique, et il ne put parvenir, ainsi qu'il en convenait lui-même, à la précision qu'on pouvait desirer : quelques-unes de ses expériences donnaient pour résultat 28 parties poudérales de carbone contre 72 d'oxigène, et d'autres 24 de carbone contre 76 d'oxigène.

Cette détermination serait d'une grande im-

____

(1) Mém. de l'Acad. 1781.

portance, non-seulement pour juger des produits de la combustion, mais pour connaître la composition d'un grand nombre de substances dans lesquelles le charbon se trouve en concurrence avec l'hydrogène, et pour estimer les propriétés qui doivent dépendre de l'un et de l'autre, ainsi que les combinaisons différentes qui peuvent se succéder par un changement dans les forces qui les maintenaient.

271. Lavoisier reconnut, dans les expériences qù'il fit sur la combustion du charbon, qu'il contenait de l'hydrogène qui formait de l'eau pendant la production de l'acide carbonique; il évalua, par le poids de cette eau, la proportion de l'hydrogène qu'il porte, dans une expérience, à $\frac{1}{8}$ du poids du charbon; mais comme il n'apperçut point d'eau en employant un charbon calciné, il le regarda dans cet état comme dépourvu d'hydrogène.

Cependant Kirwan a observé que le charbon qu'il avait tenu long-temps à une chaleur rouge, produisait une grande quantité de gaz hydrogène sulfuré, mêlé d'un peu de gaz hydrogène, lorsqu'on le poussait au feu dans une cornue avec un mélange de soufre (1).

Comme on a présenté depuis peu un résultat différent (2), j'ai répété l'expérience avec un

(1) Trans. philos. 1785.
(2) Ann. de Chim. n°. 125.

charbon , fortement calciné à un feu de forge
un instant auparavant ; en employant 3o grammes de charbon et 20 grammes de soufre dans
une cornue de porcelaine , j'en ai retiré plus de
100 centimètres cubes de gaz hydrogène sulfuré ,
reconnu tel par son inflammation et par sa dissolution dans l'eau qui a produit avec les sels
métalliques les effets ordinaires. Le dégagement
de ce gaz n'a cessé que parce que le soufre s'était
entièrement sublimé , et il n'y a pas lieu de
douter que si l'on eût remis du soufre avec le
charbon qui était resté dans la cornue , on n'eût
encore obtenu de l'hydrogène sulfuré.

Si le charbon calciné n'avait point donné d'hydrogène sulfuré , on n'aurait rien pu en conclure
contre l'existence de l'hydrogène; parce que sa proportion se trouvant trop diminuée , il pourrait
être retenu par une force trop grande pour que le
soufre que sa volatilité soustrait promptement
pût en séparer encore ; mais puisque , malgré
cette circonstance , on en obtient du charbon
fortement calciné , et à une chaleur fort inférieure à celle qu'il avait supportée auparavant ,
et puisqu'on n'élève aucun doute sur l'existence
de l'hydrogène dans l'hydrogène sulfuré , ce fait
devient une preuve positive que le charbon
même , qui a été soumis à une forte calcination ,
contient de l'hydrogène.

Ceux qui ont été présents aux expériences

que Lavoisier a faites sur la combustion du charbon fortement calciné, peuvent se rappeler qu'il se déposait toujours sur les parois du vase, de l'eau qui formait des stries, et qui même coulait en filets au commencement de la combustion ; mais dans la suite de la combustion, cette eau se dissolvait en entier.

Ce premier effet de la combustion du charbon est facile à constater, par une expérience que l'on doit à Hassenfratz (1); l'on n'a qu'à faire passer du gaz oxigène à travers un tube rouge dans lequel on a placé du charbon fortement calciné, l'on voit au commencement de l'opération une quantité remarquable d'eau se déposer à l'extrémité du tube, et le gaz qui se dégage forme un nuage dans le vase dans lequel on le reçoit; de sorte qu'il dépose encore de l'eau en se refroidissant.

Cruikshank a remarqué que lorsqu'on poussait au feu un mélange d'un oxide métallique et de charbon fortement calciné, il se dégageait toujours un peu d'eau (2), et il conclut de cette observation et de quelques autres, que le charbon calciné contient toujours un peu d'hydrogène.

272. Si le charbon fortement calciné contient de l'hydrogène, il en résulte que dans sa com-

(1) Mém. de l'Instit. tom. IV.

(2) Observ. addit. 19 août 1801. Bibl. Britan.

bustion tout l'oxigène qui est employé ne sert pas à la production de l'acide carbonique, mais qu'une partie doit se combiner avec l'oxigène pour former de l'eau ; cependant si l'on emploie un charbon fortement calciné, on n'apperçoit point d'eau qui se dépose, comme l'a observé Lavoisier ; d'où il faut conclure que l'acide carbonique retient une quantité d'eau qui ne se manifeste point lorsqu'il est formé par la combustion du charbon. Cette quantité n'est-elle que celle qui produit les phénomènes hygrométriques ?

Nous avons vu (172) que les gaz contenaient tous, à la même température et au même degré d'humidité, la même quantité d'eau qui prend dans son état de dissolution les dimensions d'un gaz permanent, et qui produit les phénomènes hygrométriques ; mais cette quantité est beaucoup trop petite pour expliquer les phénomènes qui viennent d'être exposés, et ceux qui le seront bientôt ; car 100 centimètres cubes ne pourraient en contenir, à une température de 15 degrés, qu'un peu plus d'un milligramme.

Bien loin que l'eau hygrométrique, soit du gaz oxigène, soit du gaz qui se dégage au commencement d'une combinaison lente, puisse donner l'explication de l'eau qui se dépose, la propriété hygrométrique du gaz qui se dégage et qui est proportionnelle à la haute température dans laquelle il se trouve, doit déguiser une partie considérable de celle qui se forme ; de sorte que la quantité d'hydrogène qui était contenue dans le charbon fortement calciné, excède nécessairement celle qui entre dans l'eau qui se dépose dans les circonstances décrites ; et cependant ce n'est qu'un peu de charbon qui y contribue. Il faut donc que lorsque le charbon fortement calciné, produit de l'acide carbonique par une combustion dans laquelle on n'apper-çoit point d'eau, qu'elle se soit combinée avec l'acide carbonique, dans un autre état que celle qui est en simple dissolution, et qui produit les phénomènes hygrométriques.

J'ai tâché de déterminer la quantité d'eau qui pouvait être déguisée dans la formation de l'acide carbonique, en cherchant les proportions qui pouvaient le mieux s'accorder avec la pesanteur spécifique de quelques gaz hydro-carburés, les quantités de gaz oxigène qui étaient nécessaires pour leur combustion, et celles d'acide carbo-nique qui en provenaient ; mais les résultats que j'ai obtenus ne peuvent être regardés que comme des approximations assez incertaines, parce qu'une supposition, même éloignée de celle dont je me suis servi, ne donnerait pas une diffé-rence de composition qui ne s'accordât égale-ment avec la pesanteur spécifique ; cependant je me servirai de ces résultats dans le chapitre suivant, parce qu'ils sont propres à indiquer les rapports de composition des différents gaz que j'y examinerai ; mais on ne devra les regarder que comme hypothétiques jusqu'à un certain point.

Je me borne donc à conclure ici que le charbon le plus fortement calciné contient de l'hydrogène qui produit, avec l'oxigène, une quantité d'eau que l'on peut rendre sensible ; que cette quantité d'eau peut être rendue latente dans la formation ordinaire de l'acide carbonique , et qu'elle excède celle qui , retenue par une faible affinité, conserve les dimensions qui conviennent à son état gazeux , et produit les phénomènes hygrométriques.

273. Le charbon peut former des combinaisons sans que ses molécules cessent d'exercer l'action mutuelle à laquelle est due sa force de cohé-sion : ces combinaisons ont par là même beau-coup moins de stabilité que celles dans lesquelles l'affinité réciproque peut exercer toute sa puissance.

Fontana, Priestley, Schéele et Morozzo avaient prouvé que le charbon avait la propriété d'absorber différentes espèces de gaz, et sur-tout l'acide carbonique : Rouppe et Noorden ont répété et varié ces expériences ; il résulte du mémoire que le premier a publié (1) que le

(1) Ann. de Chim. tom. XXXII.

charbon refroidi sans le contact de l'air possède
cette propriété qui est même d'autant plus grande,
que la température est plus basse, que la partie
de l'air atmosphérique qui n'est pas absorbée,
conserve son état eudiométrique, que la température de l'eau bouillante suffit pour chasser
le gaz absorbé, et que le charbon imprégné de
gaz hydrogène forme de l'eau, même avec production de chaleur, lorsqu'il prend du gaz
oxigène.

On peut conclure de ces observations, que
lorsque le charbon vient d'être préparé, il doit
absorber de l'air atmosphérique et de l'acide
carbonique ; d'où peut provenir la petite
quantité d'acide carbonique, de gaz azote et
d'eau, qui passe au commencement lorsqu'on
le soumet à la distillation ; mais on n'obtient
pas de gaz oxigène, ce qui devrait être, si
l'on admettait sans restriction l'observation de
Rouppe, qui prétend qu'avec une élévation de
température on dégage, dans leur intégrité, les
gaz qui ont été absorbés.

274. L'acide carbonique, qui ne peut se former
que lorsque la température a diminué la résistance de la cohésion du charbon, a une puissance d'acidité qui est très-considérable, et qui
paraît même être supérieure à celle de l'acide
sulfurique, puisque le carbonate de chaux et
celui de baryte ont une plus grande proportion

de base terreuse que le sulfate de chaux et de baryte : j'ai remarqué que l'on ne pouvait faire sous ce rapport une comparaison exacte de l'acide carbonique avec les autres, parce que les carbonates dont on s'est servi avaient souvent un excès d'alcalinité (87) : on ignore si les carbonates à base terreuse ont aussi cet excès ; mais cette considération ne fait qu'ajouter à l'idée que l'on doit se faire de la puissance de l'acide carbonique.

On ne doit donc plus être étonné que l'acide carbonique adhère avec tant de force aux bases fixes, lorsque les sels qu'il forme ne contiennent pas de l'eau qui, par l'affinité qu'elle a pour lui, en favorise le dégagement, et sert d'intermède entre la base qui le retenait, et lui.

Vithering a observé que le carbonate naturel de baryte ne pouvait être décomposé par la chaleur seule, pendant que le carbonate artificiel peut l'être (1) ; ce qu'il attribue à l'eau, dont le premier est dépourvu, et au moyen de laquelle le second abandonne son acide carbonique ; mais avec l'acide nitrique assez affaibli, et qui peut fournir l'eau nécessaire, on dégage l'acide carbonique du premier, ainsi que du dernier.

Priestley a constaté l'opinion de Vithering, en

____

(1) Trans. philos. 1784.

dégageant le gaz acide carbonique du carbonate naturel de baryte par le moyen de la vapeur de l'eau qu'il fesait passer sur ce carbonate placé dans un tube sur les charbons ardents (1). Il a cherché à évaluer la quantité d'eau qui s'unissait à l'acide carbonique , et il conclut de ses expé-riences qu'elle fait la moitié du poids de l'acide carbonique ; mais cette évaluation est indubi-tablement fort exagérée ; il me paraît même que le genre d'expérience qu'elle exige, n'est pas susceptible d'un degré de précision auquel on puisse se confier : la baryte qui a abandonné l'acide carbonique , doit retenir une portion d'eau ; car elle annonce beaucoup d'affinité pour elle : on est obligé de recevoir l'acide carbo-nique dans un récipient d'une grande capacité sur les parois duquel peut se déposer une quan-tité d'eau qu'il est difficile d'évaluer et qui change considérablement les résultats : une petite diffé-rence dans la température fait varier la quantité d'eau qui reste en dissolution dans l'acide carbo-nique, et qui affecte son volume.

Pelletier n'a également point retiré d'acide carbonique en exposant le carbonate natif de Sibérie à l'action de la chaleur, et il lui a fallu employer des acides très-affaiblis pour en faire la dissolution (2).

(1) Trans. philos. 1788.
(2) Ann. de Chim. tom. X.

La plupart des autres acides, et même l'acide acétique très-concentré, ne peuvent dissoudre le carbonate natif, à moins qu'on n'y ajoute une certaine quantité d'eau.

Cette différence constante entre le carbonate natif et l'artificiel, soit dans l'action de la chaleur, soit dans celle des acides, et que l'on fait disparaître en ajoutant simplement de l'eau au premier, n'autorise-t-elle pas à conclure qu'elle est due à l'eau qui est retenue en plus grande quantité dans le dernier?

Mais le carbonate artificiel lui-même ne donne par l'action de la chaleur qu'une partie de son acide carbonique, ainsi que le remarque Chenevix (1), et il est probable qu'on acheverait sa décomposition en employant le moyen de Priestley.

J'ai supposé trop facilement (173), sur le témoignage de Clément et de Désorme (2), que l'on pouvait suppléer à l'action de l'eau par celle de l'air, en en fesant passer un courant sur le carbonate natif de baryte : l'expérience m'a détrompé; j'ai fait passer, comme on l'a indiqué, un courant d'air sur le carbonate natif placé dans un tube de porcelaine exposé à une forte chaleur; l'air, en traversant l'eau de chaux, a effectivement indiqué une petite quantité d'acide carbonique; ayant cassé le tube, j'ai observé que

(1) Bibl. Britan. tom. XVIII.
(2) Ann. de Chim. vol. XLIII.

les fragments de carbonate n'étaient alcalisés qu'au contact du tube où ils avaient contracté une couleur d'un gris jaunâtre, et où ils paraissaient avoir favorisé la fusion de la couverte ; mais toute la partie qui avait été le plus exposée à l'action de l'air, était conservée dans un état parfaitement neutre.

J'ai ensuite poussé à un grand feu, dans un creuset couvert, des fragments du carbonate, et ils sont devenus manifestement alcalins sans le secours de l'eau, et sans aucun courant d'air.

Il n'est donc pas rigoureusement exact de dire, que le carbonate naturel de baryte n'éprouve point de décomposition par l'action seule de la chaleur : il peut s'alcaliser à un certain point ; cependant je dois prévenir que le carbonate que j'ai employé, quoique très-transparent, contenait un peu de sulfate de baryte ; de sorte que la partie alcalisée précipitait la dissolution de plomb en noir : il se dissolvait néanmoins sans résidu dans l'acide nitrique.

Quoi qu'il en soit de l'influence de ce sulfate, l'expérience que je viens de rapporter, prouve que le courant d'air s'oppose à la décomposition du carbonate, bien loin de la favoriser, et qu'elle ne fait que rendre sensible une petite quantité d'acide carbonique qui resterait sans cela dans l'espace de l'intérieur du tube, où qui serait absorbée insensiblement à la surface de l'eau,

4 ..

et cet effet n'a rien de commun avec celui qui est dû à la vapeur d'eau dans l'opération de Priestley.

L'effet que l'on attribue à la faible solubilité du nitrate de baryte pour expliquer l'inaction de l'acide sur le carbonate natif, lorsqu'on n'y ajoute pas une certaine quantité d'eau, devrait aussi avoir lieu avec le carbonate artificiel qui n'exige cependant pas cette addition d'eau : l'acide muriatique et l'acide acétique qui forment des sels plus solubles, devraient agir sans addition d'eau, et cependant tous ces acides présentent la même différence entre le carbonate natif et le carbonate artificiel.

275. Le carbonate de baryte n'est pas le seul dont l'acide carbonique refuse de céder à l'action de la chaleur, en tout ou en partie. Le carbonate de potasse ne donne lui-même, selon l'observation de Pelletier, qu'une petite partie de son acide carbonique par l'action de la chaleur, et il faut remarquer que lorsque le carbonate natif de baryte retient même tout son acide carbonique, il attaque le creuset et se réduit en verre, comme l'a observé Klaproth, ce qui arrive aussi avec le carbonate de potasse ; de sorte que l'on a alors des verres qui contiennent beaucoup d'acide carbonique.

Kirwan rappelle (1) que Black n'a jamais pu

(1) Biblioth. Britann. tom. XV.

calciner une quantité un peu considérable de carbonate de chaux dans un creuset d'argile , sans le
vitrifier ; qu'il n'a obtenu cet effet que dans un
creuset de plombagine dont nous verrons l'influence , et que Smith a éprouvé la même difficulté ;
Pictet a aussi tenté en vain de décomposer le carbonate de chaux ; il n'a pu en retirer qu'une petite
partie d'acide carbonique , sans employer le secours de l'eau. Il est probable , d'après ces observations , que ce n'est qu'au moyen de la vapeur
d'eau qui est formée par la combustion , ou qui
est dégagée des substances combustibles que la
pierre calcaire se convertit en chaux dans les
fours où cette opération s'exécute ; cependant
les chimistes savent que l'on réduit parfaitement
le marbre en chaux ; cette différence paraît provenir de l'eau que le marbre a retenu dans la
cristallisation de ses parties.

Enfin , si l'on fait attention que la chaux et
la magnésie ne se combinent point avec l'acide
carbonique , à moins qu'on n'y ajoute de l'eau ,
on est fondé à conjecturer que l'acide carbonique doit avoir une certaine pi ortion d'eau
pour pouvoir passer dans les combinaisons solides ; mais que lorsque cette proportion est
diminuée jusqu'à un certain degré, il ne peut
être chassé des combinaisons qu'il a formées ,
à moins qu'on ne lui en rende une plus grande
quantité , ou qu'on ne le dénature par les moyens

qui seront discutés dans le chapitre suivant.

On voit donc que l'eau doit intervenir, par son affinité dans la plupart des circonstances où l'acide carbonique est dégagé, lorsqu'elle est retenue elle-même par une moins forte affinité ; elle conserve alors plus de faculté pour prendre l'état élastique, et elle seconde la même tendance qui se trouve dans l'acide carbonique, comme l'éther accélère la vaporisation de l'alcool, et l'eau celle de l'acide sulfurique.

On peut d'abord trouver difficile de se prêter à la supposition de l'existence de l'eau dans des substances que l'on expose au plus grand feu ; mais est-elle plus difficile à concevoir que celle de l'acide carbonique, qui a par lui-même une disposition beaucoup plus grande à l'élasticité, et qui entre cependant, comme on vient de le voir, dans des verres qui ne sont point décomposés par les plus hauts degrés de chaleur ? L'alumine ne retient-elle pas de l'eau au plus haut degré de chaleur possible ? Nous pouvons donc admettre la supposition de cette eau, si outre les considérations que je viens de présenter, nous observons des phénomènes qui ne puissent recevoir une explication plausible, qu'au moyen de l'existence de cette eau dans l'acide carbonique ou dans ses combinaisons.

276. Il ne faudrait pas conclure de là que l'acide carbonique ne peut exister dans l'état

gázeux sans le concours de l'eau, et ce doit être une différence entre l'acide carbonique, qui est formé par la combustion du diamant, et celui qui provient de la combustion du charbon ; ainsi comme les propriétés du diamant, et les différences qu'il présente avec le charbon paraissent prouver qu'il est composé de carbone, qui ne retient point d'hydrogène en combinaison, l'acide carbonique qui est formé par sa combustion, ne doit point contenir d'eau, et par là il doit avoir, à égalité de base, une pesanteur moins considérable ; de sorte que l'on peut tomber dans une erreur d'évaluation, si on le compare avec l'acide carbonique qui a pu se saturer d'eau, tel qu'est celui qu'on retire dans la plupart des circonstances, et quoique cet objet ait occupé de savants chimistes, je crois qu'il exige de nouvelles expériences.

C'est cette privation d'hydrogène qui rend le diamant beaucoup moins combustible que le charbon, ou qui fait qu'il exige une température beaucoup plus élevée, quoiqu'on lui ait fait subir une grande division mécanique : le carbure de fer ou plombagine semble tenir, à cet égard, le milieu entre le charbon et lui ; car quoique, dans les expériences de Kirwan, il n'ait pas donné de l'hydrogène sulfuré en le traitant avec le soufre, d'autres considérations prouvent cependant qu'il contient de l'hydrogène, et particulièrement la propriété qu'il a de favoriser la dé-composition des carbonates, comme le charbon.

Guyton, qui a confirmé par plusieurs expériences le caractère chimique du diamant, a éprouvé qu'il avait aussi la propriété de convertir le fer en acier. Mushet avait jeté quelques doutes sur cette expérience intéressante ; il prétendait que le fer pouvait être changé en acier dans des vaisseaux clos avec soin ; de sorte que, selon lui, l'on ne pouvait rien conclure de la conversion du fer en acier ; mais Makensie a prouvé, par des expériences faites avec beaucoup de soin (1), que le fer conservait toutes les propriétés qui le caractérisent, lorsqu'on l'exposait à la plus grande chaleur dans des vaisseaux clos, et sans aucun mélange qui pût l'altérer, même quoique ces vaisseaux eussent des fêlures qui pussent permettre l'introduction des substances gazeuses : il a confirmé de plus que le diamant réduisait le fer en acier.

277. La combustion d'une partie de charbon a liquéfié, dans le calorimètre, 96 parties de glace ; ce qui donne, pour une partie pondérale d'acide carbonique, à-peu-près 24 parties de glace liquéfiées, ou 24 parties d'eau, élevées de la température de la congélation à 75 degrés du thermomètre centigrade, ou poids égal d'eau, à 1800 degrés du même thermomètre.

(1) Journ. de Van Mons., n°. 2.

Mais pour déterminer la quantité de calorique qui est due à la combinaison du carbone avec l'oxigène, il faudrait pouvoir déduire de cette quantité, celle qui est due à l'eau qui est produite (267), et qui est, pour la plus grande partie, dans l'état de combinaison. L'acide carbonique qui est formé, est porté à une température plus élevée que ne le serait l'eau, en raison inverse de leur capacité ou de leur calorique spécifique.

Dans la combustion des substances qui servent d'aliment ordinaire au feu, il se dégage une quantité de calorique proportionnelle aux quantités d'eau et d'acide carbonique, qui peuvent se former, selon la composition de ces substances ; ce calorique prend en partie la forme de lumière ou de chaleur rayonnante, qui dans des fourneaux entrent promptement elles-mêmes en combinaison, ou qui peuvent être réfléchies dans les foyers, selon l'inclinaison des surfaces, mais la plus grande partie reste combinée avec l'eau et avec l'acide carbonique qu'elle a élevée à une haute température, jusqu'à ce que cette température se soit partagée avec les corps voisins ; de sorte que l'on obtient d'autant plus de chaleur, qu'on fait subir aux substances gazeuses qui viennent de se former, une plus grande circulation dans laquelle elles puissent la déposer,

Le gaz azote forme plus des trois quarts de

l'air atmosphérique : il partage , au premier instant, la chaleur de l'eau et de l'acide carbonique , en raison de sa capacité de chaleur et de sa quantité , et il s'exhale avec eux; ce qui fait que l'eau et l'acide carbonique sont ramenés dans l'instant à une température beaucoup plus basse que s'ils n'étaient pas unis à l'azote.

Si la proportion de l'air atmosphérique est trop grande , la partie superflue partage inutilement la chaleur qui se dégage et l'entraîne en s'exhalant; de sorte que la température se trouve beaucoup moins élevée : si le courant d'air n'est pas rapide , le calorique se communique à mesure aux corps voisins, et la température s'élève peu au foyer : la hauteur des conduits du gaz qui a éprouvé la combustion , détermine la rapidité du courant par le vide qui se forme au moyen de la réduction des vapeurs qui s'exhalent.

De ces propriétés combinées avec la faculté plus ou moins conductrice des corps qui doivent ou maintenir ou communiquer la température produite par la combustion d'une proportion convenable de substance combustible et d'air atmosphérique , se déduisent les conditions les plus avantageuses pour obtenir le plus grand effet des combustibles , conditions qu'un célèbre philanthrope a déterminées avec soin pour les principaux usages de la société.

Le gaz oxigène produit, par la combustion, une chaleur beaucoup plus vive que l'air atmosphérique, parce que le gaz azote ne la partage pas avec ses combinaisons : son dégagement est aussi beaucoup plus rapide ; ce qui accroît encore son effet, parce que la communication de la chaleur exigeant un certain espace de temps, elle peut s'accumuler davantage lorsque la combustion est vive, que lorsqu'elle s'opère lentement.

On s'est servi de cette propriété du gaz oxigène, pour produire des degrés de chaleur auxquels on ne peut parvenir dans les fourneaux les plus artistement dirigés avec l'air atmosphérique, et qu'on peut à peine obtenir avec les plus fortes lentilles et les plus grands miroirs concaves.

Plusieurs chimistes se sont occupés des procédés les plus propres à tirer le plus grand avantage de ce moyen puissant d'accroître la chaleur et d'en disposer, soit en dirigeant le jet du gaz oxigène sur la substance que l'on soumet à l'épreuve, et que l'on a placée sur le charbon, soit en fesant rencontrer le gaz oxigène avec le gaz hydrogène : Lavoisier surtout, Erhman (1), et nouvellement Robert Hare (2), ont perfectionné les procédés et multiplié les expériences.

(1) Essai d'un art. de fusion, etc., par Erhman, suivi des mém. de Lavoisier.

(2) Mém. on the suppl. and the appl. of the biblow-pipe.

278. Le charbon n'est donc pas une substance simple, mais il doit au carbone ses propriétés distinctives, et principalement sa fixité : sans perdre sa force de cohésion, il peut former, avec différents gaz qu'il réduit à son état, une combinaison qui ne soutient pas une élévation de température qu'on peut évaluer à celle de l'ébullition de l'eau ; cependant l'oxigène qu'il a absorbé ainsi, paraît y rester fixe, jusqu'à ce qu'il puisse entrer dans une combinaison plus intime ; mais à toutes les températures connues, le charbon retient de l'hydrogène dont il faut estimer les effets dans les combinaisons qu'il forme.

Les principales combinaisons du carbone, qui prennent l'état élastique, sont l'acide carbonique et les gaz inflammables composés, que nous allons examiner.

La quantité de calorique qui est éliminée du gaz oxigène par la formation de l'acide carbonique, est déterminée par celle qui convient à la nouvelle combinaison. L'acide carbonique, contient une proportion de carbone et d'oxigène, sur laquelle on n'a encore que des approximations, parce que l'hydrogène du charbon produit en même temps une certaine quantité d'eau qui devient latente.

Cette eau, retenue par une forte affinité de l'acide carbonique, ne doit pas être confondue avec celle qui produit les effets hygrométriques et qui n'éprouve qu'une action incapable de changer les dimensions qui lui conviennent dans l'état de vapeur élastique (168). Cette·eau combinée doit se manifester par les moyens qui peuvent la décomposer.

CHAPITRE IV.

De l'hydrogène carburé, et de l'hydrogène oxicarburé.

279. Nous avons vu que le charbon était composé de carbone et d'hydrogène, et que dans les expériences de Lavoisier le charbon ordinaire avait dû contenir $\frac{1}{8}$ de son poids d'hydrogène, à quoi il faut ajouter la quantité indéterminée qu'il retient, lorsqu'il est le plus fortement calciné, et que Lavoisier avait négligée.

Le charbon fortement calciné peut être considéré comme une combinaison uniforme, à part la petite partie de cendre et de sels qui peuvent s'y trouver en proportions un peu différentes; mais elle ne contribue point aux propriétés qu'il a comme substance inflammable;

il n'en est pas de même du charbon, qui n'a pas subi une grande chaleur : celui-ci peut contenir une proportion plus ou moins grande d'hydrogène, selon les circonstances de l'opération par laquelle il a été préparé, et peut-être selon la composition du bois dont il provient. Il est probable que c'est de là que viennent, en grande partie, les propriétés qui se font distinguer dans son usage : nous remarquerons encore une autre différence.

Il y a cependant une limite dans la quantité d'hydrogène que le charbon peut retenir, ainsi que dans toutes les combinaisons des substances gazeuses avec celles qui sont fixes, et qui doivent surmonter la résistance de l'élasticité. Depuis ce terme, il se trouve un intervalle entre les proportions qui composent le charbon qui doit ses propriétés distinctives au carbone, et celles de la combinaison gazeuse qui se forme entre le carbone et l'hydrogène, et dans laquelle l'hydrogène devient dominant par ses propriétés, et sur-tout par l'état de fluide élastique qui lui est dû. Ce fluide élastique est le gaz hydrogène carburé.

Jusqu'à ces derniers temps, on a confondu sous le même nom le gaz inflammable qui ne contient que du carbone et de l'hydrogène, et une autre espèce de gaz inflammable qui contient en même temps de l'oxigène, et que j'ai cru devoir désigner par le nom d'hydrogène oxi-carburé.

La théorie que j'ai embrassée à cet égard se trouve en opposition avec celle que soutiennent Guyton et ses élèves, qui regardent le gaz que j'appelle oxi-carburé, comme n'ayant d'autre différence de composition avec l'acide carbonique, qu'une plus grande proportion de carbone; de sorte qu'ils en excluent l'hydrogène.

L'opinion du célèbre chimiste avec lequel je soutiens cette discussion est d'un trop grand poids pour que je ne doive craindre de me faire quelque illusion; ce qui m'engage à entrer dans des détails qui puissent faire juger des raisons sur lesquelles celle qui m'est particulière est fondée; d'ailleurs, ce point de théorie qui n'annonce, au premier aspect, qu'une nuance d'un faible intérêt, devient important pour l'intelligence complète des phénomènes de la combustion, de la réduction des métaux et des résultats de l'analyse des substances végétales et animales, et il se trouve lié aux principes les plus généraux de la science.

Lorsque l'on réduit, par le moyen du charbon, ceux des oxides dans lesquels l'oxigène est retenu par une forte affinité, on ne retire ni eau, ni acide carbonique; cependant l'oxigène est entré en combinaison, et le métal est réduit : la théorie qui ne supposait que deux combinaisons de l'oxigène avec le carbone et l'hydrogène, l'acide carbonique et l'eau, n'avait rien à opposer aux objections que Priestley tirait de ces faits qu'il avait observés le premier. Woodhouse multiplia les faits, et n'entreprit pas d'en développer la cause (1); mais Cruickshank le fit avec succès (2). Avant que ses expériences fussent connues des chimistes français, ceux-ci en firent d'analogues, et la discussion dont j'ai parlé s'établit entre eux. Cependant comme celles de Cruickshank ont à leur avantage une antériorité de date, et qu'en général elles sont faites avec beaucoup de soin, ce sont elles dont je recueillerai principalement les résultats.

280. L'analyse des gaz inflammables composés, est fondée sur la propriété que le gaz hydrogène et le carbone ont de former avec l'oxigène des combinaisons qui ont des proportions déterminées et connues, et qu'il est facile de distinguer ; de sorte que par ces combinaisons on détermine la quantité des deux éléments inflammables qui entraient dans la composition du gaz dont il faut connaître la pesanteur spécifique : si ces deux éléments, par leur réunion, donnent cette pesanteur spécifique, c'est un

(1) Ann. de Chim. tom. XXXVIII et XXXIX. Mém. de l'Inst. tom. IV.

(2) Bibl. Brit. tom. XVII et XVIII.

hydrogène carburé que l'on a examiné, et dans lequel aucun autre élément pondérable ne pouvait exister ; si au contraire ils ne peuvent former qu'une partie du poids, on est obligé d'y supposer quelqu'autre substance qui puisse compléter le poids ; et ce ne peut être qu'une proportion d'hydrogène et d'oxigène, telle qu'elle entre dans la composition de l'eau : on ajoute donc la quantité nécessaire d'hydrogène et d'oxigène pour obtenir la pesanteur spécifique du gaz qui est alors oxi-carburé.

Ce genre d'analyse peut être porté à une grande précision pour les gaz hydrogènes carburés, lorsque l'on a bien déterminé leur pesanteur spécifique ; car il ne reste quelqu'incertitude que sur la proportion de l'oxigène qui entre dans la composition de l'acide carbonique, pour attribuer celle qui convient à la formation de l'eau dont les proportions sont bien connues ; mais comme le poids de l'hydrogène n'est qu'à peu-près le sixième de celui de l'eau qui se forme, une petite différence dans le mode des évaluations, se réduit à une petite quantité dans la détermination de la composition du gaz. Celle des éléments des gaz oxi-carburés est sujette à une incertitude plus grande : la quantité d'hydrogène qui entre dans sa composition étant beaucoup moins considérable, une petite différence dans les bases adoptées en peut apporter une grande, relativement à la proportion de l'hydrogène, ou même rendre son existence problématique.

D'ailleurs, ce dernier gaz étant moins combustible, une partie échappe facilement à la combustion, sur-tout à la faveur de l'acide carbonique, qui peut même facilement déguiser son inflammabilité : il paraît de plus qu'il peut recevoir dans sa composition une certaine proportion d'azote qui varie sans doute dans les différentes espèces, et qui a été négligée jusqu'à présent. Il faut donc borner les prétentions de l'analyse à reconnaître les différences considérables qui peuvent se trouver dans la composition de cette espèce de gaz, et à en tirer des conséquences qui puissent s'appliquer à l'explication des phénomènes que présentent la réduction des oxides métalliques, et la décomposition de l'acide carbonique et des autres substances oxigénées, qui laissaient sur cette partie de la théorie un nuage que l'on n'avait pas tenté de dissiper jusqu'à Cruickshank ; mais on ne peut jusqu'ici parvenir à une grande précision sur les proportions des éléments qui le composent.

J'ai remarqué que pour obtenir, le plus complétement possible, la combustion du gaz hydrogène oxi-carburé, il fallait le faire détonner avec un grand excès de gaz oxigène ; de sorte que j'emploie contre une du premier, au moins deux parties du dernier, quoiqu'il n'y en ait qu'une portion qui doive servir à la combinaison : une autre précaution non moins nécessaire, c'est de faire une lotion du gaz oxi-carburé avec l'eau de chaux ; car j'ai observé que l'eau simple pouvait lui laisser un dixième de son volume d'acide carbonique : c'est à ces circonstances que j'attribue la différence qui se trouve entre les résultats qui ont été publiés et les miens. J'ai eu dans mes épreuves une plus grande consommation de gaz oxigène ; et j'ai obtenu plus d'acide carbonique, quoiqu'elles ne m'aient donné que de petites différences, en les répétant plusieurs fois.

281. Le gaz hydrogène carburé exige donc beaucoup plus de gaz oxigène pour sa combustion : il brûle avec une flamme rouge ou blanche, selon la vivacité de la combustion.

La quantité de gaz oxigène qui se combine, comparée à celle de l'acide carbonique qu'il forme, et à celle de l'eau dont on doit supposer la production, pour compléter sa combustion, indique une quantité de carbone et d'hydrogène qui représente sa pesanteur spécifique, et l'eau qui se dépose en atteste la production.

On peut en distinguer différentes espèces, qui varient par leur origine, par les proportions de leurs éléments, et par leur état de dilatation :

je vais les rappeler en prenant 100 pouces cubes, ou 1989,45 centimètres cubes de chacun, et en négligeant les différences qui peuvent provenir des variations de température et de pression.

1°. Le gaz qu'on retire en distillant quatre parties d'acide sulfurique et une d'alcool, et que les chimistes hollandais ont fait connaître (1) : les propriétés qu'ils y ont reconnues l'ont fait désigner par le nom d'oléfiant ; la pesanteur spécifique, combinée avec les produits de la détonation, fait voir qu'il contient à-peu-près 1^{gr}.560 de carbone, et 0,520 d'hydrogène. On peut le regarder comme le gaz hydrogène carburé, qui contient les plus grandes proportions de ses deux éléments.

Si l'on presse ce gaz à travers un tube rougi, il se fait sur ce tube un dépôt charbonneux, et d'un peu d'huile noire, et il passe dans le récipient une fumée charbonneuse; mais point d'acide carbonique : il éprouve dans cette opération une très-petite dilatation dans son volume, et l'on trouve qu'il n'est plus composé que de 0,572 de carbone, et de 0,312 d'hydrogène; de sorte qu'il a acquis une grande légèreté spécifique, quoiqu'il soit composé de proportions peu différentes en carbone et en hydrogène de celles du précédent.

____

(1) Journ. de Phys. an 2.

2°. Le gaz qui provient de l'alcool qu'on fait passer à travers un tube rougi : selon les chimistes hollandais qui l'ont décrit, sa pesanteur spécifique est de 0,436, celle de l'air atmosphérique étant 1000 ; l'épreuve fait voir qu'il doit contenir 0,780 de carbone, et 0,260 d'hydrogène, ce qui correspond encore avec sa pesanteur spécifique.

3°. Le gaz que l'on obtient, lorsqu'on distille une huile : ce gaz diffère un peu, selon l'époque de l'opération ; celui qui se dégage au commencement a un peu plus d'hydrogène, et un peu moins de carbone que celui qu'on retire sur la fin : le premier est composé de 1^{gr}.144 de carbone, et de 0,260 d'hydrogène, et quoique sa pesanteur spécifique n'ait pas été déterminée, les grands rapports qu'il a avec le gaz oléfiant me font conclure qu'il ne contient pas d'autres principes.

4°. Le gaz qui provient de la décomposition de l'eau par le charbon, qui contient à-peu-près 0^{gr}.260 de carbone, et 0,208 d'hydrogène ; ce qui s'éloigne peu de la pesanteur spécifique déterminée par Lavoisier et Meusnier.

On peut encore comprendre dans les espèces de gaz hydrogène carburé, d'après les expériences de Cruickshank, celui qu'on obtient du camphre et de la distillation des substances animales.

282. Les principales différences qui distinguent le gaz hydrogène oxi-carburé du précédent, sont les suivantes : il est beaucoup moins combustible ; il exige une quantité d'oxigène beaucoup moins grande : il brûle avec une flamme bleue, quoique cette propriété ne doive pas être regardée comme constante et distinctive ; il donne beaucoup moins d'eau dans sa combustion, et quelquefois il n'en donne point d'apparente ; il a ordinairement une pesanteur spécifique plus grande ; ce n'est point cependant, comme l'a prétendu Cruickshank, un caractère qui puisse servir à le distinguer ; car le gaz oléfiant a autant de pesanteur spécifique que celui-ci en a ordinairement ; d'ailleurs il varie à cet égard.

L'acide muriatique oxigéné décompose l'un et l'autre gaz, mais avec quelques différences ; il paraît, par les expériences de Cruickshank, que le gaz hydrogène carburé, en se décomposant lentement par l'action de l'acide muriatique oxigéné, se convertit en partie en gaz oxi-carburé ; mais celui-ci peut être lui-même décomposé par l'acide muriatique oxigéné, comme le prouvent les expériences de Guyton et de Cruickshank ; cependant le dernier a observé que l'étincelle électrique ne peut enflammer le mélange de gaz muriatique oxigéné, et de gaz hydrogène oxi-carburé, comme celui de gaz hydrogène carburé ; de sorte qu'il donne ce moyen de distinguer ces deux gaz : il paraît donc que l'acide muriatique oxigéné décompose plus facilement le gaz hydrogène carburé que l'oxi-carburé, ce qui est conforme à l'idée que présente la composition de l'un et de l'autre.

Le gaz oxi-carburé se forme dans différentes circonstances, dont il faut examiner les principales, en déterminant celles qui causent sa production, et celles qui donnent au contraire naissance à d'autres combinaisons, afin que nous puissions parvenir à un principe général qui nous guide dans l'explication des phénomènes qui en dépendent.

1°. Si l'on fait détoner quatre mesures du gaz oléfiant avec trois mesures de gaz oxigène, au lieu d'avoir une condensation de volume, on observe au contraire une dilatation ; les sept mesures occupent la place de onze, et il se fait sur l'eudiomètre un dépôt charbonneux : en soumettant à la détonation ce nouveau gaz, avec une proportion convenable d'oxigène, son analyse fait voir qu'il est composé du carbone qui existait dans une quantité correspondante du gaz primitif, à part la petite portion qui a formé le dépôt charbonneux ; de son hydrogène, excepté une très-petite partie, qui a produit de l'eau et de l'oxigène employé dans la première détonation, moins la petite quantité qui est entrée dans la composition de l'eau.

L'hydrogène carburé produit par la distillation d'une huile, et dans lequel le carbone était en proportion beaucoup plus grande, a aussi éprouvé une dilatation, en en fesant détoner quatre parties avec trois de gaz oxigène, mais il s'était formé un peu d'eau avec le gaz oléfiant, et c'est un peu d'acide carbonique qui s'est produit dans cette occasion ; l'analyse du gaz dilaté fait voir également qu'il est composé d'oxigène, d'hydrogène et de carbone ; Cruickshank a observé avant moi cette dilatation, et décrit des effets peu différents.

Ces deux expériences prouvent démonstrativement l'existence d'une espèce de gaz inflammable qui est composé d'oxigène, de carbone et d'hydrogène, et qui est un véritable hydrogène oxi-carburé ; de sorte que l'existence de cette espèce de gaz n'est plus hypothétique

En second lieu, elle fait voir que ce gaz peut recevoir des proportions très-différentes de ses trois éléments ; car l'analyse du premier gaz dilaté donne une différence considérable avec celle du second. Il en est donc, à cet égard, de l'hydrogène oxi-carburé, comme du carburé, qui reçoit dans sa composition des proportions très-variables d'hydrogène et de carbone.

Cette expérience annonce encore que c'est le propre du gaz oxigène d'accroître les dimensions de la combinaison gazeuse dans laquelle il entre, à moins qu'on ne veuille attribuer cet effet à la petite diminution du carbone ; mais les adversaires de mon opinion réservent cette propriété expansive au carbone, et en dépouillent le gaz oxigène, contre toutes les indications des propriétés qui appartiennent à ces substances, dont l'une a naturellement la plus grande fixité, et l'autre beaucoup de disposition à l'état élastique.

Je ne dois pas déguiser qu'on a publié un résultat contraire de l'expérience que je viens d'analyser : *quand on enflamme*, dit-on, *l'hydrogène carboné dans l'eudiomètre de Volta, s'il n'y a pas assez d'oxigène pour la combustion totale, le charbon seul se brûle, l'hydrogène reprend son élasticité, que sa combinaison avec le charbon lui avait fait perdre, et le volume des gaz est dilaté : c'est alors un mélange d'acide carbonique et d'hydrogène qui brûle en bleu, comme le gaz carboneux ; mais qui après le lavage par la chaux, diminue et laisse un résidu d'hydrogène pur* (1).

Je n'offrirai pas la simple garantie des expériences dont j'ai publié les détails ; mais Cruickshank a observé comme moi que le gaz dilaté que l'on obtient par le moyen indiqué, donnait une quantité d'acide carbonique, correspon-

____

(1) Journ. de l'Ecole Polytech. 11ᵉ cahier.

dante à celle du carbone qu'il conservait encore en grande proportion, quoiqu'il n'ait pas tiré la conséquence nécessaire, que ce gaz était analogue à celui qu'il appelle *gaz oxide de carbone.*

Dans toutes les circonstances connues, c'est l'hydrogène, sur-tout lorsqu'il se trouve en proportion considérable, qui subit le premier la combustion, à moins qu'il ne forme une combinaison triple ; Cruickshank a précipité du charbon du gaz oléfiant par le gaz muriatique oxigéné qui produit aussi plus facilement la combustion de l'hydrogène que celle du carbone : c'est ainsi que le gaz hydrogène sulfuré, et même le phosphuré, abandonnent une partie du soufre et du phosphore, dans une combustion incomplète, ou par l'action d'une quantité insuffisante d'acide muriatique oxigéné.

Les auteurs du mémoire que j'ai cité, rapportent eux-mêmes une expérience dont le résultat est diamétralement opposé au premier, sans que l'on puisse appercevoir dans les circonstances une raison de cette différence : ils ont fait passer quantité égale de gaz hydrogène et de leur gaz carboneux dans un tube de verre rougi, et ils prétendent que le dernier a déposé son charbon sur les parois du tube : il est vrai que Théodore de Saussure a fait voir qu'ils s'étaient trompés en cela (1).

(1) Journ. de Phys. Brum. an 11.

283. 2º. Lorsque l'on soumet à la distillation le charbon ordinaire, il ne se dégage, dans le commencement, qu'un peu d'acide carbonique, et une petite quantité d'eau ; après cela on obtient une grande quantité de gaz inflammable, dont les premières portions donnent, par la détonation avec le gaz oxigène, beaucoup plus d'acide carbonique, que celles qui suivent et qui forment la plus grande partie de la totalité. Ce dernier gaz ne donne qu'un dixième de son volume d'acide carbonique : on trouve, par les produits de sa détonation, qu'il contient sur 100 pouces cubes (1981,45 centimètres cubes), $0^{gram}.104$ de carbone, et 0,208 d'hydrogène ; ce qui ne suffit pas à sa pesanteur spécifique ; voilà donc un gaz dans lequel il faut nécessairement supposer une proportion d'oxigène et d'hydrogène, propre à former de l'eau, pour que les résultats de son analyse réponde à sa pesanteur spécifique.

Je prends ici des nombres déterminés par les expériences que j'ai réitérées avec soin, mais je ne prétends point que les charbons ne présentent quelques différences à cet égard, et que des circonstances difficiles à apprécier n'en puissent encore faire varier les résultats.

Le charbon ordinaire est indubitablement un composé de carbone et d'hydrogène, puisqu'on peut en retirer près du quart de son poids d'un gaz inflammable, dans lequel l'hydrogène domine par ses propriétés ; cet hydrogène ne peut provenir de l'eau ; car lorsqu'il y a décomposition d'eau, il se forme une quantité proportionnelle d'acide carbonique; or, dans la distillation du charbon, on ne retire qu'une quantité d'acide carbonique très-petite, et qui se dégage au commencement de l'opération : on ne pourrait supposer que l'oxigène de l'eau décomposée est retenu dans le charbon ; car vu la grande quantité d'hydrogène qui domine dans le gaz qui s'est dégagé, et la grande proportion d'oxigène qui entre dans la composition de l'eau, le charbon, poussé à un grand feu, ne pourrait être presque que de l'oxigène condensé, il devrait au moins avoir des propriétés qui seraient très-différentes de celle du charbon ordinaire, pendant que l'on n'y trouve qu'une différence qui s'explique naturellement par une plus petite proportion d'hydrogène : d'ailleurs, nous avons vu que l'existence de l'hydrogène dans le charbon fortement calciné peut être prouvée directement.

C'est, au contraire, le charbon non calciné qui contient une certaine proportion d'oxigène qui entre dans la formation de l'hydrogène oxicarburé que l'on peut en retirer, et il me paraît naturel d'attribuer à l'affinité de l'oxigène et de l'hydrogène la cause de la séparation du dernier ; de sorte que c'est lorsque l'oxigène est épuisé dans le charbon, ou que du moins il ne s'y trouve plus qu'en très-petite quantité, que la chaleur cesse d'en dégager le gaz inflammable, et l'on voit que les charbons doivent différer entre eux à cet égard.

On ne peut décider, dans l'état actuel de nos connaissances, si la petite quantité d'eau et d'acide carbonique qui se dégagent au commencement de la distillation, sont une production nouvelle ou s'ils existaient dans le charbon; parce que celui-ci a la propriété de condenser une certaine quantité de tous les gaz (273).

Cruickshank attribue au gaz inflammable, qu'on retire du charbon, à-peu-près la moitié de la pesanteur spécifique de l'air atmosphérique : on voit par la quantité de [l'acide carbonique qu'il a retiré de sa combustion, et qui montait à plus de 40 parties sur 100, que c'est celui qu'on obtient au commencement de la distillation qu'il a soumis à l'épreuve : il en conclut que c'est un gaz hydrogène carburé; mais il est facile de s'assurer que la quantité de carbone indiquée par celle de l'acide carbonique, et la proportion d'hydrogène nécessaire pour saturer le gaz oxigène qu'il a employé, ne suffisent point pour procurer la pesanteur spécifique de ce gaz, et qu'il faut chercher à-peu-près la moitié de son poids dans quelque substance étrangère, laquelle est nécessairement un proportion d'oxigène et d'hydrogène propre à former de l'eau ; de sorte qu'il résulte de son analyse même que ce gaz doit être placé parmi les hydrogènes oxi-carburés.

Voilà donc un autre gaz inflammable dans lequel je ne crois pas que l'on puisse refuser de reconnaître l'existence de l'hydrogène et de l'oxigène avec le carbone.

284. 3°. Le gaz hydrogène oxi-carburé est produit, lorsque l'on décompose l'acide carbonique qui est retenu dans une combinaison, en le poussant au feu avec le charbon, même fortement calciné, ou lorsque l'on traite de la même manière un oxide métallique, ou un sulfate, une substance enfin qui ne cède son oxigène qu'à une haute température.

Le carbonate de baryte qui résisterait à l'action de la chaleur, se décompose lorsqu'on l'expose au feu dans un creuset de plombagine, comme Hope l'avait observé : Pelletier a produit cette décomposition par le mélange d'un peu de charbon : on a reconnu qu'au lieu d'acide carbonique, c'était du gaz hydrogène oxi-carburé qui se dégageait.

Un carbonate traité avec un métal très-oxidable, produit aussi de l'hydrogène oxi-carburé.

L'acide carbonique que l'on tient en contact avec le charbon rouge, se change pareillement en gaz hydrogène oxi-carburé.

Tels sont les principaux faits sur lesquels se sont formées les deux opinions qu'il faut discuter.

On prétend que le gaz inflammable que j'appelle oxi-carburé, ne diffère de l'acide carbonique que par une plus grande proportion de carbone; je crois qu'il reçoit de l'hydrogène dans sa composition, que c'est à cet élément qu'est due sa légèreté spécifique qui a été reconnue par Cruickshank, et par Clément et Désormes, pour être plus grande même que celle de l'air atmosphérique, que cet hydrogène peut provenir du charbon, qui en contient même lorsqu'il est le plus fortement calciné, de l'eau que quelques substances peuvent retenir au plus haut degré de chaleur, et souvent de l'un et de l'autre.

Avant de discuter ces opinions, je rappelerai qu'un grand nombre de phénomènes chimiques peuvent recevoir deux ou plusieurs explications qui paraissent satisfaire aux conditions, et qu'alors on ne peut se décider en faveur d'aucune, jusqu'à ce que l'on soit parvenu à un fait qui ne puisse plus admettre que l'une de ces explications, ou qui ne puisse se concilier qu'au moyen de cette explication, avec les principes généraux qui, reposant sur la comparaison d'un grand nombre d'autres phénomènes analysés avec soin, ne peuvent plus être contestés.

Ainsi, lorsque l'on examine isolément la décomposition de l'eau par quelques métaux, on peut également expliquer le dégagement du gaz hydrogène, par la supposition que l'hydrogène existait dans le métal, et que l'eau prend sa place ou que l'eau éprouve une décomposition; cette double explication se soutient, si l'on fait la réduction de l'oxide par le gaz hydrogène; mais si l'on porte son attention sur la fixation de l'oxigène dans un oxide tel que celui de mercure, et sur sa réduction, dans laquelle l'oxigène l'abandonne, par l'effet seul de l'élévation de température; si l'on compare les éléments que l'on réunit dans la formation de l'eau avec les résultats que l'on obtient de sa décomposition; si l'on examine en même temps la correspondance du gaz hydrogène qui se dégage dans l'oxidation d'un métal par l'eau, et du poids qu'acquiert l'oxide métallique; il n'y a plus de doute; on choisit entre les deux hypothèses.

Il en est de même, relativement à la décomposition des oxides métalliques, de l'acide carbonique et des autres substances qui, en se décomposant, donnent naissance à un gaz inflammable par le concours de l'action du charbon et de la chaleur. Si l'on ne porte son attention que sur les résultats matériels de cette décomposition, on peut souvent les expliquer par une simple combinaison d'une forte proportion de carbone, ou par l'introduction de l'hydrogène dans la combinaison de carbone et d'oxigène; mais si l'on applique les principes qui sont le plus solidement établis, aux résultats que l'on obtient dans la première supposition, on trouve une discordance telle, qu'à mon avis, il ne reste point de doute sur le choix auquel on doit s'arrêter.

285. Dans toutes les expériences par lesquelles Cruickshank a décomposé par l'oxigène le gaz dont il est question, pour en reconnaître la composition, il a obtenu de l'eau, excepté dans une seule; il détermine même la proportion de l'hydrogène à celle du carbone, dans le rapport de 1 à 7. Ainsi, ses résultats sont parfaitement analogues aux miens, excepté dans une seule expérience que je dois expliquer. Il reconnaît de plus que le charbon fortement calciné contient de l'hydrogène. Il n'y a donc de différence entre mon opinion et la sienne, qu'en ce qu'ayant en vue de détruire la prétention de Priestley, il n'a pas cru devoir faire entrer dans l'explication des propriétés du gaz qu'il a découvert, l'hydrogène qu'il y admettait, et qu'il n'a tiré le nom de ce gaz que de ses deux autres composants: j'attache moi-même peu d'importance à cette différence de nomenclature.

Dans l'expérience dans laquelle Cruickshank n'a point obtenu d'eau en fesant détoner le gaz

qui en provenait, et qui devrait seule faire difficulté, puisque c'est la seule avec les expériences
de la même espèce, c'est-à-dire celles où le gaz
fournit une grande quantité d'acide carbonique,
qui ne laisse pas appercevoir de l'eau effective, il
me paraît que l'eau qui se forme réellement n'est
pas apparente, parce qu'elle ne se trouve qu'en
quantité égale à celle qui peut être tenue en
dissolution dans l'acide carbonique, et cette
opinion est appuyée de toutes les raisons par
lesquelles je crois avoir prouvé que le charbon,
fortement calciné, contenait de l'hydrogène,
et que cet hydrogène produisait de l'eau qui
était rendue latente dans l'acide carbonique.

Avec cette seule modification, dans l'opinion
de Cruickshank, le gaz qui ne donne pas d'eau
sensible dans sa combustion se trouve assimilé
à tous les autres gaz de cette espèce, dans lesquels
ses expériences même prouvent l'existence de l'hydrogène, et l'on n'apperçoit entre eux d'autres
différences que celles qui peuvent dépendre d'une
plus petite proportion d'hydrogène.

286. Considérons quelles sont les conséquences
de la composition du gaz inflammable, lorsqu'on
en exclut entièrement l'hydrogène, et que l'on
veut rendre raison de sa formation et de ses
propriétés, par la seule différence des proportions du charbon et de l'oxigène.

On conclut de l'analyse de ce gaz, qu'il est

formé, de 53 parties pondérales de charbon, et de 47 d'oxigène, et dans cette hypothèse il faut regarder le charbon comme absolument dépourvu d'hydrogène. Remarquons d'abord que le charbon est très-fixe, et par conséquent qu'il annonce peu de disposition à prendre l'état élastique.

Pour éviter toute l'influence de l'hydrogène, on établit que l'acide carbonique est composé précisément de 28 parties pondérales de carbone, et de 72 d'oxigène; d'où il suit que 100 parties de gaz oxigène, en se combinant avec 39 parties de carbone, donnent l'acide carbonique dont la pesanteur spécifique est près d'un tiers plus grande que celle du gaz oxigène; que dans cet état il peut former une autre combinaison, dans laquelle les 100 parties d'oxigène se trouvent unies à 112 parties de charbon; que par conséquent l'acide carbonique peut surmonter, au moyen de la chaleur, la résistance qu'il doit trouver dans la fixité qui est propre à 73 parties de charbon. Le gaz oxigène qui a pris, en se changeant en acide carbonique, une pesanteur spécifique proportionnelle à la quantité de carbone qui s'est combinée avec lui, acquiert, en se combinant avec près de deux fois autant de la substance fixe, une légèreté spécifique qui est non-seulement plus grande que celle de l'acide carbonique, mais même que celle du gaz oxigène.

6..

Ainsi le carbone se combine d'abord avec le gaz oxigène, sans changer sensiblement les dimensions de celui-ci par celles qui lui sont propres, lorsqu'il n'est pas retenu dans l'état solide par l'action réciproque de ses molécules ; il en résulte une pesanteur spécifique beaucoup plus grande, et l'on trouve jusqu'ici le caractère général des combinaisons ; une quantité double de carbone vient s'ajouter à cette combinaison, et non-seulement elle détruit le premier effet, c'est-à-dire l'accroissement de sa pesanteur spécifique, mais elle lui donne une légèreté spécifique plus grande que celle du gaz oxigène.

On a dit que le calorique pouvait produire cette dilatation si contraire à toutes les idées que peuvent donner toutes les combinaisons connues : examinons donc cet effet, sous le rapport de l'action du calorique : dans la combinaison de 39 parties de carbone avec 100 d'oxigène, une grande quantité de calorique est éliminée, et permet une condensation plus grande dans les parties du fluide gazeux ; il faut ensuite qu'il exerce une action toute opposée à la première, il faut qu'il donne l'état gazeux à 73 parties de carbone, lequel résiste complétement à son action lorsqu'il est isolé, et qu'outre cela il exerce une telle puissance sur la combinaison, que ses molécules soient maintenues à une plus grande distance respective, que celles mêmes du plus léger des deux éléments : le premier résultat de l'action irrégulière que l'on attribue au calorique, serait diamétralement opposé à celui qu'il produirait dans la suite de la même combinaison, et cela dans la même condition de température : la force qui produit la combinaison, et qui d'un accord commun est une attraction qui tend à rapprocher les parties qui subissent la combinaison, se trouverait ici changée en répulsion.

Les difficultés qui résultent de la comparaison des pesanteurs spécifiques deviendraient encore plus pressantes, si Désormes et Clément eussent établi, sur des expériences exactes, le calcul des parties qui composent le gaz hydrogène oxicarburé; car 100 mesures de celui qu'ils ont employé, en donnent constamment, dans sa combustion, de 96 à 100 mesures, tandis qu'ils disent n'en avoir obtenu qu'environ 80.

Elles s'accroîtraient encore, si l'on prenait en considération les dilatations que le gaz hydrogène carburé peut éprouver par l'action de l'étincelle électrique. *(Note XVIII.)*

287. 4°. On observe dans la combustion directe du charbon, des effets qui correspondent exactement à ceux que je viens de discuter, selon la proportion d'oxigène qui peut se combiner avec le carbone, et selon les circonstances qui peuvent faire entrer l'hydrogène dans cette combinaison;

de sorte que les uns servent, par leur correspondance, à éclaircir l'explication des autres.

Si l'on brûle du charbon ordinaire avec une
quantité suffisante de gaz oxigène, il se forme
de l'eau et de l'acide carbonique : si le charbon
a été fortement calciné, on n'apperçoit de l'eau
que dans le commencement de la combustion ;
mais elle disparaît ; elle est dissoute par l'acide
carbonique dans la suite de l'opération ; elle
excède de beaucoup la quantité qui produit les
phénomènes hygrométriques, et même celle-ci
n'y peut point contribuer, puisqu'en supposant le
gaz oxigène saturé d'humidité, le gaz acide carbonique qui en résulte, et qui égale à-peu-près
son volume, ne pourrait abandonner de l'eau
hygrométrique qu'autant qu'il serait abaissé à
une température inférieure à celle qu'avait le
gaz oxigène (172).

Lorsque la quantité de gaz oxigè : n'arrive
que successivement, comme lorsqu n le fait
passer sur le charbon fortement calcine ue l'on
place dans un tube rougi, suivant l'experience
de Hassenfratz, que j'ai citée, les phénomènes
varient selon la température ; mais toujours
on apperçoit au commencement de l'opération
une production d'eau, malgré l'élévation de température qui en doit faire disparaître : cette
eau ne peut provenir du charbon, puisqu'il
avait éprouvé auparavant un degré de chaleur

incomparablement plus considérable : il faut donc qu'elle ait été formée par la combinaison de l'oxigène et de la partie de l'hydrogène qui était le moins fortement retenue par le charbon, et elle est une preuve incontestable de l'existence de l'hydrogène dans le charbon fortement calciné.

Après cela, si la température est peu élevée, il se forme beaucoup d'acide carbonique, et peu de gaz hydrogène oxi-carburé : on voit que le charbon, à cette époque de l'opération, donne plus facilement du carbone ; mais si la chaleur est plus forte, on obtient au contraire très-peu d'acide carbonique et beaucoup d'hydrogène oxi-carburé ; comment la température peut-elle causer cette différence ? Il me paraît qu'elle est un effet naturel de l'action par laquelle la chaleur doit augmenter la disposition élastique de l'hydrogène, qui est retenu par le charbon, et dont l'existence ne peut plus être contestée ; de sorte que par le concours de la chaleur et de l'affinité de l'oxigène, l'hydrogène peut quitter le carbone, ou entrer avec lui dans une combinaison gazeuse ; s'il se trouve trop peu d'oxigène pour produire de l'eau et de l'acide carbonique, c'est principalement de l'hydrogène oxi-carburé qui est produit ; c'est une combinaison ternaire qui se forme, au lieu de deux combinaisons binaires.

La réduction des oxides par le charbon, présente des phénomènes parallèles ; car , comme l'a fort bien observé Cruickshank , ceux de ces oxides qui peuvent facilement se réduire ; et par conséquent à une température peu élevée , forment beaucoup d'acide carbonique ; au contraire, ceux qui exigent une haute température , ne donnent que de l'hydrogène oxi-carburé , ou très-peu d'acide carbonique ; et lorsque les deux gaz sont produits en certaines proportions, l'on retire la plus grande quantité d'acide carbonique dans le commencement de l'opération, et sur la fin la proportion de l'hydrogène oxi-carburé s'accroît, comme l'a déjà fait voir Woodhouse.

L'acide carbonique peut être changé en gaz hydrogène oxi-carburé ou par l'action du charbon , lorsque l'on traite un carbonate avec le charbon , ou en fesant passer l'acide carbonique à travers le charbon rouge ; il éprouve un changement semblable , si on le met en contact à une haute chaleur , avec un métal qui ait la propriété de décomposer l'eau ; mais avec une différence dans le résultat. Dans le premier cas , selon l'observation de Clément et Désormes , il acquiert un volume plus que double ; mais si l'on s'est servi du fer, il paraît, par les expériences de Cruickshank , qu'il ne se fait pas de dilatation : dans une circonstance , l'hydrogène du charbon , et l'eau qui est contenue dans l'acide carbonique, paraissent concourir à la production du gaz hydrogène oxi-carburé; dans l'autre, l'eau qui était retenue par le carbonate, contribue seule au changement qui s'opère, en cédant son oxigène au métal, et son hydrogène à l'acide carbonique, qui donne également une partie de son oxigène au métal.

Si l'on fait détoner, soit de l'hydrogène carburé, soit de l'hydrogène oxi-carburé avec une proportion suffisante de gaz oxigène, il se forme deux combinaisons dont les éléments se trouvent dans l'état de la plus grande condensation, l'eau et l'acide carbonique qui s'isolent et se séparent, au moyen des propriétés qui tiennent à l'état qu'elles ont acquis; mais s'il ne se trouve pas une quantité suffisante d'oxigène pour produire ces deux combinaisons, l'affinité mutuelle qui existe entre le carbone, l'hydrogène et l'oxigène les retient dans une seule combinaison, dans laquelle l'obstacle qu'ils opposent réciproquement, les empêche d'éprouver une contraction aussi grande que dans l'eau et dans l'acide carbonique.

288. Tel est le principe général duquel peuvent se déduire les phénomènes variés que l'on a observés sur la décomposition de l'acide carbonique, des sulfates et des oxides par le charbon, et sur la formation et la décomposition de l'hydrogène oxi-carburé : *Dans toutes les cir-*

constances, où il se trouve une proportion trop petite d'oxigène, pour produire, avec le carbone et l'hydrogène, de l'eau et de l'acide carbonique, il s'établit une combinaison ternaire, qui est de l'hydrogène oxi-carburé, lequel peut varier dans les proportions de ses éléments, selon les circonstances dans lesquelles il se forme.

Si l'acide carbonique, ou une autre substance oxigénée se trouve formée, les mêmes circonstances qui auraient pu donner naissance immédiatement à l'hydrogène oxi-carburé, le produisent au moyen de ces combinaisons; mais il se réduit en acide carbonique et en eau, lorsqu'il peut acquérir une proportion suffisante d'oxigène.

Les conditions nécessaires à la formation de l'hydrogène oxi-carburé, doivent souvent se rencontrer dans la combustion. En effet, lorsque l'on pousse au feu, du charbon dans un fourneau, et que le courant d'air n'est pas assez considérable, il se dégage une grande quantité de gaz qui vient brûler au contact de l'air atmosphérique, et qui donne une flamme dont la couleur bleue prouve que c'est du gaz oxi-carburé. Cette flamme bleue se montre aussi souvent dans la combustion du bois, lorsqu'elle n'est pas vive; enfin, lorsque l'on dirige le courant d'un chalumeau sur la mèche d'une lampe ou d'une chandelle, l'air que l'on pousse commence par former de l'hydrogène oxi-carburé, qui brûle en-suite avec une couleur bleue ; et de là viennent les effets réductifs que l'on obtient en plongeant le corps que l'on éprouve dans la flamme inté-rieure, c'est-à-dire dans le gaz oxi-carburé, et les effets contraires d'oxidation que produit la flamme extérieure, au moyen de la haute tem-pérature, et du contact libre de l'air.

Le carbone et l'hydrogène peuvent donc former deux espèces de combinaisons, l'une dans la-quelle c'est le carbone qui domine, et qui est fixe, et l'autre dans laquelle c'est l'hydrogène auquel il doit alors l'état gazeux.

L'oxigène peut produire une combinaison ter-naire avec ces deux premiers éléments : il se trouve dans le charbon, mais seulement en petite proportion ; il peut former une combinaison gazeuse, et y entrer en beaucoup plus grande proportion ; c'est le gaz hydrogène oxi-carburé ; quoique l'hydrogène puisse n'y être qu'en petite quantité, il est la cause la plus efficace de son état élastique et de sa légèreté spécifique.

Je crois que la composition de ce gaz est prin-cipalement prouvée ; 1°. parce que l'on peut en composer un semblable en combinant une cer-taine proportion d'oxigène avec un gaz hydro-gène carburé, et que celui que l'on obtient en poussant le charbon au feu est encore de cette espèce.

2°. Parce que le charbon le plus fortement calciné, contient de l'hydrogène, et l'on ne retrouve aucun effet de cet élément si énergique, si l'on n'admet qu'il est passé dans le gaz hydrogène oxi-carburé, qui se forme par son moyen.

3°. Parce que la légèreté spécifique du gaz hydrogène oxi-carburé ne peut se concilier avec la supposition, qu'il n'est composé que de carbone et d'oxigène, et qui exige que l'oxigène, après avoir subi une contraction jusqu'à la formation de l'acide carbonique, suive ensuite une marche tellement opposée, que la combinaison qui résulterait d'une addition beaucoup plus considérable d'un élément solide et très-peu expansif, deviendrait spécifiquement plus légère que celui de ses éléments, qui a naturellement une grande légèreté et une grande disposition élastique, pendant que l'accession de l'hydrogène donne une explication naturelle de cette légèreté.

Cette supposition est par là contraire à tout ce que l'observation nous apprend sur les autres combinaisons gazeuses, dans lesquelles on n'en connaît aucune qui ait acquis moins de pesanteur spécifique que le plus léger de ses éléments : elle est éversive des principes généraux qui sont le résultat de tous les faits chimiques, puisqu'elle suppose que la combinaison n'est pas due à une attraction, mais à une répulsion ; car ici on ne peut soupçonner une cause semblable à celle qui dilate le volume de la glace, quoique l'effet constant du refroidissement soit de produire un rapprochement des molécules : dans ce cas, l'arrangement que prennent les molécules solides peut détruire en apparence l'effet de la condensation réelle qu'elles éprouvent.

Cette combinaison ternaire répond à celle qui compose, dans l'état solide, la plupart des substances végétales, et lorsque l'on pousse celles-ci au feu, elle prend l'état gazeux avec un changement de proportions.

Elle est analogue à la composition de l'acide prussique, qui résulte de la combinaison de l'azote, du carbone et de l'hydrogène, et particulièrement à celle des autres acides ternaires qui sont également dûs à l'oxigène, à l'hydrogène et au carbone.

Si j'ai admis différentes espèces de gaz carbunés et de gaz oxi-carburés, ce n'est que pour distinguer ceux qui sont produits dans les circonstances semblables ; car chacune de ces espèces paraît pouvoir être composée de toutes les proportions intermédiaires entre les extrêmes, dans lesquels se trouvent comprises les limites de ces combinaisons.

CHAPITRE V.

Des combinaisons du soufre et du phosphore avec l'hydrogène et le carbone, et des combinaisons mutuelles de ces substances.

289. LE soufre a, comme le charbon, une disposition à se combiner avec l'oxigène et avec l'hydrogène, et quoique son affinité dominante soit pour l'oxigène, celle qu'il a pour l'hydrogène est encore assez puissante pour que les combinaisons qu'il forme avec lui donnent naissance à plusieurs phénomènes, lors même qu'elles n'agissent que par une affinité résultante.

Les combinaisons du soufre avec l'hydrogène ont un grand rapport avec celles du carbone et de l'hydrogène que nous venons d'examiner, elles en ont un plus grand encore avec celles du phosphore; mais ces bases elles-mêmes peuvent se combiner ensemble.

Kirwan (1) et les chimistes hollandais (2) qui ont fait beaucoup d'expériences intéressantes sur

(1) Trans. philos. 1785.

(2) Jour. de Phys. tom. XI.

l'hydrogène sulfuré, n'ont pu former le gaz hydrogène sulfuré, soit en fondant le soufre dans un vase rempli de gaz hydrogène, soit en fesant passer celui-ci dans un tube qui contenait du soufre liquéfié ; cependant Gengembre est parvenu à produire du gaz hydrogène phosphuré qui a beaucoup d'analogie avec celui-ci, en dirigeant le foyer d'une lentille sur le phosphore placé dans du gaz hydrogène ; ce qui paraît indiquer qu'en dirigeant ainsi la chaleur sur ces substances, on peut obtenir des effets différents, comme on l'observe pour la réduction des oxides métalliques par le gaz hydrogène (*Note XIX*) ; mais selon les chimistes hollandais le gaz hydrogène carburé peut produire l'hydrogène sulfuré. Il paraît que dans leur expérience le charbon a été abandonné par l'hydrogène, car le soufre a pris une couleur noire ; cependant elle devrait être répétée avec soin pour déterminer la nature du gaz qui se forme ; il n'est point probable que ce soit l'hydrogène sulfuré seul, car les propriétés du charbon annoncent qu'il a une affinité beaucoup plus forte avec l'hydrogène que le soufre, mais ce peut être un gaz dont on ignore encore la composition.

L'hydrogène sulfuré se forme dans beaucoup d'autres circonstances : dans les unes, l'hydrogène qui se trouve condensé, est condensé par la chaleur à prendre l'état élastique, en même temps que le soufre, dans les autres, une affinité qui tend à enlever à l'hydrogène la substance avec laquelle il était combiné, concourt avec celle du soufre.

On le forme par le premier moyen, en poussant au feu, du soufre avec le charbon, le sucre, l'huile et d'autres substances qui contiennent de l'hydrogène qui se combine immédiatement avec lui.

C'est par le second procédé qu'on produit l'hydrogène sulfuré, en décomposant l'eau par l'action d'un acide sur un sulfure métallique : on l'obtient encore en poussant au feu les hydro-sulfures et les sulfures hydrogénés dans lesquels il s'était formé auparavant par la décomposition de l'eau, ou en les décomposant par un acide qui ne cède pas facilement son oxigène, comme le fait l'acide nitrique concentré, qui décompose l'hydrogène sulfuré lui-même, au lieu de le dégager.

Nous devons à Gengembre, non-seulement la connaissance de la composition de l'hydrogène sulfuré, et celle de l'hydrogène phosphuré qu'il a découvert (1), mais aussi l'explication exacte de sa formation, lorsqu'elle est due à la décomposition de l'eau ; il a fait voir que pendant que son

(1) Mém. des Savans étrangers, tom. X. un second mém. est inédit.

hydrogène formait une combinaison gazeuse avec le soufre ou avec le phosphore, il se produisait une quantité correspondante d'acide sulfurique ou phosphorique qui entre en combinaison avec une partie de la base alcaline : c'est par ce moyen que se forment les sulfures hydrogénés que nous examinerons dans la suite.

Il y a donc cette différence entre le dégagement de l'hydrogène sulfuré par le moyen d'un sulfure métallique, ou par la décomposition d'un hydro-sulfure ou d'un sulfure hydrogéné, que dans le premier cas, l'hydrogène sulfuré se dégage à mesure qu'il est produit, et que dans le second, il était formé, et tenu en combinaison avant de prendre l'état élastique.

Le gaz hydrogène sulfuré a une pesanteur spécifique, qui est à celle de l'air, selon Kirwan, comme 10,000 à 9,038 ; Thenard a trouvé qu'il contenait, sur 100 parties, de soufre 70,857, d'hydrogène 29,143 (1) ; mais ces évaluations supposent que ce gaz reçoit toujours la même composition.

290. L'hydrogène sulfuré rougit la teinture de tournesol, il se combine avec les bases alcalines, et forme avec elles les hydro-sulfures, dont quelques-uns peuvent cristalliser ; je n'ai fait connaître (2) que la cristallisation de l'hy-

(1) Ann. de Chim. tom. XXXII.
(2) *Ibid*, tom. XXV.

dro-sulfure de baryte ; Vauquelin (1) a décrit celle de l'hydro-sulfure de soude, et il y a apparence qu'on en observera d'autres. L'hydrogène sulfuré possède donc les propriétés des acides : j'ignore cependant s'il a une puissance assez énergique pour produire l'état neutre avec les bases alcalines.

Le gaz acide sulfureux, combiné avec l'eau, n'est point altéré par le contact du gaz oxigène ou de l'air atmosphérique, seulement il se dissout dans ces derniers, en raison de leur quantité comparative. Le gaz hydrogéne sulfuré n'est également point décomposé par le gaz oxigène, qui ne fait que le dissoudre, et le partager avec l'eau, comme on vient de le voir pour l'acide sulfureux.

Il n'en est pas de même lorsque ce gaz est combiné dans un hydro-sulfure ; alors il n'oppose plus au gaz oxigène la résistance de son élasticité, et dans l'état de condensation où il se trouve, il agit sur lui par une plus grande masse, de même qu'il arrive à l'oxigène dans l'acide nitrique, et dans l'acide muriatique oxigéné ; l'action de sa base se joint à la sienne, comme dans les sulfites ; il se change donc en acide sulfureux, mais comme l'hydrogène se combine beaucoup plus facilement avec l'oxigène que le soufre, il y a dans cette première altération une

____

(1) Ann. de Chim. tom. XXII.

différence avec la manière dont les sulfites passent à l'état de sulfates ; c'est par l'hydrogène que la décomposition commence , et l'hydro-sulfure qui d'abord était incolore, prend une teinte jaune, et devient un sulfure hydrogéné : si l'hydro-sulfure a été préparé avec beaucoup de soin , il ne dépose point de soufre , lorsqu'on le décompose par un acide ; seulement l'hydrogène sulfuré s'en exhale ; mais dès qu'il est devenu jaune par le contact de l'air , et qu'il a commencé à prendre le caractère d'un sulfure hydrogéné, le liquide est troublé par un acide indécomposable , et il se forme un dépôt de soufre ; ce qui prouve que réellement l'hydrogène qui tenait le soufre en dissolution est entré en partie en combinaison avec l'oxigène , avant qu'il se soit formé de l'acide sulfureux.

Lorsqu'on a laissé exposé quelque temps à l'air un hydro-sulfure ou un sulfure hydrogéné étendu de beaucoup d'eau, un acide non décomposable en fait aussi exhaler des vapeurs d'acide sulfureux , et l'expérience prouve qu'il ne s'est point formé d'acide sulfurique : ce qui dépend de la même cause qui fait que le soufre, à une température trop peu élevée , ne produit que de l'acide sulfureux , et point d'acide sulfurique : cette limite de l'action du soufre doit embrasser toutes les circonstances où il n'entre en combinaison avec l'oxigène qu'avec peu d'énergie.

7··

Si l'oxigène passe d'une combinaison dans laquelle il se trouvait fort concentré, de sorte qu'il ne doive pas éprouver une condensation nouvelle pour former l'acide sulfurique, ou qu'il puisse agir avec beaucoup de masse, il fait passer immédiatement le soufre à l'état d'acide sulfurique ; ainsi lorsqu'on acidifie le soufre par l'acide nitrique, c'est de l'acide sulfurique qu'on forme immédiatement : lorsqu'on le décompose par un nitrate, c'est aussi de l'acide sulfurique qui est produit, et par cette raison, et parce que le calorique qui se dégage produit une haute température.

On a vu que l'oxigène de l'atmosphère commençait par se combiner avec l'hydrogène d'un hydro-sulfure ; cette combinaison est également beaucoup plus prompte et plus facile, lorsque l'oxigène est lui-même dans un état de condensation ; il peut alors décomposer l'hydrogène sulfuré, sans que celui-ci soit condensé : de là vient que l'acide sulfureux décompose l'hydrogène sulfuré : le soufre de l'acide sulfureux et celui de l'hydrogène sulfuré se précipitent dans cette décomposition ; cependant l'action de l'eau qui tient les deux gaz en dissolution, empêche que cette décomposition mutuelle ne soit complète : l'acide nitrique et le gaz nitreux décomposent, par la même raison, l'hydrogène sulfuré : l'acide muriatique oxigéné rend sensible la formation successive de l'eau et de l'acide sulfurique par la combinaison de l'hydrogène et du soufre ; car, versé en petite quantité sur une eau d'hydrogène sulfuré, ou de sulfure hydrogéné, il en précipite d'abord du soufre ; mais lorsqu'on l'emploie en quantité suffisante, il convertit immédiatement tout l'hydrogène sulfuré en eau et en acide sulfurique.

L'action de l'acide sulfureux sur l'hydrogène sulfuré présente une circonstance qui mérite d'être remarquée, dans la décomposition d'un hydro-sulfure ou d'un sulfure hydrogéné : lorsqu'on a laissé quelque temps exposée à l'air l'une de ces combinaisons, un acide le trouble aussitôt ; mais il n'en dégage qu'après quelques moments des vapeurs d'acide sulfureux : c'est que pendant qu'il existe de l'hydrogène sulfuré, l'acide sulfureux qu'on met en liberté et qui se trouve en contact avec lui, le décompose et se détruit lui même ; de sorte que ce n'est que celui qui reste surabondant qui peut s'exhaler.

L'hydrogène sulfuré acquiert donc, par sa combinaison avec une base alcaline, la propriété d'assujettir le gaz oxigène, mais il passe par l'état d'acide sulfureux : si l'oxigène est lui-même condensé, il forme immédiatement de l'acide sulfurique.

On ne connaît pas encore de combinaison entre le soufre et le charbon : lorsque l'on traite le

soufre avec le charbon même fortement calciné,
il lui enlève une portion de son hydrogène, et
forme de l'hydrogène sulfuré. *Lampadius* (1) a
obtenu, par la distillation à un grand feu, du
soufre avec le charbon, *un liquide ayant l'odeur
du gaz hydrogène sulfuré, très-inflammable, plus
pesant que l'eau, et qui conserve encore sous l'eau
son état liquide à* 12 — 0 *de Deluc. Une exposition de quelques minutes à l'air libre suffira pour
convertir ce liquide en véritable soufre.*

Cette description indique clairement le soufre
hydrogéné; cependant Clément et Désormes ont
formé une combinaison qui semble avoir beaucoup de rapport avec la précédente, mais qui,
d'après leur description, ne serait pas un soufre
hydrogéné : elle paraît tenir du charbon dans sa
composition; et quoiqu'elle soit très-volatile et
très-inflammable, ils refusent d'y reconnaître
l'existence de l'hydrogène. Cette substance exige
de nouvelles expériences.

291. Le phosphore ne paraît pas se combiner
avec le gaz hydrogène, à une température basse,
ou plutôt il ne peut entrer en combinaison en
assez grande proportion pour déterminer une
combustion au simple contact du gaz oxigène,
mais à une température plus élevée, il s'en dissout une plus grande quantité; cependant cette
dissolution ne se fait que d'une manière variable;

____

(1) Journ. de Pharmacie, n°. 8.

on n'a pas cherché à produire l'hydrogène phosphuré par le moyen du charbon et des huiles ;
mais Fourcroy dit que l'on décompose l'ammoniaque à une haute température , en fesant
passer le gaz sur le phosphore dans un tube de
porcelaine (1) , et que l'on obtient ainsi un
mélange d'hydrogène et d'azote phosphuré ; d'un
autre côté , Pelletier rapporte qu'ayant fait passer
de l'ammoniaque dans le phosphore fondu , il
n'y a pas eu de décomposition , mais qu'il s'est
formé une combinaison d'ammoniaque et de
phosphore (2); il est probable qu'il aura pris
pour une combinaison ammoniacale les deux
substances gazeuses observées par Fourcroy ;
mais il serait possible que ces deux gaz formas-
sent une combinaison ternaire et particulière.

C'est par le moyen de l'action que les alcalis
exercent sur le phosphore , et par celui de la décomposition de l'eau qu'il opère , que l'on produit
le gaz hydrogène phosphuré , en raison du
phosphate qui se forme en même temps : Gengembre attribue au gaz hydrogène phosphuré
une pesanteur spécifique , à-peu-près double de
celle du gaz oxigène ; mais ce gaz est encore
moins constant dans sa composition que l'hydrogène sulfuré.

(1) Syst. des Conn. Chim. tom. II, p. 238.

(2) Mém. de Pelletier, tom. I.

Il avait déjà observé que ce gaz est en partie soluble dans l'eau; Kirwan avait fait la même observation (1). J'avais conclu de mes propres expériences (2), qu'il s'en dissolvait un dixième de son volume, soit qu'on le laissât reposer sur l'eau, soit qu'on hâtât son absorption par l'agitation; que pendant que cette dissolution s'opérait, il se précipitait du phosphore; et que le reste du gaz avait perdu la propriété de s'enflammer à la température de l'atmosphère; mais Raimond (3) prétend qu'il se dissout en entier dans l'eau qui a été privée d'air, qu'il faut un peu plus de quatre parties d'eau pour en dissoudre une; que cette dissolution se décompose par le contact de l'air, en laissant précipiter un peu de phosphore, qui sans doute est un peu oxidé; mais qu'elle se conserve sans altération lorsqu'elle n'éprouve pas l'action de l'air.

Gengembre avait remarqué que le gaz hydrogène phosphuré n'était inflammable qu'en partie, au simple contact de l'air, lorsqu'on le formait sans le secours de la chaleur; Kirwan avait aussi observé que le gaz hydrogène sulfuré n'était soluble qu'en partie dans l'eau, et qu'il différait en cela, selon le procédé, et sur-tout selon la température qu'on employait : Chaptal fils a

(1) Trans. philos. 1785.
(2) Ann. de Chim. tom. XXV.
(3) *Ibid*, tom. XXXV.

constaté l'influence de la chaleur sur les propriétés de l'un et de l'autre gaz, au moment de leur production, et il a éprouvé qu'en traitant le phosphore avec une solution alcaline, on obtenait, à un degré de chaleur assez élevé, du gaz hydrogène phosphuré inflammable à une température basse, qu'avec moins de chaleur le gaz n'était pas inflammable, si ce n'est à une température beaucoup plus élevée, et que l'on pouvait faire succéder à volonté l'une et l'autre espèce, en fesant varier le degré de chaleur : il a aussi observé que le gaz hydrogène sulfuré qu'on obtient à une température peu élevée, n'était soluble qu'en petite partie dans l'eau ; mais que retiré à une température plus haute, il se dissolvait en beaucoup plus grande quantité ; de sorte qu'une grande proportion de soufre donne plus de solubilité dans l'eau à l'hydrogène sulfuré, et que l'hydrogène phosphuré devient, par la même cause, plus inflammable, et probablement plus soluble dans l'eau.

Le soufre ne paraît point décomposer l'eau, même à une haute température, si ce n'est par le concours d'autres affinités : le phosphore placé dans l'eau, à une température basse, la décompose ; mais cette décomposition n'a lieu qu'au moyen de la double combinaison qui se forme : d'un côté l'eau se charge d'hydrogène phosphuré, et possède alors toutes les propriétés de celle qu'on a imprégnée de ce gaz ; de l'autre le phosphore se combine avec l'oxigène de l'eau, d'où vient que sa surface blanchit, et lorsque l'eau est saturée d'hydrogène phosphuré, à un certain point, la décomposition s'arrête ; mais l'oxidation peut faire plus de progrès par le concours de la lumière.

292. Le soufre et le phosphore se combinent ensemble en différentes proportions, comme l'a fait voir Pelletier : un caractère de ces combinaisons est d'être beaucoup plus disposées à la liquidité que les substances composantes ; celle qui est formée de parties égales des deux substances, demeure liquide jusqu'au 4ᵉ degré du thermomètre de Réaumur (1) ; en sorte que l'action mutuelle des deux substances est plus efficace par la diminution de la force de cohésion qui leur est propre, que par la condensation qu'elle doit prendre elle-même (205).

Lorsque l'on forme sans eau la combinaison du soufre et du phosphore, elle se gonfle si on la jette dans ce liquide ; et il s'en dégage des bulles qui sont lumineuses dans l'obscurité, et qui souvent même s'enflamment spontanément et avec explosion dans l'air.

On voit, par cette facile combustibilité, que c'est du gaz hydrogène phosphuré qui est

____

(1) Mém. de Pelletier, tom. I.

produit, et que par conséquent c'est le phosphore qui a décomposé l'eau. Le soufre, en lui procurant cette liquidité, favorise cette action, ainsi que tous les dissolvants qui détruisent les effets de la solidité ; pendant qu'une portion du phosphore forme, dans cette circonstance, de l'hydrogène phosphuré, une autre doit s'oxider ou devenir acide.

Si la combinaison du soufre et du charbon est encore douteuse, il n'en est pas de même de celle du phosphore : il donne avec le charbon, comme l'a fait voir Proust (1), une combinaison qui est rouge, dont le phosphore ne peut être chassé que par une chaleur qui fasse rougir le fond du vase dans lequel elle est contenue, et qui infusible dans l'eau chaude, reste dans la peau de chamois, à travers laquelle on exprime le phosphore : la poudre noire, que quelques chimistes ont séparée du phosphore, contient probablement une plus grande proportion de charbon : j'ai éprouvé qu'en distillant deux fois successives du phosphore qui était transparent, il a laissé de cette poudre dans la cornue ; mais en plus grande quantité dans la première opération que dans la seconde.

Mussin Puschkin a observé qu'en fesant bouillir le phosphore le mieux purifié avec le carbonate acidule de potasse, ou même avec les muriates

______

(1) Ann. de Chim. tom. XXXV.

terreux et métalliques, et les nitro-muriates des métaux, il s'en séparait toujours une substance charbonneuse (1).

293. Nous avons vu que le phosphore formait, avec le gaz hydrogène, une combinaison qui était inflammable à une température basse, lorsqu'il se trouvait en proportion assez considérable ; il se combine aussi avec l'azote ; mais quoique le phosphore ne paraisse entrer qu'en petite proportion dans l'azote phosphuré, celui-ci est inflammable à une température basse ; du moins on ne connaît pas celle où il cesserait de l'être (2). Cette propriété dépend de la faiblesse même de l'action de l'azote qui suffit pour dissoudre le phosphore, et lui donner l'état gazeux, mais qui ne peut le maintenir contre l'action de l'oxigène. L'azote phosphuré donne au jour des vapeurs blanches qui sont dues à la combustion, et qui sont lumineuses dans l'obscurité, dès qu'il a le contact de la plus petite partie d'oxigène, soit libre, soit même dans l'état de dissolution ; ainsi il est encore lumineux lorsqu'on l'agite dans l'eau bouillie ou distillée. Le phosphore accroît les dimensions de l'azote dans lequel il se dissout : j'ai évalué cette dilatation à-peu-près à $\frac{1}{45}$ du volume du gaz azote (251).

(1) Ann. de Chim. tom. XXIII.
(2) Journ. de l'Ecole Polyt. 3e cahier.

Le phosphore se conduit autrement avec le gaz oxigène : précisément parce qu'il a une plus forte affinité pour lui, il ne s'y dissout pas à une température basse, mais il en absorbe, de même que l'acide sulfurique, au lieu de se dissoudre dans l'air humide, malgré sa tension, en attire l'humidité (245). Cette oxidation se fait non-seulement aux dépens de l'oxigène avec lequel il est en contact, ou qui est en dissolution dans l'eau, mais même par la décomposition de l'eau, comme on l'a observé ci-devant, si l'oxigène moins fortement combiné ne suffit pas à l'action du phosphore. Il se forme également de cet oxide de phosphore, lorsque sa combustion ne peut être complète, et alors il est rouge : il reste ordinairement de cet oxide rouge dans la combustion du phosphore. On ignore quelle proportion d'oxigène le phosphore peut prendre dans cet état, et quelle différence il y a à cet égard entre celui qui est le plus oxidé et l'acide phosphoreux ; il y a apparence qu'il y a peu d'intervalle de composition entre eux.

Lorsque la température approche du 20e degré du thermomètre de Réaumur, le gaz oxigène devient lumineux, le phosphore se brûle, et l'acide phosphoreux se forme ; enfin lorsque la température est élevée à-peu-près jusqu'à 30 degrés, la déflagration devient beaucoup plus vive, la combustion se fait plus complétement, et l'acide approche beaucoup plus de l'état de saturation, relativement à l'oxigène.

Dans l'air atmosphérique, la combinaison commence à une température plus basse que dans le gaz oxigène, parce que l'azote dissout une partie du phosphore qui alors se brûle immédiatement; la chaleur qui en résulte élève peu-à-peu la température, et par là la combustion immédiate succède à la première; c'est pour éviter cette seconde combustion, et pour convertir tranquillement le phosphore en acide phosphoreux, que Sage, et sur-tout Pelletier, ont imaginé des appareils dans lesquels l'accès de l'air étant rendu difficile, son action sur le phosphore divisé, ne peut être assez vive pour élever la température au degré nécessaire à l'inflammation directe; de sorte que c'est par l'intermède de l'azote qu'elle s'opère : de là dépend cette propriété particulière au phosphore, de pouvoir subir la combustion plus facilement dans l'air atmosphérique que dans le gaz oxigène : c'est à cette combustion indirecte que sont dues les vapeurs blanches qui précèdent la déflagration du phosphore que l'on met dans l'air atmosphérique.

294. Lorsque le gaz hydrogène phosphuré s'enflamme, c'est par le phosphore, qui oppose peu de résistance par son élasticité, que la combustion commence lorsqu'il est en assez

grande proportion ; quoique l'hydrogène montre
une supériorité d'affinité , non-seulement par
l'état de saturation qu'il produit , mais même
par les accidents de la combustion ; car s'il ne
se trouve pas assez d'oxigène pour produire les
deux combinaisons, c'est l'eau qui se forme de
préférence , et une portion du phosphore est
précipitée : cependant il est probable qu'il est
alors dans l'état d'oxide ; le phosphore est aussi
précipité , lorsque l'on décompose l'eau d'hydrogène phosphuré par une quantité insuffisante
d'acide muriatique oxigéné.

Les propriétés de l'hydrogène sulfuré et de
l'hydrogène phosphuré , prouvent que le soufre
et le phosphore ont beaucoup d'analogie avec
le carbone ; cependant ils paraissent avoir une
affinité beaucoup moins forte pour l'hydrogène ,
car ils peuvent facilement en être séparés , pendant que le charbon isolé en retient toujours
en combinaison, et l'hydrogène en laisse facilement précipiter une partie dans la combustion ,
pendant qu'on n'observe point cet effet avec
l'hydrogène carburé , à moins que le carbone
n'y soit en grande proportion , et dans ce cas
même, il en retient une portion en se précipitant (281).

Il y a apparence que c'est à cette plus forte
affinité que le charbon doit la propriété de former
un gaz composé des trois éléments; et d'entrer dans

les substances végétales et animales, composées
en grande partie de proportions différentes des
trois mêmes substances; cependant il ne faut
pas regarder comme décidé qu'il ne se forme
pas aussi dans quelques circonstances des hydrogènes oxi-sulfurés et oxi-phosphurés; Gengembre rapporte même que lorsqu'on brûle successivement le gaz hydrogène phosphuré, les
dernières parties donnent une flamme verte qui
semble annoncer une composition différente.

295. La plus forte affinité du phosphore pour
l'oxigène, qui sera sur-tout établie dans le chapitre
suivant, explique les différences qui distinguent
les propriétés des gaz hydrogènes phosphurés
et sulfurés comme combustibles; mais ils ont
un autre caractère distinctif, l'hydrogène sulfuré
se combine avec les alcalis, comme les acides
mêmes, et donne par là naissance aux hydro-
sulfures; lorsqu'il se forme par l'action de l'eau
sur les sulfures, il reste en combinaison et produit les sulfures hydrogénés.

L'hydrogène phosphuré, au contraire, a si
peu d'action sur les alcalis, que l'élasticité qui
lui est propre, suffit pour empêcher qu'il ne
forme une combinaison avec eux : de là on n'a
pas des hydro-phosphures et des phosphures
hydrogénés analogues aux hydro-sulfures et aux
sulfures hydrogénés : mais le gaz se dégage à
mesure que l'hydrogène phosphuré est produit.

On trouve la raison de cette différence dans les propriétés même du soufre et du phosphore : le soufre a une forte affinité pour les alcalis, et il pourrait, selon la remarque de Kirwan, être assimilé aux acides, s'il n'était naturellement dans l'état concret ; le phosphore, au contraire, n'a que peu d'action sur les alcalis, et l'on n'a reconnu jusqu'à présent que la combinaison qu'il forme avec la chaux, et qui est très-faible, et celle encore douteuse avec l'ammoniaque : il est donc naturel que l'on trouve dans l'hydrogène sulfuré et dans l'hydrogène phosphuré, qui sont dûs à une affinité qui n'a pas une grande énergie, des propriétés dérivées d'un élément qui y porte ses dispositions. La base qui a le plus d'inflammabilité en donne le plus au gaz qu'elle compose, et celle qui a une plus grande disposition à l'acidité, en communique le plus au gaz qui en est dérivé : l'une et l'autre peuvent produire des composés beaucoup plus variables par leurs proportions, que ceux qu'elles forment avec l'oxigène, parce que leur affinité pour l'hydrogène étant beaucoup plus faible, leur combinaison avec le dernier ne produit pas une condensation qui puisse mettre un intervalle entre les proportions qui peuvent se réunir : ces combinaisons conservent leur affinité dominante pour l'oxigène qui les décompose directement, ou en quittant une autre substance : alors les affinités élémentaires remplacent l'affinité résultante des composés; la base s'acidifie et l'hydrogène produit de l'eau.

NOTES DE LA Ire SECTION.

NOTE XIX.

PRIESTLEY *décrit* (1) plusieurs expériences qu'il a faites sur la réduction de l'oxide de fer, exposé dans un vase rempli de gaz hydrogène au foyer d'un verre ardent. Kirwan tira de ces expériences une objection contre la théorie antiphlogistique : Fourcroy, dont je partageais l'opinion, répondit (2) : « que l'hydrogène n'enlève aux oxides de
» fer que la quantité d'oxigène qu'ils contiennent au-delà
» de leur oxidation en noir, parce que cette quantité a
» plus d'affinité avec l'hydrogène qu'avec le fer; mais
» quand la réduction est arrivée à ce point, elle s'arrête :
» la dernière portion d'oxigène que contient le fer, y est
» plus adhérente, qu'elle ne tend à s'unir à l'hydrogène ».

Ces observations, qui sont très-justes pour le terme de l'action du fer sur l'eau, supposent que Priestley avait soumis à l'expérience du fer très-oxidé, et que ce fer n'était ramené qu'à l'état d'oxide noir; mais, premièrement, le

(1) Expér. et observ. sur diff. branches de la Phys. tom. IV, sect. III.
(2) Essai, sur le Phlogist., p. 252.

fer oxidé d'abord par la combustion dans le gaz oxigène, n'avait acquis, selon l'observation de Priestley, qu'une augmentation d'environ un tiers de son poids, il était semblable aux scories noires des forges; il différait donc peu par l'état d'oxidation, de ce que nous appelons *oxide noir*, tel qu'on l'obtient par la décomposition de l'eau; 2°. Priestley dit positivement qu'après l'action du gaz hydrogène, l'oxide était devenu *du fer parfait* : or, il n'aurait pu être trompé jusqu'à ce point, si le métal n'avait fait que passer d'un terme plus oxidé à celui qui constitue l'oxide noir, et le détail de ses expériences fait bien voir que si la réduction n'a pas été parfaitement complète, elle a du moins été beaucoup plus avancée que nous ne l'avons supposé; de sorte que le résultat de cette action de l'hydrogène ne doit point être confondu avec celui qui est dû à la décomposition de l'eau.

NOTE XX.

JE m'étais servi, dans mes observations sur le charbon et les gaz hydrogènes carbonés (1), de la production d'un gaz inflammable que l'on obtient en tirant l'étincelle électrique dans l'acide carbonique, comme l'ont fait Priestley et Van Marum : j'avais adopté sans restriction l'explication que Monge en avait donnée, en attribuant uniquement cette production à la décomposition de l'eau; de sorte que j'avais pris avec lui ce gaz inflammable pour du gaz hydrogène, et j'avais conclu que la diminution de volume qu'éprouve l'acide carbonique était due à la privation de l'eau.

(1) Mém. de l'Inst. tom. IV.

8.

J'aurais dû considérer que l'acide carbonique devait subir, dans cette circonstance, le même effet que lorsqu'on l'expose à une haute chaleur en contact avec un métal qui peut s'oxider; mais je m'en suis laissé imposer par la quantité d'oxigène que ce gaz avait paru absorber dans sa combustion, et qui répondait à celle que consomme le gaz hydrogène, laquelle est beaucoup plus considérable que celle qu'exige l'hydrogène oxi-carburé.

Théodore de Saussure a examiné avec plus de soin les résultats de l'action de l'étincelle électrique sur l'acide carbonique (1); il a fait voir que le gaz inflammable que l'on retirait, était de la même espèce que celui qu'il appelle du gaz carbonneux, et que l'acide carbonique qui résistait à la décomposition, ne se dilatait point lorsqu'on le mettait en contact avec l'eau; mais c'est, à mon avis, là que doivent s'arrêter les conclusions.

Les résultats de cette expérience sont du nombre de ceux qui peuvent recevoir une double explication, et qui par là ne sont pas propres à éclaircir l'objet de la discussion.

Cependant des faits analogues prouvent que l'étincelle électrique a la propriété de décomposer l'eau, dont l'oxigène et l'hydrogène entrent par là dans d'autres combinaisons.

Austin exposa à l'action de l'étincelle électrique (2) le gaz qu'on retire de la distillation de l'acétate de potasse; c'est un gaz hydrogène carburé, ou du moins l'on ne peut douter qu'il n'en approche beaucoup, à en juger par la grande proportion d'oxigène qu'il exige pour sa combustion; il observa que ce gaz acquérait par là un volume plus que double du primitif, et il prétendit qu'après cela

(1) Journal de Phys. tom. LIV.

(2) Trans. philos. 1790.

il exigeait une plus grande quantité d'oxigène, et qu'il donnait cependant moins d'acide carbonique ; d'où il conclut que le charbon était décomposé par l'action du fluide électrique.

Henry a confirmé la grande dilatation qui est produite par l'électricité ; mais il a fait voir, par des expériences d'une exactitude plus rigoureuse (1), 1°. que la quantité d'acide carbonique que l'on peut obtenir par la combustion du gaz dilaté, est précisément la même que celle que donne une quantité correspondante du gaz primitif, et il a dissipé tout soupçon d'une décomposition du charbon ; 2°. que le gaz dilaté exige à-peu-près un quart d'oxigène de plus pour sa combustion ; de sorte qu'il s'est manifestement dégagé du gaz hydrogène qui ne peut provenir que de la décomposition de l'eau ; 3°. que cette décomposition ne vient pas dans cette occasion de l'oxidation d'un métal, car il a pu la produire en contenant le gaz par le moyen de l'or ; mais il fait voir qu'elle est accompagnée d'une production d'un peu d'acide carbonique.

Il a observé que le gaz, soumis à l'action de l'alcali pendant plusieurs jours pour lui enlever toute l'eau hygrométrique, n'éprouvait plus qu'une dilatation équivalente au sixième de ce qu'elle était sans l'action de l'alcali ; mais en y ajoutant un peu d'eau, elle est devenue semblable.

Ces expériences prouvent incontestablement que les gaz inflammables qui contiennent du charbon, peuvent éprouver une décomposition d'eau, et que celle qu'on peut enlever par les moyens eudiométriques, n'est pas toute la quantité qui peut contribuer à ce phénomène.

Il faut remarquer que l'eau hygrométrique qu'un gaz peut contenir, à 15 degrés du thermomètre, excéderait à

(1) Trans. philos. 1798.

peine un milligramme dans 100 centimètres cubes, ce qui ne pourrait donner de gaz hydrogène qu'environ un 50ᵉ du volume d'un gaz, et le gaz hydrogène, le gaz azote, et le gaz oxigène soumis séparément à l'électricité, ne donnent point sensiblement de gaz hydrogène, quoiqu'ils soient pourvus de l'eau hygrométrique.

Les gaz qui contiennent du carbone ne sont pas les seuls dans lesquels on puisse prouver la décomposition de l'eau : Henry ayant soumis à l'étincelle électrique du gaz muriatique, il en a obtenu du gaz inflammable, sans que l'acide ait souffert aucune décomposition (1) : ici l'on ne peut imaginer d'autre cause de la production du gaz hydrogène que la décomposition de l'eau, et l'on ne peut supposer une autre espèce de gaz inflammable que celui qui en provient immédiatement, c'est-à-dire, le gaz hydrogène.

Henry a encore employé les moyens eudiométriques les plus puissants pour enlever toute l'humidité du gaz muriatique ; cependant 100 mesures en ont laissé 6 de gaz hydrogène, c'est-à-dire au moins trois fois autant que si ce gaz eût été saturé d'eau hygrométrique, et en supposant qu'il n'y eût que cette eau qui eût pu être décomposée : ce qu'il faut remarquer, c'est que le gaz qui n'avait pas été soumis à la dessication, n'a pas donné un 100ᵉ de plus de gaz hydrogène.

Pendant que l'hydrogène se dégageait, il se formait du muriate de mercure ; de sorte que les deux parties constituantes de l'eau se sont également manifestées dans cette décomposition. Le gaz fluorique a présenté les mêmes phénomènes.

Il est donc prouvé que des substances gazeuses peuvent receler une quantité d'eau qui n'est point celle qui produit les phénomènes hygrométriques (173) : cette eau combinée peut

____

(1) Trans. philos. 1800.

ensuite être décomposée par les moyens qui favorisent une autre combinaison de ses éléments ; mais il est probable que l'affinité en préserve une quantité plus ou moins grande, selon la nature du gaz, selon la force de l'électricité, et selon l'énergie de la substance avec laquelle l'oxigène tend à se combiner, et qu'il n'y a qu'une partie de l'eau combinée qui éprouve alors une décomposition.

Cette combinaison de l'eau non hygrométrique ne doit pas surprendre Saussure, lui qui a si bien prouvé que l'alumine peut en retenir un dixième de son poids à la chaleur qui peut fondre le fer.

Si l'on compare la grande augmentation de volume qu'a éprouvée le gaz hydrogène carburé, dans les expériences de Austin et de Henry, et la faible dilatation que subit l'acide carbonique lorsqu'il est décomposé, et qu'il passe à l'état d'hydrogène oxi-carburé, on voit qu'il faut distinguer deux genres de production de ce gaz par l'étincelle électrique, de même que lorsqu'il doit son origine à l'acide carbonique que l'on met en contact à une haute chaleur avec le charbon ou avec un métal qui s'oxide (287).

Dans le premier cas, l'eau combinée se décompose, et ses deux éléments concourent à la formation de la substance gazeuse, d'où vient que le volume est plus que doublé ; dans le second, l'oxigène de l'eau et une partie de celui de l'acide carbonique se fixent avec le métal, et alors la transformation de l'acide carbonique se fait avec une augmentation de volume à peine sensible ; l'effet de la condensation de l'oxigène dans le métal, compense à-peu-près celui de la dilatation qui est due à l'hydrogène.

Saussure a réuni dans son mémoire d'autres expériences intéressantes ; il fait voir que lorsqu'on soumet à l'électricité un mélange de gaz hydrogène et d'acide carbonique, il se forme de l'eau et du gaz que j'appelle hydrogène oxi-carburé ; Clément et Désormes avaient opéré une décomposition semblable , en fesant passer le gaz hydrogène et l'acide carbonique à travers un tube rougi : Saussure a observé que l'hydrogène , tenu long-temps en contact avec le gaz acide carbonique , produisait très-lentement une décomposition semblable , qui est accompagnée d'une production de gaz hydrogène oxi-carburé ; de sorte que la chaleur et l'électricité ne font qu'accélérer cet effet.

Ces produits de l'action lente des substances gazeuses ont un rapport remarquable avec ceux des fermentations lentes qui s'établissent au moyen de l'action réciproque des substances tenues en dissolution dans un liquide (14).

SECTION II.

Des acides binaires, considérés relativement à leur composition.

CHAPITRE PREMIER.

Des acides sulfureux et sulfurique, phosphoreux et phosphorique.

296. Tous les acides suivent les mêmes lois de combinaison, pendant qu'ils n'éprouvent pas de changement dans leur composition et dans la constitution qui lui est affectée ; la série des phénomènes qu'ils présentent sous ce rapport, nous a servi principalement à déterminer les lois de combinaison (*Sect. II, Part. I.*), dont il faut ensuite démêler les effets dans les phénomènes plus compliqués ; mais ceux des acides qui peuvent varier dans leurs éléments, reçoivent, selon le nombre et selon la proportion de ces éléments, des propriétés particulières, et cette proportion dépend des forces qui tendent à former ou à détruire la combinaison : nous allons comparer les acides sous ces rapports de composition.

L'acide muriatique et le fluorique sont les seuls, parmi ceux qui sont connus, qui soient immuables dans leur composition : l'acide fluorique, qui parait être le plus puissant des acides, a été peu examiné jusqu'à présent par les chimistes ; mais tout ce que l'on en connaît, oblige de le regarder comme une substance simple : pour l'acide muriatique, sa production naturelle qui paraît accompagner ordinairement celle de l'acide nitrique, et quelques autres circonstances décèlent en lui un état de composition ; mais il n'en est pas moins vrai que dans tous les effets connus, excepté un très-petit nombre de cas encore douteux, il n'éprouve point de décomposition, et que par conséquent, pour l'explication de presque tous les phénomènes auxquels il participe, il est indifférent qu'il soit une substance simple ou composée.

On a regardé également l'acide boracique comme une substance simple ; mais quelques chimistes prétendent l'avoir décomposé, et l'on a annoncé que Fabroni en a déterminé les éléments, et qu'il a trouvé qu'il devait son acidité à l'acide muriatique ; en attendant que ce savant ait donné connaissance de ses expériences, on doit encore regarder l'action de cet acide dans les effets connus, comme celle d'une substance simple.

Tous les autres acides doivent leur acidité à

l'oxigène : on ne pourrait, jusqu'ici, indiquer d'autres exceptions que celle de l'hydrogène sulfuré, qui a les propriétés caractéristiques des acides sans contenir de l'oxigène et celle de l'acide prussique ; mais, 1°. l'hydrogène sulfuré paraît devoir ses propriétés acides au soufre dans lequel la force de cohésion les rendait latentes (295), et ses propriétés dominantes lui assignent une autre classe que celle des acides ; 2°. l'acide prussique a des propriétés particulières, qui ne permettent pas de le confondre avec les acides.

Les acides qui sont composés peuvent être distingués entre eux, non-seulement par le nombre des éléments, mais par la propriété que possèdent quelques-uns, de pouvoir en prendre différentes proportions, et d'acquérir par là des propriétés différentes attachées à ces proportions, pendant qu'il en est qui ne peuvent former qu'une combinaison acide, et dont les éléments passent dans des combinaisons d'un caractère différent ; dès que leur affinité résultante est remplacée par les affinités élémentaires.

Je me propose d'examiner dans cette section ceux de ces acides qui ne sont composés que de deux éléments, de chercher l'origine de leurs propriétés dans celles des substances qui entrent dans leur composition, d'en suivre la trace dans les combinaisons qu'ils forment, et de déter-

miner les différences qui les caractérisent, lorsqu'ils peuvent éprouver des changements dans
leurs proportions.

Les acides binaires, dont la composition est
bien connue, sont : l'acide phosphorique, le
phosphoreux, le sulfurique, le sulfureux, le
nitrique, le nitreux, le muriatique oxigéné, le
carbonique. Il y a encore des acides métalliques
dont la composition est analogue à celle des précédents ; mais je réunis, dans une même section, les
propriétés des métaux et leurs modifications ;
j'ai tracé ci-devant les propriétés principales de
l'acide carbonique ; j'ai également examiné, dans
différentes parties de cet ouvrage, la formation
et les propriétés des acides phosphorique, phosphoreux, sulfurique et sulfureux : néanmoins
je rapprocherai, sous un seul point de vue, les
variations qu'ils subissent dans leur composition,
les changemens de constitution qui en sont la conséquence, les rapports qui se trouvent entre leurs
propriétés et celles de leurs éléments, et des combinaisons qu'ils forment avec différentes bases.

297. Le phosphore et le soufre qui servent de
base aux acides phosphorique et sulfurique, diffèrent peu par leurs dispositions naturelles : ils
ont à-peu-près la même pesanteur spécifique ;
le phosphore peut se volatiliser en petite quantité avec l'eau qui est au degré de l'ébullition ;
mais sans le secours des vapeurs de l'eau, il

exige, suivant l'observation de Pelletier, 232 degrés du thermomètre de Réaumur ; ce qui doit
différer peu du degré auquel le soufre se réduit
lui-même en vapeurs ; de sorte que sous ces
rapports, le soufre et le phosphore ne présentent pas des différences qui puissent avoir une
influence notable sur les propriétés de leurs
composés ; la force de cohésion du soufre diffère également trop peu de celle du phosphore,
pour pouvoir expliquer la différence de leur
inflammabilité ; d'ailleurs, lorsque le soufre est
mis en fusion, il montre encore une grande
infériorité dans l'énergie avec laquelle il se combine avec l'oxigène. C'est donc dans leur affinité
comparative pour l'oxigène, que l'on doit trouver la raison de leur différence (182), de même
que celle des combinaisons que l'un et l'autre
forment avec l'hydrogène : le phosphore exerce
sur l'oxigène une action beaucoup plus forte
que le soufre, comme le prouve sa combustibilité plus grande, et la proportion du gaz oxigène qu'il peut assujettir ; par cette plus forte
action, l'oxigène se trouve beaucoup plus condensé dans l'acide phosphorique que dans l'acide
sulfurique, et la base doit éprouver elle-même
une plus grande condensation : de là vient que
l'acide sulfurique conserve encore de la volatilité à un certain degré de chaleur, pendant
que l'acide phosphorique soutient un grand feu,

laisse exhaler toute l'eau avec laquelle il était uni, et se réduit en une substance vitriforme plutôt que de se volatiliser ; de sorte que ce composé de deux substances, dont l'une est très-volatile, et l'autre l'est encore à un certain degré, est par une conséquence de la condensation qui résulte de leur action mutuelle, beaucoup plus fixe qu'une combinaison semblable, dans laquelle l'élément le plus volatil se trouve en plus petite quantité. De là vient encore que l'acide phosphorique peut se maintenir beaucoup mieux que l'acide sulfurique, lorsqu'il est défendu par l'action résultante d'une base (184), et sur cette différence sont fondés les procédés dont on fait usage, soit pour retirer le phosphore des phosphates, soit pour décomposer les sulfates.

298. Quoique l'acide phosphorique retienne beaucoup plus fortement l'oxigène que l'acide sulfurique ; il est cependant décomposé, lorsqu'on l'expose à une grande chaleur avec le charbon, pendant que celui-ci échappe à son action ; en sorte qu'il n'y en a qu'une très-petite partie qui soit convertie en acide sulfureux; cette différence dépend précisément de la condensation plus petite de l'acide sulfurique qui peut se volatiliser, avant que la température soit assez élevée ; au contraire, l'acide phosphorique doit arriver à une température, où il faut qu'il cède son oxigène au carbone, qui forme avec lui un acide volatil;

en même temps il retient en dissolution une
partie du charbon, et l'hydrogène de celui-ci se
combine avec une portion de phosphore, et
forme du gaz hydrogène phosphuré ; si l'acide
phosphorique est combiné avec une assez grande
quantité d'alcali fixe pour former un sel neutre,
la force résultante de la combinaison ajoutée à
l'affinité de l'oxigène pour le phosphore, le met
en état de résister à l'action du charbon ; de
sorte que celui-ci ne peut le décomposer. On
prend donc l'acide phosphorique dans l'état
isolé, ou combiné avec l'ammoniaque que la
chaleur peut en séparer, ou bien on enlève au
phosphate de chaux une portion de sa base par
le moyen de l'acide sulfurique, de sorte qu'il
soit réduit à l'état de phosphate acidule, et alors
toute la portion d'acide qui excède l'état neutre,
peut être décomposée par le charbon, et donner
du phosphore ; le reste demeure dans l'état de
phosphate de chaux : on peut encore décomposer l'acide phosphorique qui est combiné avec
un oxide métallique, si cet oxide, tel que celui
de plomb, n'est pas au nombre de ceux qui
retiennent fortement l'oxigène, parce qu'alors
le charbon ne porte pas seulement son action
sur l'acide phosphorique, mais encore sur l'oxide ;
et que de plus le métal tend à se combiner avec
le phosphore et reste dans l'état de phosphure.
(*Note XIII.*)

Quoique le charbon décompose l'acide phosphorique, le phosphore a la propriété de décomposer l'acide carbonique dans d'autres circonstances, comme le font voir les expériences
curieuses de Tennant et de Pearson (1) ; c'est
ici un exemple frappant de ces décompositions
réciproques, dont il est si difficile de tirer des
conséquences exactes relativement à l'affinité
de ces substances, parce que des circonstances
différentes changent l'état des forces qui produisent ces effets.

Si je compare la quantité d'oxigène que le
carbone prend en combinaison dans l'acide carbonique, avec celle que le phosphore retient
dans l'acide phosphorique ; si je fais attention
que malgré la plus grande proportion d'oxigène,
l'acide carbonique sature une moindre quantité
de base alcaline, il me paraît indubitable que
le premier exerce sur l'oxigène une affinité
beaucoup plus puissante que le phosphore ;
mais lorsque celui-ci décompose l'acide carbonique, le carbone reprend de l'hydrogène, avec
lequel il a une forte affinité ; il se combine dans
cet état avec le phosphore, pour lequel il a
aussi de l'affinité : l'action que la base alcaline
exerce sur l'acide phosphorique, concourt avec
les autres affinités ; de sorte que la décomposi-

(1) Trans. philos. 1791. Ann. de Chim. tom. XIII.

tion de l'acide carbonique est l'effet de plusieurs causes compliquées.

Dans les sulfates, la force résultante de la combinaison, ne suffit pas pour préserver l'acide sulfurique contre l'action du charbon ; mais selon l'affinité de la base, la force de cohésion du sulfate, et le degré de température qu'exige la décomposition, il se produit du gaz acide carbonique et du gaz hydrogène oxi-carburé, et le soufre reste en combinaison avec l'alcali ; ensorte que l'acide sulfurique qui avait été préservé de la décomposition par sa volatilité, montre ici l'infériorité de son affinité pour l'oxigène.

299. On a comparé l'acide phosphoreux à l'acide sulfureux ; mais je trouve cette comparaison inexacte jusqu'à un certain point : l'acide sulfureux a des proportions fixes, et par conséquent une constitution déterminée ; du moins on peut regarder comme douteuses et peu considérables les différences qu'on y a observées ; mais l'acide phosphoreux n'a qu'un terme de combinaison que l'on puisse regarder comme constant, celui où il se trouve immédiatement quand il est formé par l'intervention du gaz azote ; comme sa constitution diffère peu de celle de l'acide phosphorique, et qu'il n'y a point d'intervalle sensible qui les distingue, il me paraît probable que l'acide phosphoreux peut parvenir, par une

oxigénation graduée, à l'état d'acide phospho-rique.

L'acide phosphoreux conserve une plus forte action sur l'oxigène, que l'acide sulfureux ; il peut même décomposer l'eau, à la manière du phosphure (291) ; car en lui fesant subir l'ébullition, il s'en dégage de l'hydrogène phosphuré ; l'acide qui résulte de la combustion directe approche d'autant plus de l'état de saturation, que la déflagration est plus vive, et elle peut s'achever dans un espace de temps suffisant, par le simple contact de l'air ; cependant il est rare qu'on obtienne, de prime-abord, l'acide dans cet état de saturation, et lorsqu'on le fait bouillir il s'en dégage encore des jets lumineux ; mais lorsqu'on se sert de l'oxigène condensé pour le combiner avec le phosphore, comme dans le procédé de Lavoisier, dans lequel on le forme par le moyen de l'acide nitrique, ou dans celui de Pelletier, dans lequel on dirige un courant de gaz muriatique oxigéné sur le phosphore fondu sous l'eau, ou lorsque l'on fait brûler, comme Fourcroy, le phosphore dans le gaz muriatique oxigéné ; on forme immédiatement l'acide phosphorique.

Quoique l'acide sulfurique se décompose plus facilement, et dans tous ses états de combinaison, il y a cependant une interruption dans cet effet, lorsque les substances qui agissent sur lui ont enlevé cette portion d'oxigène qui fait la différence de l'acide sulfurique et de l'acide sulfureux ; le calorique qui se dégage pendant cette nouvelle combinaison, ou celui qui est employé dans l'opération, remet l'oxigène, qui reste uni à l'acide, dans l'état où il doit se trouver pour constituer l'acide sulfureux ; celui-ci qui doit sa volatilité à cet état de l'oxigène, se soustrait à l'action chimique qui exige un intervalle de temps pour s'exécuter, sur-tout lorsqu'elle est déja affaiblie ; de sorte que la décomposition de l'acide sulfureux est arrêtée, quoique la force opposée qui reste, soit suffisante pour l'achever (191).

En raison de sa plus forte action sur l'oxigène, le phosphore peut décomposer l'acide sulfurique, en lui enlevant l'oxigène, sur-tout lorsqu'on diminue sa force de cohésion par le moyen de la chaleur ; mais l'acide sulfurique se réduit en acide sulfureux, et à ce terme la décomposition cesse, parce que la chaleur augmente l'élasticité de l'acide sulfureux, laquelle est opposée à la combinaison, et qu'à froid la force de cohésion du phosphore devient également une force opposée à cette combinaison, de sorte que le phosphore lui-même ne peut pas décomposer l'acide sulfureux, selon l'observation de Fourcroy et de Vauquelin (1) ; mais

(1) Journ. de l'Ecole Polytech. 4ᵉ cahier, p. 449.

cet effet n'est pas dû à une affinité supérieure
de l'oxigène pour le soufre, et l'on peut conjecturer que l'acide phosphoreux qui ne trouverait
pas d'obstacle dans la cohésion, opérerait la décomposition de l'acide sulfureux, dont l'élasticité
ne serait pas augmentée par la chaleur.

L'acide sulfureux contenant l'oxigène dans un
état de dilatation modérée, conserve davantage
les propriétés acides, relativement à la quantité
d'oxigène ; mais il retient l'oxigène beaucoup
moins que l'acide sulfurique, quoique le soufre
y soit en plus grande proportion ; de sorte que
quelques substances, telles que l'hydrogène sulfuré et quelques métaux, peuvent le lui enlever
en précipitant le soufre, et que l'oxigène condensé
le change facilement en acide sulfurique (181 , 182).

300. Ce changement de l'acide sulfureux en
acide sulfurique, par l'oxigène condensé, se fait
beaucoup plus facilement que par l'élévation de
température : j'ai éprouvé, qu'en fesant passer le
gaz sulfureux, mêlé avec du gaz oxigène, à travers un tube rougi, il n'éprouvait pas de changement ; c'est qu'alors le gaz oxigène reçoit aussi
une dilatation qui s'oppose à la combinaison.
Cependant, si la chaleur était assez élevée, et
égale à celle qui est nécessaire pour produire immédiatement l'acide sulfurique, il ne me paraît
pas douteux que l'acide sulfureux ne se chan-
geât alors en acide sulfurique.

Le gaz hydrogène agit plus efficacement sur le gaz sulfureux, avec lequel on le fait passer à travers un tube rouge; il le décompose, en raison de la plus forte affinité de l'hydrogène pour l'oxigène.

Lorsque les sulfites sont exposés à l'air, l'action de la base, qui tend à condenser les éléments de l'acide, favorise la formation de l'acide sulfurique, et au moyen de cette circonstance, les proportions dans lesquelles l'oxigène et le soufre exercent la plus forte action réciproque, peuvent s'établir : l'effort élastique de l'acide sulfureux, qui s'y opposait, se trouvant diminué, celui-ci peut se saturer d'oxigène, et absorber celui de l'atmosphère, jusqu'à ce qu'il soit passé à l'état d'acide sulfurique : les sulfites se changent donc en sulfates; par là, la force ou la quantité de l'acidité, n'est pas changée; mais les effets de la condensation sont devenus beaucoup plus grands; cependant les sulfites insolubles éprouvent, difficilement cet effet, à cause de la force de cohésion qui s'y oppose.

Quoique le phosphore exerce une action plus forte sur l'oxigène, les phosphites, exposés à l'air, se changent très-difficilement en phosphates, selon l'observation de Fourcroy et de Vauquelin; ce qui me paraît dépendre de ce que l'acide phosphoreux subit peu de condensation en passant à l'état d'acide phospho

rique, de sorte que la saturation produite par
la base dans les phosphates, loin de les disposer
par une faible condensation à se combiner avec
une plus grande quantité d'oxigène, devient un
obstacle plus puissant par la cohésion; car, sans
l'action de la base, l'acide phosphoreux se chan-
gerait en acide phosphorique.

301. Ainsi, les propriétés distinctives de l'acide
phosphorique et de l'acide sulfurique, de même
que la plupart de celles de l'hydrogène phosphuré et de l'hydrogène sulfuré (295), dépendent
de la plus forte action que l'oxigène exerce sur le
phosphore, de la plus grande proportion d'oxigène que celui-ci peut fixer, et de la plus grande
condensation qui en résulte. Lorsque le soufre
a pu subir toute l'action de l'oxigène, sa combinaison a éprouvé une condensation qui lui
donne aussi une certaine fixité; mais cet effet
est en rapport avec l'énergie des forces qui sont
moins puissantes que celles qui produisent l'a-
cide phosphorique. Lorsqu'il n'a qu'une certaine
proportion d'oxigène, l'action réciproque des
deux éléments, produit un effet plus faible et
une condensation moins considérable; l'acide
sulfureux conserve une disposition élastique qui
constitue ses principales différences, soit avec
l'acide sulfurique, soit avec l'acide phosphorique
et le phosphoreux. L'affinité, résultante des bases
alcalines, protège les combinaisons (184), mais

pareillement avec plus de force dans les phosphates et les phosphites, que dans les sulfates et les sulfites.

CHAPITRE II.

De l'acide nitrique et de ses modifications.

302. La combinaison d'azote et d'oxigène, qui forme l'acide nitrique, étant due à deux substances qui ont à-peu-près la même pesanteur spécifique, et la même disposition à l'élasticité, et qui n'exercent pas une action réciproque très-énergique, est sujette à recevoir des proportions différentes, d'où résultent plusieurs combinaisons distinctes, qui ont elles-mêmes la propriété de se dissoudre, ou de former d'autres combinaisons mixtes. De là naît une grande variété de substances et de changements d'état, qui rendent l'histoire de l'acide nitrique difficile à tracer ; la nomenclature par laquelle on désigne ces différents états, participe nécessairement à l'obscurité des notions ; et ce qui accroît la difficulté, c'est que les combinaisons, les propriétés de l'acide nitrique, et ses nombreuses applications, ont donné lieu à une multitude d'expériences, dont quelques-unes se trouvent contradictoires. Je ne me flatterai

donc point, en traçant les modifications de cet acide et leurs propriétés, de recueillir tous les résultats qui ont droit d'intéresser dans l'état actuel de nos connaissances, par l'importance qu'ils ont dans la production et dans l'explication des phénomènes chimiques.

Priestley avait fait un grand nombre d'observations sur le gaz nitreux, dont je rappellerai d'abord les propriétés. On avait reconnu que l'acide nitrique contenait une proportion considérable d'oxigène : Lavoisier avait établi que par le mélange du gaz oxigène et du gaz nitreux dont il n'avait pas déterminé la composition, on produisait l'acide nitrique ; ce qui l'avait engagé à regarder le gaz nitreux et le gaz oxigène, comme les deux éléments de cet acide, et il avait cherché à déterminer leurs proportions ; mais ce fut le célèbre Cawendish qui fit connaître la composition de l'acide nitrique, et par là même, celle du gaz nitreux, en formant cet acide par une longue action de l'étincelle électrique, sur un mélange de gaz oxigène et de gaz azote (1) ; depuis lors, les idées ont été fixées sur la composition de cet acide, et les différentes combinaisons de ses éléments, quoique les limites qui les séparent, et les propriétés qui caractérisent chaque espèce de composé, ne soient pas encore dégagées de toute obscurité.

(1) Trans. philos. 1785.

Selon Kirwan, la pesanteur spécifique du gaz nitreux est 54, celle du gaz oxigène étant 5o; et selon Davy, elle n'est que 5o, celle du gaz oxigène étant 51; quoi qu'il en soit de cette petite différence, il résulte de là que le gaz oxigène et le gaz azote, ne subissent qu'une faible condensation en se combinant; d'où l'on peut conclure que la décomposition du gaz nitreux, et sa transition à d'autres états de combinaison, ne doivent pas éprouver un grand obstacle dans les circonstances ordinaires.

Le gaz nitreux se dissout dans l'eau, ainsi que l'avait remarqué Priestley : Cawendish avait aussi observé cette absorption, dont il avait déterminé l'influence dans les épreuves eudiométriques (1); il avait trouvé que l'eau distillée, produisait une plus grande diminution dans le gaz nitreux, que celle qui avait déjà servi à en contenir; que l'eau qui avait été en contact avec le gaz oxigène, pendant une semaine, absorbait beaucoup plus de gaz nitreux, que celle qui avait été tenue pendant le même espace de temps avec le gaz azote : il avait attribué à cette absorption, la diminution que l'on observe en agitant le gaz nitreux, avec le gaz azote le plus pur.

Il est manifeste par là, que ce n'est qu'au gaz

____

(1) Trans. philos. 1783.

oxigène, qui est en dissolution dans l'eau ordinaire, et dont l'eau distillée n'est pas dépourvue,
comme le prouve la propriété qu'elle a de rendre
lumineux l'azote phosphuré (293), qu'est due la légère acidité qu'elle acquiert par une longue agitation avec une quantité considérable de gaz
nitreux, et que c'est de cet oxigène, que
provient la grande différence qu'a observée
Cawendish, dans l'eau qui avait séjourné avec
le gaz oxigène, et celle qui avait été tenue avec
le gaz azote; mais l'eau n'a pas la propriété de
décomposer le gaz nitreux, ainsi que je l'avais
cru avec d'autres chimistes; et les grandes ab-
sorptions qu'avait obtenues Priestley, doivent
être attribuées aux proportions d'eau et de gaz
qu'il mettait en expérience.

Davy, auquel on doit de savantes recherches
sur l'acide nitrique, et ses modifications (1), dit
que 100 mesures d'eau pure, et qui a éprouvé
l'ébullition, peuvent en absorber 11,8 de gaz
nitreux; qu'elle n'acquiert par là aucun goût,
et qu'elle ne rougit point le bleu végétal; que si
elle contient des sels à base terreuse, elle en
absorbe moins; qu'elle en prend également une
plus petite quantité, si elle tient en dissolution
de l'acide carbonique ou un autre gaz; et qu'à
la température de l'eau bouillante, le gaz nitreux

(1) Researches chymical and philosoph. etc. Bibl. Brit.

ne peut demeurer uni à l'eau ; d'où l'on doit conclure que l'action de l'eau ne peut qu'affaiblir
légèrement l'élasticité de ce gaz, et qu'il suffit
que celle-ci reçoive un petit accroissement, pour
en produire l'entière séparation.

Le gaz nitreux se dissout facilement et abondamment, dans l'acide nitrique qui passe du
bleu au vert, et à l'orangé, selon la proportion
du gaz et celle de l'eau ; lorsqu'il est concentré,
il parvient jusqu'à l'état rutilant, en sorte
qu'il peut se combiner une quantité de gaz
d'autant plus grande, que celle de l'eau unie à
l'acide nitrique, est plus petite, et que l'eau
ajoutée à un acide nitreux rutilant, en chasse le
gaz nitreux, en raison de sa quantité ; cependant
elle ne peut l'exclure qu'en partie. Selon Davy,
100 parties d'acide jaune en contiennent 2,75
de gaz nitreux : la pesanteur spécifique de l'acide
diminue, et il se dégage du calorique pendant la
combinaison ; il résulte de là, premièrement,
que c'est l'acide nitrique qui tend à se combiner
avec le gaz nitreux, et que l'action de l'eau doit
être considérée comme opposée à cette combinaison ; secondement, que la quantité de gaz nitreux qui peut se combiner, étant limitée par
celle de l'eau, l'acide qu'on reproduit par la combinaison du gaz nitreux et du gaz oxigène, doit
retenir une quantité variable de gaz nitreux,
selon la quantité d'eau qui est employée dans

l'opération, et indubitablement selon la tempé-rature.

Lorsque l'on expose à l'air atmosphérique l'a-cide qui tient en dissolution du gaz nitreux, il absorbe de l'oxigène, selon l'observation des chimistes hollandais (1) : après cela, les alcalis n'en dégagent pas du gaz nitreux, de sorte qu'il s'est changé en acide nitrique : les nitrites paraissent aussi avoir cette propriété.

Les alcalis, et même toutes les substances qui exercent une action vive sur l'acide nitrique, en chassent d'abord le gaz nitreux, parce qu'ils ont peu d'affinité avec lui, et que la combinaison qu'ils forment en a encore moins : la chaleur agit de même, parce que le gaz nitreux est beau-coup plus expansible que l'acide nitrique, dont la force dissolvante ne suffit plus pour le retenir.

3o3. Non-seulement le gaz nitreux se dissout dans l'acide nitrique ; mais on voit par quelques expériences de Priestley, que lorsqu'il est en quan-tité suffisante, son affinité donne un tel accrois-sement à la force de la tension naturelle de l'a-cide, qu'il peut réduire tout celui-ci en gaz : cette dissolution gazeuse, qui retient la couleur rutilante, doit être distinguée du gaz nitreux ; elle forme ce que Priestley a appelé vapeur nitreuse, et que l'on peut obtenir immédiate-

(1) Recher. sur quelques propr. de l'acide nitreux. Journ. de Van Mons.

ment avec le gaz nitreux et le gaz oxigène ; mais on trouve beaucoup de variations dans la composition de la vapeur nitreuse.

Lorsque l'on mêle le gaz nitreux avec du gaz oxigène sur le mercure, le mélange devient rutilant, et son volume n'éprouve qu'une légère diminution ; c'est la vapeur nitreuse ; mais si l'opération se fait sur l'eau, les proportions convenables des deux gaz s'absorbent aussitôt, et forment de l'acide nitrique : on doit conclure de là, comme l'a observé Humboldt(1), que l'action de l'eau est essentielle pour compléter la combinaison de l'azote et de l'oxigène qui forme l'acide nitrique : sans elle, la vapeur nitreuse ne produit qu'une combinaison gazeuse, qui n'est pas assujétie à des proportions fixes, mais qui doit varier selon les proportions du gaz oxigène.

Lorsqu'on décompose le nitrate de potasse par l'acide sulfurique, la vapeur qui se dégage d'abord est rutilante, comme l'a fort bien observé Priestley ; puis, la couleur disparaît, et elle renaît sur la fin de l'opération : c'est que l'action de l'acide sulfurique, sur la base alcaline et sur l'eau, ramène d'abord une portion de l'acide nitrique à un état semblable à celui du gaz précédent, qui est formé du mélange de gaz nitreux et d'oxigène ; ensuite la chaleur volatilise de

______

(1) Ann. de Chim. tom. XXVIII, p. 152.

l'eau, qui détermine la composition de l'acide nitrique, lequel passe, sans couleur, dans la distillation; mais sur la fin, l'eau qui peut se volatiliser étant épuisée, c'est encore la vapeur nitreuse qui se forme, et alors la couleur rutilante reparaît.

Lorsque l'action d'un métal dégage le gaz nitreux, sur-tout lorsque cette action est vive, ce gaz entraîne en dissolution une certaine proportion d'acide nitrique, et il prend également une couleur rutilante; qu'il passe à travers l'eau, il y dépose cet acide, qui retient à son tour une portion du gaz nitreux; mais si on le reçoit immédiatement sur le mercure, il retient l'acide nitrique, et forme aussi une vapeur nitreuse, de sorte qu'il reste rutilant; s'il a entraîné un peu d'eau avec lui, il perd sa couleur à une température basse, et il la recouvre par le moyen de la chaleur: lorsqu'on fait passer dans ce gaz rutilant de la vapeur d'eau, comme l'a fait Priestley, il devient incolore. On voit donc, 1°. que l'acide nitrique, en prenant la forme gazeuse, par l'action du gaz nitreux, perd ses propriétés caractéristiques, par la combinaison qu'il forme avec lui, et qu'il est changé en vapeur nitreuse; 2°. qu'il est aussi changé en vapeur nitreuse, lorsqu'on le dégage du nitrate de potasse par l'acide sulfurique; 3°. que la vapeur nitreuse peut exister, ou avec un excès d'oxigène, ou

avec un excès de gaz nitreux ; si , dans le premier cas , qui est celui de la distillation de l'acide
nitrique , on le fait passer par l'eau , c'est du gaz
oxigène qui se dégage ; dans le second , c'est du
gaz nitreux ; dans l'un et dans l'autre , c'est de
l'acide nitrique qui reprend l'état liquide , par
le moyen de l'eau , et qui retient du gaz nitreux :
en ajoutant une petite quantité d'eau , la vapeur
nitreuse prend la constitution de l'acide nitrique , sans perdre d'abord l'état de gaz ; mais il
faut une proportion plus grande d'eau , selon
que la température est plus élevée , soit pour
maintenir l'acide nitrique en état de gaz , soit
pour le rendre liquide. Lorsque l'acide nitrique
est dans l'état de gaz incolore , on peut le rendre
rutilant par un excès de gaz nitreux , comme
l'ont fait les chimistes hollandais.

Ces données me paraissent expliquer les observations nombreuses que Priestley a faites sur
la vapeur nitreuse , qui ne doit point être confondue avec les combinaisons , dont les proportions sont constantes ; mais qui varie , ainsi que
les produits qui en proviennent, selon les circonstances dans lesquelles elle se trouve.

304. Le gaz nitreux se dissout facilement , mais
en petite quantité , dans l'acide sulfurique ; il lui
donne une couleur pourpre-brune , et il y est
retenu assez fortement ; la vapeur nitreuse ,
avec excès de gaz nitreux , se dissout abondam-

ment dans cet acide, et a la propriété, comme l'a observé Priestley, de former avec lui des cristaux à une température supérieure à celle de la congélation de l'eau.

Le gaz nitreux se dissout en petite quantité dans l'acide muriatique; mais cet acide absorbe beaucoup de vapeur nitreuse, qui lui donne, suivant Priestley, les propriétés d'un excellent acide nitro-muriatique, et qui effectivement doit former l'acide nitro-muriatique.

Quoique l'affinité, qui produit le gaz nitreux, ait peu d'énergie, comme le fait voir la faible condensation que ses éléments subissent, il résiste cependant assez fortement à sa décomposition, de même que l'acide sulfureux (300), lorsque la substance qui exerce une action sur lui, est dans l'état gazeux, et que la disposition élastique de l'un et de l'autre, est augmentée par la chaleur, ou lorsque c'est une substance qui oppose la solidité à une nouvelle combinaison; ainsi, le gaz nitreux n'est pas décomposé, lorsqu'on le soumet avec le gaz hydrogène à l'action de l'étincelle électrique; mais Davy a opéré sa combustion, en soumettant à l'action de l'électricité un mélange de gaz nitreux, de gaz oxide d'azote, et de gaz hydrogène; alors la combustion du gaz oxide d'azote, entraîne celle du gaz nitreux, comme nous avons vu qu'en augmentant la proportion de l'oxigène ou de l'hydrogène, on déterminait la combustion de celui des deux, qui, se trouvant en trop petite proportion, aurait résisté à l'effet de l'élasticité (249).

Lorsqu'on fait passer par un tube rouge du gaz nitreux, même avec une surabondance de gaz hydrogène, il n'éprouve point de décomposition; j'ai fait l'expérience avec soin, en élevant la chaleur autant que peut le supporter un tube de verre lutté avec l'argile, ce qui correspond à l'impuissance de l'électricité.

L'affinité résultante conserve donc ici sa force, même lorsque la dilatation est devenue fort supérieure à la condensation qui est produite par la combinaison; le gaz nitreux est difficilement décomposé par l'hydrogène, et cependant si l'hydrogène se trouve en quantité suffisante avec l'oxigène et l'azote, il ne se forme ni acide nitrique, ni gaz nitreux (266); mais cette conservation de la force résultante, ne se trouve que dans les substances dont les éléments ont une égale dilatabilité, et la faiblesse de la contraction de l'oxigène et de l'azote, contribue à maintenir leur combinaison pendant la dilatation de la chaleur; de sorte que par cette circonstance, une affinité résultante, qui est faible, comme le prouvent les faits qui suivront, résiste beaucoup plus à l'action opposée de la chaleur, que celle qui, plus énergique, aurait produit une plus grande condensation; cependant, on ne peut douter qu'à une température plus élevée, on ne puisse produire la décomposition du gaz nitreux, puisque Davy a opéré cette décomposition, en soumettant à l'électricité un mélange de gaz hydrogène, de gaz nitreux, et de gaz oxide d'azote, qui, par sa propre combustion, a produit une élévation de température suffisante.

Le gaz nitreux n'est également point décomposé par le soufre : je l'ai fait passer, sans succès, à travers les vapeurs du soufre, placé dans un tube échauffé, et Davy a observé que le soufre enflammé s'y éteignait ; selon lui, le phosphore ne peut être enflammé dans le gaz nitreux ; mais, s'il est déjà en ignition lorsqu'on l'introduit, il y brûle presque avec autant de vivacité que dans le gaz oxigène : ce chimiste a décomposé le gaz nitreux, par le moyen du charbon, en fesant tomber sur celui-ci le foyer d'une lentille ; le phosphore s'y enflamme de lui-même par ce moyen.

Le gaz nitreux, que j'ai fait passer dans un tube à travers des fragments de charbon rouge, a donné naissance à un gaz inflammable d'une espèce particulière : 100 mesures de ce gaz ont exigé, pour leur combustion, 50 parties de gaz oxigène ; elles ont produit 65 d'acide carbonique, et le résidu a été de 0,45.

Ce gaz est analogue au gaz hydrogène oxi-

carburé, et il prend naissance dans des circonstances semblables ; cependant, il en diffère, en
ce que l'azote y reste en combinaison, en proportion considérable ; si l'on fait abstraction de
cet azote, il exige une plus grande quantité d'o-
xigène pour sa combustion ; il brûle avec une
flamme blanche, pendant que l'oxi - carburé
donne une flamme bleue, même lorsqu'il se
trouve mêlé avec le gaz azote. On trouvera peut-
être de plus grandes différences entre leurs propriétés. N'est - ce point ce gaz que Chaussier a
obtenu, en fesant détoner trois parties de
nitre ou de muriate oxigéné de potasse, avec
une de charbon (1), et celui que Cruickshank a
retiré de la détonation de la poudre ordinaire ?

Le fer décompose le gaz nitreux, même sans
le secours de la chaleur ; les chimistes hollandais
ont trouvé, qu'après un certain espace de temps,
il était changé en gaz oxide d'azote, et après
quelques jours, il ne restait plus que du gaz
azote ; il y a apparence que l'oxide d'azote aura
été absorbé par l'eau, comme ils ont fait voir
que cela avait lieu dans d'autres occasions ; mais
l'azote annonce une décomposition complète
d'une partie du gaz : Milner a observé qu'en
fesant passer le gaz nitreux à travers un canon
de fusil, dans lequel il avait placé de la limaille

(1) Journ. de l'Ecole Polytech. 11e cahier, p. 323.

de fer, et qu'il avait fait rougir, ce gaz éprouvait, en partie, une entière décomposition, et qu'une partie se changeait en gaz oxide d'azote; mais que celui-ci, en passant de nouveau à travers la limaille de fer, se décomposait aussi; de sorte que par là, le gaz nitreux pouvait être réduit entièrement en gaz azote (1).

On peut déjà conclure des observations précédentes, que le gaz nitreux peut être entièrement décomposé par quelques substances, ou à la faveur de quelques circonstances. On a beaucoup varié sur les produits de cette décomposition : Lavoisier qui, le premier a cherché à éclaircir cet objet, a conclu de ses expériences, que le gaz nitreux était formé d'un peu plus de deux parties en poids d'oxigène, et d'une d'azote, ou à-peu-près de deux parties en volume du premier, et d'une du second : les observations postérieures ont prouvé que la proportion d'oxigène était trop grande dans cette évaluation.

Van Marum, en décomposant par l'étincelle électrique le gaz nitreux, qui cède son oxigène au métal, l'a réduit à 0,46 de son volume, et ce résidu était du gaz azote ; mais il observe qu'il s'était formé une poudre d'un jaune blanchâtre, qui devait contenir un peu d'acide, de sorte que la proportion d'oxigène doit être un peu plus grande.

(1) Trans. philos. 1789.

En décomposant le gaz nitreux par un mélange de limaille de fer, de soufre, et d'une
petite quantité d'eau, j'ai eu 0,44 pour résidu,
mais il a dû se former un peu d'ammoniaque
qui a diminué le résidu.

Davy conclut des résultats qu'il a obtenus de
la combustion du charbon, de celle du phosphore, et de la combustion par l'électricité, du
mélange de gaz oxide d'azote et de gaz hydrogène, que le gaz nitreux est composé de 44 parties pondérales d'azote et de 56 d'oxigène : cette
évaluation me paraît l'approximation la plus
exacte à laquelle on soit parvenu.

3o5. Le gaz nitreux est absorbé par la dissolution de sulfate de fer, qui perd par là sa transparence, et qui prend une couleur noirâtre,
ainsi que Priestley l'a observé le premier.

Cette propriété est devenue très-utile pour séparer le gaz nitreux des autres substances gazeuses, avec lesquelles il peut être confondu :
Humboldt s'en est servi le premier pour cet objet ;
mais il a conclu de ses épreuves, que le gaz nitreux, obtenu par les moyens ordinaires, contenait toujours une proportion considérable de
gaz azote, dont il se séparait par là ; et cette
quantité d'azote ne doit être attribuée qu'à l'im-
perfection de l'expérience ; car ayant pris les soins
convenables, je n'ai eu qu'un résidu d'un 37e,
en soumettant à l'épreuve le gaz nitreux qui

avait été retiré par la dissolution de cuivre, et qui était par conséquent semblable à celui de Humboldt.

Davy prétend que le sulfate rouge n'absorbe pas le gaz nitreux, et que dans le sulfate ordinaire, ce n'est que celui qui est dans l'état de sulfate vert, selon l'opinion de Proust, qui opère l'absorption; mais j'ai fait passer du gaz nitreux dans du sulfate très-oxidé, et celui-ci a noirci; cependant, les premières portions de gaz nitreux ne produisent pas un effet qui se fasse appercevoir. L'acide rutilant, versé en très-petite quantité dans la dissolution de fer, lui donne la même couleur que le gaz nitreux : l'acide nitrique en fait autant; mais il en faut une quantité beaucoup plus considérable, et lorsque l'effet est produit, la chaux en dégage du gaz nitreux; de sorte que c'est au gaz nitreux qu'est dû le phénomène, mais on ne voit pas clairement à quelle cause immédiate il est dû.

Selon Davy, le gaz qui est absorbé n'éprouve pas d'altération à une température basse; mais, malgré les observations qu'il fait sur cet objet, Vauquelin et Humboldt me paraissent avoir bien prouvé (1) qu'il se formait immédiatement de l'ammoniaque, que par conséquent il y avait décomposition d'eau, et qu'en même temps une partie du gaz nitreux se changeait en acide ni-

(1) Ann. de Chim. tom. XXVIII.

trique : dès que la dissolution est imprégnée de gaz nitreux , on peut en dégager de l'ammonia-que par la chaux , et en précipitant le fer par un alcali, on en retire un nitrate : la décomposition est donc commencée, mais la chaleur doit lui faire faire des progrès. A la vérité, on chasse le gaz nitreux par la chaleur, lorsqu'on n'a pas décomposé la dissolution du fer par un alcali , mais on n'en retire pas toute la quantité qui avait été absorbée, et celui qu'on obtient se trouve mêlé à du gaz azote. Vauquelin et Humboldt ont cru que l'azote avait été absorbé dans cet état par la dissolution de fer , mais elle n'absorbe pas l'azote : celui-ci vient manifestement de la décomposition que le gaz nitreux a éprouvée.

Le muriate de fer vert , ou peu oxidé , a aussi, selon l'observation de Davy, la propriété d'absorber le gaz nitreux, et même plus promptement et plus abondamment que le sulfate vert.

306. Lorsque le gaz nitreux n'éprouve pas une décomposition complète par l'action d'une substance oxigénable, il passe à un autre état de combinaison , et prend un caractère particulier ; il forme ce gaz, qui est l'u e des nombreuses découvertes de Priestley , et que j'appelle , avec les chimistes hollandais , qui , les premiers en ont fait l'analyse , oxide gazeux d'azote , ou gaz oxide d'azote (1).

(1) Journ. de Phys. tom. XLIII.

La vivacité avec laquelle ce gaz entretient la combustion, a fait croire, pendant long-temps, qu'il contenait plus d'oxigène que le gaz nitreux, et a paru justifier la dénomination de gaz nitreux déphlogistiqué, sous laquelle Priestley l'a fait connaître, et que l'on traduisait par gaz nitreux oxigéné; mais la supposition sur laquelle cette dénomination est établie, ne peut se concilier avec l'action des sulfures et des autres substances oxigénables qui changent le gaz nitreux en cette espèce de gaz.

Davy, auquel on doit un travail important sur ce gaz, l'a appelé oxide nitreux; mais cette dénomination ne le distingue qu'avec obscurité du gaz nitreux auquel elle a été d'ailleurs donnée par Fourcroy, dont les savantes productions sont si répandues et ont une si grande autorité dans l'enseignement : je ne vois pas de raison pour ne pas adopter un nom choisi par les chimistes qui ont les premiers fait connaître les différences caractéristiques de la composition de ce gaz, et qui est assez propre à les désigner.

Le gaz nitreux, exposé à l'action du fer et de l'eau, des sulfures alcalins, du muriate d'étain non oxidé, des sulfites de potasse, du gaz hydrogène sulfuré et du phosphuré, de l'ammoniaque et du cuivre, éprouve d'abord une diminution dans son volume, et lorsque la diminution cesse, on le trouve changé en oxide gazeux d'azote ; en même temps la substance qui produit ce changement a reçu de l'oxigène, ainsi le sulfite de potasse se trouve converti en sulfate.

Les chimistes hollandais disent qu'en fesant passer le gaz nitreux à travers la vapeur du soufre placé dans un tube, il se change en oxide gazeux d'azote; mais, ainsi que je l'ai déjà remarqué, j'ai répété cette expérience sans succès : selon Davy, l'acide sulfureux liquide ne produit pas de changement dans le gaz nitreux; j'ai eu un résultat contraire : une petite circonstance suffit quelquefois pour décider ou pour empêcher sa formation; d'ailleurs, elle exige un temps plus ou moins long ; de sorte qu'il est facile de trouver des différences, selon l'espèce des observations.

Les chimistes hollandais établissent que ce gaz est le seul résultat de la décomposition du gaz nitreux par les substances qui peuvent lui enlever de l'oxigène, et ils prétendent que lorsqu'il y a un résidu d'azote, il est dû au mélange qui s'en trouvait dans le gaz que l'on a soumis à l'expérience, et que le gaz oxide d'azote qui s'était formé, a été absorbé en entier par l'eau, avec laquelle il était en contact : en cela je diffère de leur opinion.

Dans l'expérience dont j'ai parlé (304), le gaz nitreux mis en contact avec la limaille de fer et le soufre, s'est réduit à 0,44 de son volume ; le résidu n'a présenté que les propriétés du gaz azote : il ne manque à cette quantité que la différence des pesanteurs spécifiques, pour donner les proportions des éléments du gaz nitreux, qui ont été déterminées par Davy : le gaz nitreux a donc été entièrement décomposé dans cette expérience, et il ne peut rester de doute que sur la très-petite portion qui fait la différence que je viens d'indiquer ; mais il y a apparence qu'elle est due à un peu d'ammoniaque qui a pu se former.

Le gaz oxide d'azote entretient non-seulement la lumière d'une bougie, mais encore il lui donne un éclat à-peu-près semblable à celui que produit le gaz oxigène, et même une allumette récemment éteinte s'y rallume avec vivacité : le charbon, le phosphore et le soufre ne brûlent pas dans ce gaz, selon les chimistes hollandais, et le charbon rouge s'y éteint ; d'où ils avaient conclu que ce gaz ne brûlait qu'à la faveur de l'hydrogène que les substances combustibles contiennent, et ils avaient expliqué par là, comment il ne peut servir à la respiration dans laquelle le carbone doit entrer en combinaison avec l'oxigène ; mais Davy a éprouvé que la combustion du charbon allumé continuait dans ce gaz avec beaucoup plus de vivacité que dans l'air atmosphérique ; que le soufre qui ne donne qu'une flamme bleue, s'y éteignait, mais que lorsqu'il était en état de combustion vive, il continuait de brûler en prenant une flamme colorée en rose vif ; que le phosphore allumé y brûlait avec activité, ainsi qu'un fil d'archal fin, terminé par un morceau de liége allumé ; que, quoiqu'il ne puisse pas servir à la respiration des animaux, dans laquelle cette fonction vitale ne peut supporter d'altération, tels que les oiseaux, il entretenait cependant la respiration de l'homme, jusqu'à un certain point, en produisant quelquefois des phénomènes d'excitation remarquables, et en produisant de l'acide carbonique ; de sorte que l'opinion des chimistes hollandais ne peut être maintenue à cet égard.

Le gaz oxide d'azote se dissout assez facilement dans l'eau, comme l'a déjà observé Priestley, et il en est dégagé par l'ébullition, sans avoir éprouvé d'altération ; cependant, sa saveur est légèrement sucrée : il n'altère point la couleur bleue végétale ; il n'éprouve aucun changement lorsqu'on le mêle avec le gaz oxigène ou avec le gaz nitreux : les alcalis dissous dans l'eau ne l'absorbent pas en plus grande quantité que l'eau ; mais Davy a observé qu'ils se combinaient avec lui, lorsqu'on les tenait en contact au moment de sa formation : le moyen qu'il a employé consiste à mêler la potasse ou la soude sèche avec le sulfite, pendant que celui-ci décompose le gaz nitreux. Cette combinaison se dissout dans l'eau, elle ne paraît pas se dissoudre dans l'alcool, elle ne change pas la saveur des alcalis, l'oxide gazeux en est chassé par les acides et par une chaleur de 400 degrés de Fahreinheit; de sorte que ses propriétés font voir qu'elle est très-faible.

Lorsque l'on fait passer ce gaz à travers un tube rouge, il se décompose et le tube prend la couleur de la vapeur nitreuse qui se forme en effet; lorsque cette vapeur a été absorbée, le résidu se trouve avoir, à très-peu de chose près, les propriétés de 'air atmosphérique; de sorte qu'on peut supposer, sans erreur sensible, qu'il a les mêmes proportions, et les dimensions du gaz se trouvent un peu diminuées; cependant, l'acide nitrique qui s'est formé, ne monte, selon Davy, qu'aux deux dixièmes de son poids.

Les commotions électriques dénaturent aussi ce gaz; selon les chimistes hollandais, il éprouve une diminution d'un seizième de son volume; le résidu est encore semblable à l'air atmosphérique.

Ils ont observé que si l'on soumet à l'action de l'électricité un mélange de gaz hydrogène et de l'oxide gazeux d'azote, il se fait une détonation; si l'opération se fait avec une partie de gaz hydrogène, et trois parties de l'autre gaz, tout l'hydrogène disparaît, et le résidu a les propriétés de l'air atmosphérique, d'où ils con-

pluent que 3oo parties de ce gaz en contiennent 5o d'oxigène, plus une quantité égale à
celle de l'air atmosphérique ; mais ils n'ont pu
porter plus loin leurs conséquences , parce
qu'ils ignoraient qu'elle était la pesanteur spécifique du gaz oxide d'azote ; ils regardent donc
l'oxide gazeux d'azote comme occupant la dernière place dans la série des substances qui
proviennent de la décomposition du gaz nitreux :
ils s'appuient sur la plus forte affinité , que l'hydrogène montre pour l'oxigène, relativement à
celle du carbone, pour expliquer la différence
de ses propriétés avec celles du gaz nitreux :
Davy a fait voir que cette différence disparaissait
à une haute température , et il a expliqué les
différents phénomènes que présente ce gaz ,
sur-tout dans sa formation et dans sa décomposition, par des variations qu'il a supposées dans
l'affinité mutuelle de ses éléments à différentes
températures ; mais j'avoue que ces différences
alternatives que l'on suppose dans l'affinité de
deux éléments qui présentent à-peu-près les
mêmes dispositions, et qui ne sont point dérivées des propriétés générales de substances semblables , ne me paraissent qu'un mode assez
vague de représenter les résultats de l'observation.

D'après les expériences de cet habile chimiste,
la pesanteur spécifique du gaz oxide d'azote est
à celle du gaz oxigène, comme 147:100, et il

établit sur cette donnée, et sur les résultats qu'il a obtenus de sa décomposition par différents moyens, mais sur-tout par la décomposition du charbon, qu'il est composé de 63 parties pondérales d'azote et de 37 d'oxigène.

J'ai aussi tâché de constater la pesanteur spécifique de ce gaz; je l'ai fait avec d'excellents instruments; mais mon résultat s'éloigne de celui de Davy : je n'ai eu, avec le gaz oxigène, que le rapport de 123,5:100. Cependant une partie de ce gaz s'est absorbée dans l'eau bouillie, à un vingtième près, et je fais entrer, dans l'évaluation, la correction que cette quantité exige : peut-être ce gaz n'est-il pas constant dans sa composition. Cette différence m'empêche, pour ce moment, d'adopter sans réserve les résultats de Davy.

La méthode que les chimistes hollandais ont employée pour analyser ce gaz, dont ils ont fait détoner trois parties avec une de gaz hydrogène, me paraît la plus facile et même la plus propre à faire connaître ses éléments, dès que l'on a déterminé sa pesanteur spécifique; car le résidu peut être analysé avec exactitude et je crois m'être assuré que dans cette opération il ne se forme point d'acide, comme le prétend Davy; en la fesant sur la teinture de tournesol, la couleur de celle-ci n'a point été altérée, même à sa surface. On peut détruire ce gaz par une grande proportion d'oxigène ; mais il m'a paru , par une épreuve , que la quantité d'azote empêchait alors l'entière combustion de l'oxigène ; de sorte qu'il reste une incertitude plus grande , que lorsque l'on emploie les proportions indiquées par les chimistes hollandais.

307. D'après ces observations , l'oxide gazeux d'azote est une combinaison dans laquelle l'oxigène se trouve en plus petite proportion que dans le gaz nitreux ; mais il est plus condensé , parce qu'il éprouve une plus forte action de l'azote.

Il me semble que ces circonstances rendent raison des propriétés caractéristiques de ce gaz , que l'on peut rapporter aux deux chefs suivants :

1°. L'oxigène étant soumis à une affinité plus puissante que dans le gaz nitreux , il doit apporter plus de résistance à l'action des substances qui tendent à se combiner avec lui , pendant que la constitution du gaz oxide d'azote n'est pas sollicitée à changer ; en effet , le gaz oxide d'azote ne brûle ni le charbon , ni le soufre , ni même le phosphore , qu'on n'a pas élevés à une haute température : il ne peut entretenir que difficilement la respiration , quoique l'oxigène y soit en plus grande proportion que dans l'air atmosphérique : j'ai éprouvé qu'il n'était point altéré par l'action du mélange humecté de soufre , et de limaille de fer , auquel je l'ai laissé exposé long-temps, et qui décompose entièrement le gaz nitreux : il est par conséquent indubitable qu'il résiste beaucoup plus à sa décomposition dans une température basse, que le gaz nitreux (304).

2°. Lorsqu'il éprouve l'action de la chaleur, il se décompose, au contraire, plus facilement que le gaz nitreux, parce que l'expansion, qui en est l'effet, tend à rendre l'état naturel aux deux gaz qui le composent et qui s'y trouvent condensés, pendant que cette expansion affecte peu le gaz nitreux, dont les deux éléments sont peu condensés : par là, les éléments du gaz oxide d'azote se partagent; une partie reprend l'état de gaz nitreux, l'autre partie se réduit en gaz oxigène et en gaz azote, à-peu-près dans les proportions de l'air atmosphérique : l'action successive de l'électricité, produit le même changement, ainsi que dans plusieurs autres circonstances.

Si, par conséquent, la chaleur ou l'électricité joignent leur action à celle d'une substance oxigénable, il doit céder plus facilement son oxigène que le gaz nitreux, et il produit, vû la quantité qui s'en trouve dans un même volume et la rapidité de sa décomposition, des apparences qui approchent de celles du gaz oxigène.

308. L'azote présente donc, avec l'oxigène, deux termes de saturation, dans lesquels la condensation se trouve plus considérable que dans

les autres degrés de saturation, comme on le remarque dans plusieurs combinaisons (195). Dans l'un, la saturation réciproque paraît produire un état neutre : c'est le gaz oxide d'azote; dans l'autre, c'est l'oxigène qui domine, et qui donne ses propriétés caractéristiques à l'acide nitrique; mais celui-ci exige le concours de l'action de l'eau pour s'isoler.

Entre ces deux combinaisons se trouvent la vapeur nitreuse et le gaz nitreux; la première peut recevoir des proportions très-variables; mais le gaz nitreux a-t-il des proportions constantes, ou bien se trouve-t-il des états intermédiaires entre le gaz oxide d'azote et lui ? Je penche pour la dernière alternative, quoique le gaz nitreux, formé dans des circonstances différentes, m'ait paru avoir une composition assez uniforme; mais c'est sur-tout par les moyens de décomposition qu'il me paraît éprouver des variations dans ses éléments.

Lorsque l'on soumet à l'action des sulfures alcalins le gaz nitreux le plus pur, et après en avoir fait l'essai avec le sulfate de fer, on a toujours un résidu qui n'est pas soluble dans l'eau, et qui par conséquent n'est pas du gaz oxide d'azote. Le même gaz nitreux qui ne m'avait donné qu'un résidu de $\frac{1}{37}$, avec le sulfate de fer, en a laissé un de $\frac{1}{20}$ avec le sulfure de potasse : il faut donc qu'une partie du gaz nitreux éprouve une décomposition totale , pendant qu'une autre se change en oxide gazeux d'azote.

La décomposition totale a lieu , lorsque l'on fait agir le mélange humecté de soufre et de limaille de fer , et lorsque l'on soumet le gaz nitreux à une action assez prolongée de l'électricité avec le contact d'un métal; mais peut-on supposer dans ces circonstances , que chaque molécule du gaz nitreux , cède successivement tout son oxigène , et en éprouve tout-à-coup une séparation complète ? Il vaudrait autant dire que dans une substance hygrométrique, qui est dans l'état humide , chaque molécule hygrométrique cède successivement toute l'eau qu'elle tenait en dissolution , et passe de l'humidité extrême à la plus grande sécheresse , ou que dans un corps que l'on échauffe , le calorique porte tout-à-coup chaque molécule à la plus haute température.

L'observation de tous les phénomènes chimiques , nous fait voir que l'action chimique est progressive , jusqu'à ce qu'il se présente des obstacles qui nécessitent son accumulation pour qu'elle puisse les surmonter.

Il me paraît donc probable que la décomposition du gaz nitreux est successive , jusqu'à l'époque de la production du gaz oxide d'azote , lorsque les circonstances lui permettent de se former : là , se trouve un intervalle qui sépare le gaz nitreux du gaz oxide d'azote, lequel prend une constitution particulière; si la force, qui décompose le gaz nitreux, a assez d'énergie, le gaz oxide d'azote ne peut se former; mais dès qu'il a pu recevoir sa constitution, elle le maintient contre les causes qui auraient pu continuer la décomposition du gaz nitreux, jusqu'à ce qu'elle perde ses avantages par une élévation de température.

Priestley, et les chimistes hollandais qui ont observé l'effet de la limaille de fer, et du soufre sur le gaz nitreux, pensent que le résidu d'azote qu'ils ont obtenu, se trouvait déjà dans le gaz nitreux qu'ils ont employé, de sorte que le gaz oxide d'azote qui s'est formé a dû être absorbé en entier par l'eau avec laquelle il s'est trouvé en contact : par conséquent, ils ne distinguent point la manière dont le soufre et le fer agissent, de celle des sulfures alcalins; mais je me suis servi, dans l'expérience dont j'ai déjà fait mention, d'un gaz nitreux, qui ne laissait pas de résidu appréciable avec la dissolution de sulfate de fer, de manière que ce n'est qu'à sa décomposition qu'on doit attribuer le résidu d'azote de 0,44 que j'ai obtenu : quant à la formation de gaz oxide d'azote, qui n'a pas eu lieu dans mon épreuve, j'attribue la différence de nos résultats, à ce que je n'ai employé que très-peu d'eau dans mon expérience : lorsqu'on délaye le mélange de soufre et de fer avec une certaine quantité d'eau , l'intervention de cette eau doit rendre son action sur le gaz plus faible , et alors ce mélange peut produire des effets analogues à ceux des sulfures alcalins; cependant , il s'est toujours trouvé une différence dans la quantité du résidu , qui est bien plus considérable avec le fer et le soufre , comme on peut s'en assurer en comparant les résultats de toutes les expériences que l'on trouve décrites. Les chimistes hollandais estiment le résidu à un quart du volume primitif du gaz nitreux.

Les substances qui produisent du gaz oxide d'azote , décomposent aussi en partie le gaz nitreux ; de là vient qu'on trouve un résidu qui surpasse celui que l'on a , en dissolvant le gaz nitreux par le sulfate de fer.

Je me suis aussi servi de l'action du sulfate de fer , pour examiner ce qui se passait dans le commencement de l'action d'un sulfure sur le gaz nitreux : je l'ai pris à l'époque où il avait éprouvé une diminution du sixième à-peu-près de son volume : agité avec l'eau , il a éprouvé une légère diminution , de sorte qu'il s'était déjà formé du gaz oxide d'azote ; après cela , il a laissé un résidu qui était au moins double de celui qu'aurait donné le même gaz avant l'action du sulfure.

Cette décomposition immédiate du gaz nitreux , doit varier selon l'énergie de tous les moyens qu'on emploie , et selon les circonstances qui la favorisent.

309. Lorsque les métaux décomposent l'acide nitrique , ils produisent du gaz nitreux , du gaz oxide d'azote , ou un mélange des deux , selon l'énergie qui leur est propre , et même selon les circonstances qui accompagnent leur action : le zinc et l'étain, qui ont la propriété de décomposer l'eau par la grande action qu'ils exercent sur l'oxigène , ne produisent que de l'oxide gazeux , sur-tout lorsque leur action n'est pas très-vive , et que l'acide est étendu d'une certaine quantité d'eau ; mais lorsque cet acide est concentré , le gaz qui se dégage contient une petite proportion de gaz nitreux , sur-tout avec le zinc : les chimistes hollandais établissent, comme un fait général , que les métaux qui décomposent l'eau , forment du gaz nitreux , lorsque l'acide est très-concentré , et qu'au contraire ils donnent naissance au gaz oxide d'azote , lorsque l'acide est uni avec une certaine quantité d'eau : ils prétendent qu'alors l'eau est décomposée par le métal , et que son hydrogène décompose le gaz nitreux pour former de l'eau avec une portion de son oxigène : c'est attribuer à une même cause , et dans les mêmes circonstances , deux effets opposés , la composition et la décomposition de l'eau ; d'ailleurs , je me suis assuré que dans le plus grand état

de concentration de l'acide, c'était également du gaz oxide d'azote qui se formait, et si en même-temps il se dégage une petite portion de gaz nitreux, cela ne me paraît dépendre que de ce que dans l'action très-vive, et nécessairement très-inégale, il se forme un peu de gaz nitreux qui s'échappe : cette vivacité d'action produit encore un autre effet ; le gaz oxide d'azote qu'on obtient, se trouve mêlé d'une proportion plus ou moins grande de gaz azote, qui provient au contraire de ce qu'une portion de l'acide nitrique a été entièrement décomposée. Lors donc qu'on veut obtenir le gaz oxide d'azote dans l'état de pureté, par le moyen du zinc et de l'étain, il convient d'employer un acide affaibli, pour que l'action soit limitée régulièrement à la production de ce gaz, et non pour fournir l'eau nécessaire à sa composition ; une partie de l'eau est cependant décomposée par la même action énergique qui produit le gaz oxide d'azote, comme le fait voir l'ammoniaque, qui accompagne toujours sa formation ; mais ce sont deux productions simultanées.

Le fer produit du gaz nitreux et du gaz oxide d'azote, ou plutôt un mélange variable des deux gaz, et il paraît que c'est sur-tout sa proportion et son état de division qui déterminent la nature de son produit : la concentration de l'acide m'a semblé avoir beaucoup moins d'influence, et je n'ai point observé, comme le disent les chimistes hollandais, qu'on n'obtenait que du gaz nitreux, lorsque l'acide était très-concentré. Un moyen d'obtenir une grande quantité de gaz oxide d'azote, par l'intermède du fer, c'est de jeter de la limaille de ce métal sur une dissolution nitrique qu'on en a faite : bientôt il s'établit une effervescence vive ; il se dégage beaucoup de gaz oxide d'azote, et le fer passe à l'état d'oxide noir.

Je ne sais quelle est, dans cette circonstance, la cause de l'énergie avec laquelle le fer agit ; mais, ce qui en est une preuve, c'est qu'il y a en même temps une production considérable d'ammoniaque.

Les autres métaux, tels que le bismuth, le cuivre, le plomb, le mercure, l'argent, ne donnent, dans toutes les circonstances, que du gaz nitreux, et en même temps on n'observe aucune production d'ammoniaque, même avec le bismuth, quoiqu'il produise une vive effervescence, au lieu que les premiers en forment une quantité qui est quelquefois considérable.

310. On voit que le gaz oxide d'azote peut devoir son origine, 1°. au gaz nitreux, lorsqu'une substance peut lui enlever une partie de son oxigène, sans exercer cependant une action assez vive pour produire une entière décomposition ; 2°. à l'action immédiate d'un métal

sur l'acide nitrique, lorsque ce métal a par lui-même assez de puissance pour pousser la décomposition de l'acide au terme nécessaire : alors il se forme toujours de l'ammoniaque, qui est également un produit du degré nécessaire d'action.

Il y a encore une autre circonstance, dans laquelle le gaz oxide d'azote est produit ; c'est dans la décomposition du nitrate d'ammoniaque par la chaleur, ainsi que je l'ai fait voir depuis long-temps (1), et c'est par ce moyen qu'on se procure celui qu'on destine aux expériences qu'on multiplie dans ce moment sur les effets singuliers que l'on en obtient quelquefois lorsqu'on le respire ; dans cette décomposition, l'hydrogène de l'ammoniaque se combine avec l'excès de l'oxigène de l'acide nitrique, et produit de l'eau : de sorte que, par un effet des circonstances différentes, il y a décomposition d'eau, lorsque ce gaz est formé par l'action des métaux sur l'acide nitrique, et qu'ici il est une conséquence de la formation de l'eau : c'est ainsi que l'ammoniaque donne quelquefois naissance au gaz nitreux, et que dans d'autres circonstances elle provient au contraire de la décomposition du gaz nitreux (2) : nouvel exemple de la cir-

(1) Mém. de l'Acad. des Sciences, 1785.

(2) Séances des Ecoles Normales.

conspection avec laquelle on doit juger de l'affinité d'une substance par les produits d'une opération, dans laquelle l'action chimique est compliquée de conditions qui peuvent en modifier les effets.

Les résultats même de cette opération, qui ont été analysés avec beaucoup de soin par Davy, présentent quelques variétés, selon les circonstances; si la décomposition se fait trop brusquement, le gaz qu'on obtient est en partie du gaz nitreux, comme nous avons vu que cet effet avait lieu lorsque les métaux décomposaient trop rapidement l'acide nitrique, et la circonstance qui doit sur-tout fixer l'attention, lorsqu'on veut l'obtenir dans un état de pureté, est la température qui ne doit qu'être suffisante pour la décomposition du nitrate d'ammoniaque.

(311) Le gaz nitreux, en se combinant avec l'oxigène pour reproduire l'acide nitrique, exige des proportions d'oxigène qui varient beaucoup, selon les circonstances dans lesquelles se forme cette combinaison, et qui font que l'acide qui se reproduit est plus ou moins éloigné de l'état d'acide nitrique, ou contient plus ou moins de gaz nitreux.

Lavoisier, qui ne fit pas attention à cette différence, chercha à déterminer les proportions d'oxigène et de gaz nitreux qui se combinent pour former l'acide nitrique, et il conclut de ses expériences, que le gaz nitreux s'y trouvait avec l'oxigène, dans le rapport de 69:40. On a déduit de là la proportion d'oxigène qui était absorbée par le gaz nitreux, dans l'épreuve de l'air par l'eudiomètre de Fontana, et Humboldt a tâché d'en ramener les résultats à ce terme, en retranchant du volume du résidu une quantité de gaz azote, qu'il supposait toujours se trouver mêlée au gaz nitreux; mais cette supposition n'est pas fondée, puisque le gaz nitreux, préparé avec une précaution suffisante, est absorbé presque sans résidu, soit par le sulfate, soit par le gaz muriatique oxigéné.

Cependant Fontana et Jnghenouse ont observé qu'un grand nombre de circonstances pouvaient augmenter ou diminuer les effets du gaz nitreux; et Cavendish en a déterminé plusieurs avec la précision qui le caractérise (248); j'ajouterai ici le résultat de quelques épreuves que j'ai faites sur cet objet.

Pour faire la combinaison du gaz oxigène et du gaz nitreux, il faut employer un gaz nitreux qui ait été préparé sans qu'il pût se mêler avec l'air atmosphérique, afin de ne pas confondre les effets qui résulteraient de ce mélange : il faut donc mettre avec l'acide, le cuivre, qui est la substance que l'on emploie ordinairement, dans un flacon qui doit être rempli entièrement de liquide.

Lorsque c'est le gaz nitreux que l'on met le premier dans le tube où l'on fait le mélange, on a une absorption beaucoup plus considérable ; 46 mesures de gaz nitreux, mêlées ainsi avec 15 mesures successives de gaz oxigène n'ont laissé que deux mesures, et ce résidu essayé dans l'eudiomètre de Volta avec le gaz hydrogène, a détoné et a laissé un résidu qui indiquait à peine une mesure. On voit encore par cette expérience, combien peu est fondée la supposition d'un résidu laissé par le gaz nitreux ; ici l'on n'a pas eu le soixantième du volume des deux gaz, quantité si petite, qu'elle ne peut servir à établir aucun résultat : le gaz oxigène y a dû contribuer pour une petite partie, et l'eau dans laquelle l'opération s'est faite, a pu fournir le reste ou à-peu-près : le gaz nitreux doit donc être regardé comme se combinant en entier avec le gaz oxigène, lorsque l'un et l'autre sont bien purs ; mais leurs proportions peuvent varier par différentes circonstances.

Douze mesures de gaz oxigène, placées en premier dans le même vase, n'en ont absorbé que 24 de gaz nitreux ; de sorte que dans cette occasion, l'acide qui s'est formé tenait moins de gaz nitreux : ces deux essais ont été faits avec un cylindre d'un diamètre considérable : 3 mesures de gaz oxigène, placées dans le tube étroit qui forme l'eudiomètre de Fontana, n'ont absorbé qu'à-peu-près 5 mesures de gaz nitreux; par conséquent les mêmes gaz donnent des produits très-différents, selon l'ordre dans lequel on les introduit, et selon les dimensions du vase dans lequel on fait le mélange; l'agitation qu'on emploie et la température ont aussi une influence sur le résultat : enfin l'eau qu'on emploie peut le faire varier, si elle contient un carbonate dont l'acide carbonique, comme l'a observé Humboldt lui-même, en se dégageant et en se combinant avec la partie gazeuse, peut accroître le résidu.

Si au lieu de gaz oxigène on se sert, pour le mélange, de proportions déterminées de gaz azote et de gaz oxigène, on éprouve que, selon ces proportions, les quantités de gaz nitreux doivent varier; en sorte qu'il en faut d'autant plus que la proportion de gaz azote est plus considérable, et que cependant la diminution de volume relative à la quantité d'oxigène est d'autant plus petite; c'est que l'azote retient en état de gaz une portion de gaz nitreux, et même de gaz oxigène, quantité qui augmente avec la sienne. On voit donc combien sont trompeuses les inductions qu'on veut tirer de l'action du gaz nitreux sur l'air atmosphérique, pour déterminer les proportions du gaz oxigène qui s'y trouvent (248).

L'inégalité des effets du gaz nitreux, dépend

1º. de ce que l'acide qui se forme retient en dissolution plus ou moins de gaz nitreux, selon les circonstances ; 2º. des gaz qui peuvent se dégager de l'eau ; 3º. de l'action par laquelle le résidu retient une portion du gaz nitreux, et probablement du gaz oxigène.

Malgré ces causes nombreuses d'incertitude, Davy s'est servi de l'absorption du gaz oxigène par le gaz nitreux, pour déterminer la composition de l'acide nitrique ; mais il a examiné le liquide produit, il a évalué le gaz nitreux qu'il tenait en dissolution, et il est parvenu, par un moyen pénible et qui exigeait toute son exactitude et sa patience, à reconnaître les proportions de ces deux substances dans les différents états de l'acide.

On peut facilement déterminer la quantité de l'oxigène qui forme la différence du gaz nitreux et de l'acide nitrique, en partant des proportions connues de gaz oxigène et de gaz azote, qui composent le gaz nitreux (304), et de la formation de l'acide nitrique par l'action de l'électricité. Le gaz nitreux contient 44 parties pondérales d'azote et 56 d'oxigène : dans la seconde expérience, par laquelle Cavendish a formé l'acide nitrique, par la combinaison immédiate de l'azote et de l'oxigène, et qu'il convient de choisir, parce que c'est celle qui donne la plus grande proportion d'oxigène, et que par conséquent l'acide y retenait moins de gaz nitreux étranger à sa composition, la proportion de l'oxigène était à celle de l'azote, comme 253:100.

Mais si l'on prend les poids de ces gaz, au lieu de leur volume, on trouve que 100 parties d'acide nitrique sont formées à-peu-près de 25 d'azote et de 75 d'oxigène.

L'acide qu'a formé Cavendish ne pouvait pas être entièrement dans l'état d'acide nitrique, comme il l'observe lui-même ; il devait tenir en dissolution un peu de gaz nitreux ; mais cette différence n'en peut apporter qu'une très-petite dans les proportions, ainsi que le fait voir Davy.

Il me semble donc que l'on peut adopter cette évaluation non comme rigoureuse, mais comme une approximation qui suffit à l'explication de la plupart des phénomènes.

312. Lorsque les nitrates sont exposés à une forte chaleur, les éléments de l'acide parviennent à un degré de tension qui les sépare de la base alcaline ; ils prennent, à cette haute température, tout le calorique qui convient à chacun d'eux ; ils se séparent donc, ou ne se trouvent plus que dans ce faible état de combinaison qui constitue la dissolution ; mais quelques nitrates laissent dégager d'abord une portion plus ou moins considérable d'acide nitrique : il y a apparence que c'est en raison de l'eau qu'ils retiennent plus fortement

que les autres, et dont l'action maintient l'acide avec lequel elle se volatilise (3o3).

Lorsque l'acide nitrique se décompose ainsi, c'est du gaz oxigène qui se dégage presque seul dans le commencement, parce que c'est lui qui domine dans la combinaison, et que son excès doit céder plus facilement aux forces qui tendent à la détruire : les nitrates se changent par là en nitrites : quelques expériences de Priestley paraissent prouver que ceux-ci ont la faculté d'attirer l'oxigène de l'air atmosphérique : on peut conjecturer que le nitrite de chaux, changé ainsi en nitrate, par l'action du feu, doit la propriété phosphorescente, qui lui a fait donner le nom de phosphore de Balduin, à cette action sur l'oxigène de l'atmosphère.

L'acide nitreux, qui forme ainsi les nitrites, ne doit pas être confondu avec celui qui provient de la saturation de l'acide nitrique par le gaz nitreux : dans le dernier, le gaz nitreux conserve un état différent de condensation ; il constitue une substance particulière, de sorte qu'il est éliminé par son élasticité, de la faible combinaison qu'il forme, par les substances qui entrent en combinaison plus énergique avec l'acide nitrique ; c'est ainsi que les alcalis le chassent, l'eau même en élimine une partie, de sorte qu'il ne peut y en rester qu'une certaine proportion, selon la quantité de l'eau et selon la température

(302): la différence de constitution qui distingue ces deux acides, tient cependant à une circonstance si légère, que si l'on verse un acide sur un nitrite, il s'en dégage du gaz nitreux, ou plutôt une vapeur nitreuse, semblable à celle que l'on forme par l'union de l'acide nitrique et du gaz nitreux.

Le premier de ces acides ne peut donc pas produire des nitrites, et sa proportion éprouve de grandes variations, selon les circonstances. Ce n'est qu'à l'acide qui forme les nitrites, que la dénomination d'acide nitreux convient, comme l'observe très-bien Chenevix, et il serait convenable de n'indiquer la dissolution du gaz nitreux dans l'acide nitrique, que par quelqu'indice qui servît à la faire distinguer, tel que la couleur; ainsi, on se contenterait de désigner l'acide nitrique jaune plus ou moins foncé, rutilant, etc.

313. Si l'on compare l'affinité de l'azote à celle de l'hydrogène pour l'oxigène, l'on peut se faire une idée de la cause qui produit les différences qui existent entre leurs combinaisons : de toutes celles de l'azote, c'est le gaz oxide d'azote dans lequel les propriétés mutuelles se trouvent le plus complétement saturées; ce gaz se dissout dans l'eau, et ne lui communique presqu'aucune qualité sensible; il est inodore; il n'a qu'une saveur faiblement sucrée; il n'est point altéré par le gaz nitreux et par le gaz oxigène, non

plus que par les substances qui tendent fortement à s'oxigéner, pendant que la température
ne change pas ; il peut, sous ce rapport, être
comparé à l'eau, dont les deux éléments sont
également dans un état de saturation : or, il
ne faut que 15 parties pondérales d'hydrogène
pour produire 100 parties d'eau, tandis qu'il
faut près du double d'azote pour saturer une
partie d'oxigène : d'où l'on doit conclure que
l'azote exerce une affinité fort inférieure à celle
de l'hydrogène.

Il suit de là que l'azote doit produire, par le
même degré de saturation, une condensation
beaucoup moins grande ; en effet, le gaz oxide
d'azote est encore un gaz permanent ; il en résulte
encore que cette combinaison ne doit être séparée
que par de petits intervalles des autres combinaisons possibles de l'azote et de l'oxigène, pendant que la forte condensation que celle de l'hy-
drogèneé prouve, ne peut permettre que la formation de l'eau (207).

Avec une plus grande proportion d'oxigène,
on a le gaz nitreux, dans lequel la condensation est beaucoup moins considérable, et qui
cède facilement une partie de son oxigène pour
passer à l'état de gaz oxide d'azote, qui est plus
constant ; mais nous avons vu que la différence
de condensation est la cause même qui rend le
gaz oxide d'azote beaucoup plus facile à décom-

poser dans une élévation de température, qui tend à rendre l'état naturel à ses éléments, de sorte, qu'alors, il produit avec le soufre, le phosphore et le charbon, les phénomènes de la combustion, pendant que le gaz nitreux, dans lequel les éléments sont peu condensés, conserve plus facilement sa constitution dans cette circonstance (307).

Le gaz nitreux, par là même qu'il n'a qu'une faible condensation, peut facilement entrer en combinaison avec l'oxigène, et en proportions très-variables ; mais il conserve l'état gazeux en formant la vapeur nitreuse : ce n'est que par l'action de l'eau, que la vapeur nitreuse peut le réduire en acide nitrique, en le séparant de la partie superflue du gaz oxigène ou du gaz nitreux (303); cependant, quoique l'eau exerce son action sur les proportions déterminées qui forment l'acide nitrique, celui-ci peut dissoudre une proportion variable de gaz nitreux, parce que l'oxigène s'y trouve loin d'être saturé d'azote, et il forme par là l'acide jaune ou rutilant.

Il résulte de ce qui précède, que c'est la partie d'oxigène qui fait la différence de l'oxide gazeux et de l'acide nitrique, qui produit les effets de l'acidité ; mais, comme l'oxigène n'y est que faiblement retenu, il en abandonne facilement une partie aux substances qui tendent à s'oxigéner pour passer à l'état de gaz nitreux, lorsque l'ac-

tion de cette substance est faible, ou à celui
de gaz oxide d'azote; il n'en est pas de même
lorsque l'acide est combiné avec une base; il
résiste alors à sa décomposition, par la force résultante de la combinaison, jusqu'à ce que cette
force ait été détruite, ou par la chaleur, ou par
un concours d'affinités : dans l'action de l'acide
nitrique, il n'y a que l'affinité de l'azote et celle
de l'eau, qui tendent à sa conservation ; dans un
nitrate, l'énergie de l'acidité, qui est due à l'o-
xigène, devient une force additionnelle (184).

Lorsque l'acide nitrique est engagé dans une
base, les autres substances produisent, par leur
action, différents effets, suivant leur caractère ;
si ce sont des acides qui portent leur action sur
la base, ils agissent suivant leur quantité respective, leur capacité de saturation, leur fixité
ou leur volatilité ; l'acide nitrique se sépare, si la
température l'y oblige, et s'il conserve assez
d'eau, il se maintient dans cet état ; sinon
il forme la vapeur nitreuse qui le reproduit,
lorsque l'eau peut concourir à la condensation.
Mais si c'est une substance oxigénable qui exerce
son action, il faut que la température soit assez
élevée pour que les éléments de l'acide nitrique
éprouvent une dilatation qui affaiblisse la force
résultante de la base alcaline, et alors l'action
s'exerçant sur ses éléments, encore fort condensés, elle produit une décomposition beau-

coup plus complète que dans l'acide nitrique simplement combiné avec l'eau ; cependant, les effets varient selon la force qui les produit. Une partie de soufre, avec quatre de nitrate de potasse, en dégage beaucoup de gaz nitreux (1). L'oxide d'arsenic agit de même, et il est probable que le phosphore, en petite quantité, produirait le même effet ; le charbon, en trop grande proportion, produit une espèce de gaz inflammable (304) : on pourrait obtenir des résultats très-variables, selon la différence des substances et de leurs proportions : quelquefois l'élévation de température dégage une portion de l'oxigène, même sans qu'il soit entré en combinaison, mais il se trouve réduit à l'état élastique, en sorte qu'on en trouve souvent une portion confondue avec le gaz qui s'est dégagé.

314. Toutes les combinaisons de l'azote avec l'oxigène, retiennent la plus grande partie du calorique que possédait le gaz oxigène, en sorte que lorsqu'on recompose l'acide par l'union du gaz oxigène et du gaz nitreux, il se dégage très-peu de calorique ainsi que l'ont éprouvé, dans le calorimètre, Laplace et Lavoisier ; et ce qui prouve que le gaz nitreux lui-même était pourvu de beaucoup de calorique, c'est que les effets que produisent les nitrates, font voir que tout

____

(1) Mém. de l'Acad. 1781.

l'oxigène qui entre dans la composition de l'acide ,
n'y est privé que d'une petite portion du calorique
qui appartient au gaz oxigène , et qu'il reprend ,
lorsqu'il se dégage des nitrates , par la seule
action de la chaleur.

Les effets de la détonation des nitrates sont
dûs à l'expansion produite par le calorique , qui
fait la différence de l'oxigène combiné aux bases
qui la produisent , et du même oxigène combiné avec l'azote : on explique par là les effets
de la poudre à canon , et la raison de sa composition : elle doit avoir un peu de soufre , parce
que cette substance , plus volatile et plus facilement combustible que le charbon , doit faci-
liter l'inflammation de celui-ci ; mais quoique la
chaleur , qui s'en dégage , soit beaucoup plus
intense , la combustion du soufre ne produirait qu'un sulfate , substance fixe , ou beaucoup plus difficilement dilatable que l'acide
carbonique. Il ne faut donc qu'une petite proportion de soufre qui produise le premier effet ,
ou qui augmente la température ; la violence de
l'expansion doit être principalement due à la
production de l'acide carbonique et du gaz azote ,
en raison de leur quantité respective.

Plusieurs physiciens ont attribué à l'eau réduite en vapeurs , tous les effets de la poudre
qui sont dûs à l'expansion , et qui , comme Rumford l'a fait voir , sont beaucoup plus considé-

rables que ne l'avaient cru Robin ; mais on peut
se convaincre par un calcul facile, comme l'a observé Laplace, que la chaleur qui est produite par
la détonation du nitre , est bien loin de suffire par
l'expansion qu'elle peut produire en vaporisant
l'eau , qu'elle que soit la quantité que l'on en suppose dans la poudre , pour en expliquer les effets.
C'est à la tension élastique de l'acide carbonique qui est mis en liberté , ou plutôt à celle
de l'oxigène qui entre dans sa composition , ainsi
qu'à celle du gaz azote , et à l'accroissement de
cette tension , par la chaleur qui se dégage ,
qu'ils sont principalement dûs : la quantité
d'eau qui pouvait exister , ou celle même qui
est formée , n'y peut contribuer que pour une
très-petite partie.

L'acide carbonique , qui produit la détonation , n'est point en combinaison dans ce phénomène ; mais il est dans l'état gazeux , parce
que la température est trop élevée , pour qu'il
puisse se combiner avec l'alcali ; ce qui explique
une observation de Rumford : ayant fait détoner , dans un vase fermé , une petite quantité
de poudre , et ayant ouvert ce vase après le refroidissement , il n'y eut qu'un petit sifflement
qui annonçait peu de gaz ; ce qui le porta à expliquer la détonation par une autre cause que
par la production du gaz : pendant le refroidissement , l'acide carbonique s'était combiné avec

la potasse. J'explique par là une autre observation de Cruickshank (1). Ayant examiné la matière qui reste après l'explosion de la poudre, il a trouvé *que c'était un composé de potasse, unie à une petite quantité d'acide carbonique, de sulfate de potasse, avec une très-petite proportion de sulfure de potasse, et de charbon non consumé :* l'acide carbonique qui avait été produit, ne s'était fixé qu'en petite quantité dans cette matière.

~~~~~~

CHAPITRE III.

De l'acide muriatique oxigéné et sur-oxigéné.

315. L'ACIDE muriatique oxigéné, composé de deux éléments volatils, quoiqu'avec un degré différent d'élasticité, ne doit son existence qu'à l'action d'une faible affinité, et cependant les deux éléments dont il est composé, jouissent l'un et l'autre de la propriété de former des combinaisons énergiques, avec un grand nombre d'autres substances.

(1) Bibl. Brit. tom. XVI, p. 72.
~~~~~~

L'acide muriatique exerce sur l'oxigène une action trop faible, pour contre-balancer la force d'élasticité qu'il a dans l'état de gaz, et ce n'est que par le concours des forces qui tendent à donner l'état élastique à l'acide muriatique, et en même temps à l'oxigène condensé dans quelques substances, qu'on peut le produire.

L'état de dilatation dans lequel se trouvent les éléments de cet acide, et la faiblesse de leur union, le rendent donc peu propre à former des combinaisons stables, et la plupart des substances qui peuvent se combiner de préférence, ou avec l'acide muriatique, ou avec l'oxigène, ou même avec les deux, le décomposent et s'unissent, ou avec l'un de ses éléments, ou avec les deux, en changeant leur état par la condensation ; c'est ce qui arrive avec la plupart des substances oxigénables qui s'emparent de l'oxigène, quelquefois sans toucher à l'acide muriatique, d'autres fois en se combinant d'abord avec l'oxigène, puis avec l'acide muriatique (1) ; lorsqu'une substance s'unit avec les deux éléments sans les séparer, l'acide muriatique oxigéné peut passer subitement à un état très-différent, ou bien ce changement suit des gradations, selon l'énergie de la force qui le produit. Enfin, l'oxigène conserve dans l'acide muriatique oxigéné,

<hr>

(1) Mém. de l'Acad. des Sciences, 1785.

le calorique qui appartient au gaz oxigène, au moins autant que dans l'acide nitrique. Ces considérations doivent guider dans l'explication de tous les phénomènes qui sont dûs à l'action de l'acide muriatique oxigéné, et dans lesquels il faut distinguer ceux qui sont dûs à la combinaison de cet acide avec une base, et ceux qui sont produits par sa décomposition et par la combinaison de ses éléments.

L'acide muriatique oxigéné présente, dans l'un et l'autre effet qu'il produit, beaucoup de rapports avec le gaz nitreux; mais on peut trouver dans leur composition, la raison des différences qui les distinguent; le gaz nitreux, formé de deux substances qui ont l'une et l'autre beaucoup d'élasticité, en conserve une considérable, ne se dissout qu'en petite proportion dans l'eau, et n'a sensiblement, dans les proportions qui le composent, aucune qualité acide; le gaz muriatique oxigéné, dont l'un des éléments a beaucoup moins de disposition élastique, se dissout plus facilement dans l'eau; cependant, il n'a qu'une faible affinité pour ce liquide; car il s'en sépare en grande partie par le froid, et prend alors l'état solide et cristallin; de sorte que c'est plutôt la faiblesse de disposition élastique, que la force de l'action de l'eau qui produit cette union; et comme de ses deux éléments, l'un est naturellement acide, et l'autre porte l'acidité dans les substances avec lesquelles il se combine, lorsqu'il n'éprouve pas une trop grande saturation, il a une action beaucoup plus vive sur les alcalis que sur le gaz nitreux; mais ceux-ci le condensent plus ou moins, ils changent son action chimique, de sorte que les effets varient selon l'état de condensation dans lequel il est réduit : ces oscillations faciles dans la puissance de l'acidité, en rendent les effets beaucoup plus mobiles et plus difficiles à saisir que ceux des acides qui sont plus constants dans leur constitution.

Les alcalis peuvent donc se combiner avec l'acide muriatique oxigéné dont ils font disparaître la vive odeur, et dont ils détruisent la couleur; mais il forme avec eux une autre espèce de combinaison, en éprouvant lui-même le changement qui le constitue sur-oxigéné.

On doit donc distinguer les muriates oxigénés des muriates sur-oxigénés. Chenevix, qui vient de publier des observations très-intéressantes, dont je profiterai, mais sur lesquelles je me permettrai des réflexions (1), donne à ces dernières combinaisons le nom d'hyper-oxigénées, qui a l'avantage d'être entièrement tiré de la même langue.

Comme les muriates oxigénés n'offrent pas d'indice de saturation, et comme l'acide, et par-

(1) Trans philos. 1802.

ticulièrement l'oxigène, y éprouvent des degrés successifs et indéterminés de condensation, la dénomination par laquelle on les désigne, ne doit être reçue qu'avec le vague qui se trouve dans la combinaison elle-même.

Cette mobilité de constitution empêche également de reconnaître, dans les combinaisons de l'acide muriatique oxigéné ou sur-oxigéné, les rapports entre les propriétés des combinaisons, et celles de leurs éléments, que l'on peut suivre dans les combinaisons des autres acides avec les bases alcalines : dans celles-ci, il faut se borner à constater les propriétés des combinaisons, pour en prévoir et en expliquer les effets ; mais on ne peut les faire entrer qu'avec réserve dans les considérations générales sur l'acidité et sur l'alcalinité.

316. L'acide muriatique oxigéné agit avec plus d'énergie par ses éléments, c'est-à-dire, qu'il est décomposé plus facilement, lorsqu'il est dans l'état de gaz que lorsqu'il éprouve l'action de l'eau qui le tient en dissolution ; ainsi, il entretient l'inflammation des corps embrâsés ; il enflamme les substances métalliques réduites en poussière subtile, et l'ammoniaque, comme l'ont fait voir Vestrumb et Fourcroy ; le soufre liquéfié s'y enflamme aussi, il décompose le gaz hydrogène carburé (282), soit en lui enlevant une partie de l'hydrogène, et en précipitant par là le charbon, soit en donnant de l'oxigène au reste

de l'hydrogène combiné avec le carbone, d'où résulte, ou la formation de l'acide carbonique, ou celle de l'hydrogène oxi-carburé. Il n'agit pas d'abord sensiblement sur le gaz hydrogène avec lequel on le mêle; mais il paraît, par les expériences de Cruickshank, qu'il le détruit par une action prolongée : l'étincelle électrique fait détoner ce mélange, et les effets varient selon les proportions, comme lorsqu'on fait cette opération avec du gaz oxigène, de sorte qu'il en résulte de l'eau, de l'acide carbonique, ou du gaz hydrogène oxi-carburé : Cruickshank (1) a conclu des résultats de cette détonation, qu'un volume de 2,3 de gaz muriatique oxigéné, contenait 1 d'oxigène, supposé dans l'état gazeux : il ne peut précipiter le carbone des gaz hydrogènes oxi-carburés ; mais il complète lentement la combinaison du carbone et de l'hydrogène, et il le change par là en acide carbonique et en eau (2) ; cependant, selon l'observation de Cruickshank, l'étincelle électrique ne peut faire détoner ce mélange.

Lorsque le gaz muriatique oxigéné est devenu liquide par sa combinaison avec l'eau, il ne produit qu'une partie des effets précédents ; cepen-

(1) Bibl. Brit. tom. XVIII.

(2) Cruickshank, *ib.* Guyton, Désormes, et Elément. Ann. de Chim. Messidor an 9.

dânt, il oxide encore les métaux qu'il pouvait brûler : il agit sur le gaz oléfiant, et le change en une espèce d'huile ; mais il conserve sur-tout son énergie sur les substances avec lesquelles il peut entrer en contact intime ; ainsi, quoiqu'il ne puisse alors attaquer le soufre, si celui-ci acquiert l'état liquide par sa combinaison avec l'alcali, ou s'il est dans l'état d'hydrogène sulfuré, l'acide muriatique oxigéné le change en acide sulfurique : il ne peut acidifier le phosphore qu'avec le concours de l'action de la lumière.

Les substances qui sont oxigénées par le gaz, donnent de la lumière, quelquefois avec éclat, mais avec le liquide il ne se produit que de la chaleur ; c'est l'un des faits les plus propres à prouver que le calorique qui se dégage dans ces combinaisons, peut prendre, selon les circonstances, l'état de la lumière, ou produire simplement de la chaleur (126).

Lorsque l'acide muriatique oxigéné, soit dans l'état de gaz, soit dans l'état liquide, porte son action sur une combinaison qui contient de l'hydrogène, c'est celui-ci qui commence par se combiner avec l'oxigène, de sorte que la substance avec laquelle il était uni, est d'abord abandonnée, quoiqu'elle-même soit susceptible d'oxigénation ; et quelquefois la force de cohésion qu'elle acquiert alors, la soustrait à l'action de l'acide muriatique oxigéné, si l'on n'en emploie pas d'abord une quantité suffisante; ainsi, lorsqu'on verse par parties, de l'acide muriatique oxigéné, sur une eau chargée d'hydrogène sulfuré, ou d'un sulfure hydrogéné, ou d'un hydro-sulfure, ou d'un phosphure hydrogéné, on précipite le phosphore et le soufre, et celui-ci bien condensé n'est plus attaqué; mais on n'a pas de précipité; si l'on fait l'opération inverse: ces phénomènes sont analogues à ceux qu'on obtient, lorsqu'on fait détoner ces gaz avec une petite portion d'oxigène, et encore à ceux qu'on observe dans la combustion des hydrogènes composés, selon la quantité de gaz oxigène qui opère la combustion (282).

Quelquefois l'acide muriatique oxigéné se combine avec une substance qui contient de l'hydrogène, sans produire et sans éprouver de décomposition, et ce n'est que par une action lente, ou par un changement de température, que la décomposition mutuelle s'opère : c'est ainsi que ce liquide agit sur les parties colorantes végétales ; il les fait disparaître, en formant avec elles une combinaison incolore et soluble par les alcalis ; mais cette combinaison abandonnée long-temps à elle-même, ou exposée à la température de l'ébullition, se dénature ; son hydrogène produit de l'eau ; elle jaunit ; elle se charbonne ou se rapproche du charbon.

316. L'action de l'acide muriatique oxigéné

sur les bases alcalines, est difficile à éclaircir, et sur-tout à décrire, par la variété des combinaisons qu'il peut former, selon l'état de condensation dans lequel il se trouve, et selon la concentration et l'affinité de la base alcaline ; lorsque l'action qu'il éprouve est portée à un certain point, son oxigène se condense dans une seule partie de l'acide muriatique, en formant une combinaison dont les proportions sont déterminées par la plus forte affinité réciproque des éléments (195, 207), pendant que la plus grande partie de cet acide, privée d'oxigène, s'unit au reste de la base alcaline ; mais une grande quantité d'acide muriatique oxigéné, reste en combinaison, sans changer de nature ; enfin une partie de ce dernier acide est ordinairement décomposée par l'action de la base alcaline, et abandonne l'oxigène qui se dégage en gaz. Je vais tracer une partie des phénomènes qui sont dûs à cette action complexe.

Pendant que l'acide muriatique oxigéné n'a que la condensation qu'il peut prendre, lorsqu'il est dissous par l'eau, il ne chasse pas l'acide carbonique des carbonates ; il dissout même le carbonate de chaux, et il dissoudrait probablement les carbonates de magnésie, de baryte et de strontiane : il ne forme donc point de muriate sur-oxigéné, car dans cet état il chasserait très-probablement l'acide carbonique, et la partie qui serait réduite en acide muriatique, produirait le même effet : par cette dissolution, l'odeur de l'acide muriatique oxigéné, est presqu'entièrement dissipée, et le liquide perd toute sa couleur.

Si l'on a dissous le carbonate de chaux dans l'acide muriatique oxigéné, la chaux et la potasse en précipitent le carbonate : ce qui annonce une plus forte action sur les alcalis que sur les carbonates, et ce qui indique une action semblable à celle des acides (259).

Si l'on fait passer le gaz acide muriatique oxigéné, dans une dissolution de carbonate de potasse ou de soude, on voit bientôt se dégager du liquide des bulles qui sont dues à l'acide carbonique ; alors l'acide muriatique oxigéné agit sur les parties du liquide qui se présentent à lui, il se trouve tout de suite dans un état assez condensé pour chasser l'acide carbonique, et il paraît se former dans le moment un peu de muriate sur-oxigéné.

Lorsque l'on fait la même opération avec une dissolution de potasse un peu concentrée, et lorsqu'il s'est condensé beaucoup d'acide muriatique oxigéné, une partie de cet acide se décompose par l'action plus forte que l'alcali exerce sur l'acide, dont il dégage l'oxigène, même dans l'obscurité : ce qui prouve déjà que tout l'acide muriatique oxigéné ne se partage pas en acide muriatique et en acide sur-oxigéné, dès qu'il éprouve l'action de l'alcali, quoiqu'une partie puisse réellement subir ce changement.

Chenevix a douté de la propriété que j'ai attribuée aux alcalis, de dégager le gaz oxigène de l'acide muriatique oxigéné ; il a cru que j'avais pu être trompé par une portion d'acide carbonique, qui devait être restée dans la potasse que j'avais employée ; ce qui m'a engagé à répéter l'expérience, avec les soins que me prescrivait l'opinion d'un si savant chimiste, et j'ai remarqué qu'il se dégageait réellement, et même dans l'obscurité, beaucoup de gaz oxigène ; mais pour que cet effet ait lieu, il faut qu'il n'y ait pas dans la combinaison un trop grand excès d'alcali et que l'acide muriatique oxigéné soit parvenu à un état de condensation assez avancé.

Les différentes bases alcalines produisent ce dégagement de gaz oxigène ; cependant, je ne l'ai pas observé avec la chaux ; mais la baryte le présente particulièrement.

Il se fait donc, lorsque l'acide muriatique oxigéné est reçu dans une dissolution de potasse, différents changements qui varient selon les circonstances, et qui par conséquent ne peuvent être indiqués que d'une manière générale : une partie de l'acide muriatique oxigéné, se change en sur-oxigéné, par l'accumulation de l'oxigène, qui abandonne une portion correspondante d'acide muriatique . cette dernière portion se trouve par là dans l'état de muriate de potasse.

En même-temps, une partie d'acide muriatique oxigéné, se condense sans éprouver, par une combinaison plus faible que les précédentes, d'autre changement que celui qui dépend d'une plus grande condensation ; une portion de la potasse paraît correspondre à cette combinaison, et ce n'est que par un intervalle de temps assez long, que l'acide muriatique oxigéné, subit tot . le changement dû au transport de l'oxigène, comme nous le verrons bientôt ; mais il s'établit enfin un équilibre des forces, et une portion de l'acide muriatique oxigéné résiste à une décomposition ultérieure.

317. Le muriate sur-oxigéné de potasse, présente une propriété que l'on ne peut point déduire de celles que l'on trouve dans ses éléments, et qui dépend de quelque rapport inconnu entre la potasse et l'oxigène, ou peut-être, la forme propre à cette combinaison contribue à cet effet; c'est une insolubilité plus grande que celle des autres muriates sur-oxigénés.

D'après cet exposé, je diffère de Chenevix sur l'époque où se produit le muriate sur-oxigéné ; il prétend que l'acide muriatique sur-oxigéné, se forme aussitôt que la potasse entre en combinaison ; de sorte que, selon lui, l'acide muriatique oxigéné ne reste pas dans cet état, lorsqu'il se combine avec la potasse , ou du moins il n'en reste qu'une si petite partie, qu'il ne lui attribue aucune propriété sensible : voici l'expérience sur laquelle il appuie son opinion ; il a précipité , avec le nitrate d'argent , une dissolution de potasse saturée d'acide muriatique oxigéné : il a fait évaporer une quantité semblable de cette dissolution , et après avoir dissous le résidu , il l'a précipité , et il a obtenu une quantité de muriate d'argent égale à la première : comme le nitrate d'argent n'est pas précipité par le muriate sur-oxigéné de potasse , il en conclut que tou tce sel était formé avant l'évaporation.

Le résultat de l'évaporation peut être différent , selon les circonstances qui l'accompagnent ; mais , indépendamment de toute autre considération , cette expérience ne prouve pas que l'acide muriatique oxigéné passe tout de suite en combinaison dans l'état sur-oxigéné ; car si cela était, la liqueur que l'on forme en recevant l'acide muriatique oxigéné , dans une solution alcaline, ne pourrait plus altérer les couleurs , ni être décomposée par la lumière, sur-tout lorsqu'il y a un excès d'alcali : or, une liqueur de cette espèce qui a reçu une assez grande quantité d'acide muriatique oxigéné, conserve la propriété de détruire les couleurs , ou d'être décomposée par la lumière, beaucoup plus que l'acide muriatique oxigéné même, qui

13..

n'est condensé que par l'eau , de sorte qu'il s'y en trouve beaucoup plus dans l'état d'acide muriatique oxigéné , parce qu'il a reçu une plus grande condensation.

J'ai préparé une liqueur de cette espèce, j'en ai mis une moitié dans l'obscurité , et j'ai exposé tout de suite l'autre moitié à l'action de la lumière : après avoir laissé séjourner la première pendant quinze jours dans l'obscurité , elle a été également placée à la lumière : la quantité de gaz oxigène qui s'est dégagée de la première moitié, a été à celle de la seconde , comme 16 à 7.

Je conclus de là , que, quoiqu'il puisse se former un peu de muriate sur-oxigéné de potasse, dès le commencement de l'opération , lorsque la dissolution de potasse a une certaine concentration, ce n'est , cependant , que lorsque l'acide lui - même est parvenu à une grande condensation, qu'il subit, pour la plus grande partie, le changement d'acide muriatique oxigéné, en acide sur-oxigéné , que ce changement continue avec lenteur , même lorsque le liquide ne reçoit plus d'acide muriatique oxigéné, et qu'enfin les proportions de celui qui subit ce changement , peuvent varier considérablement par différentes circonstances.

L'épreuve du nitrate d'argent n'est pas un garant fidèle, parce qu'elle peut décider elle-même le transport de l'oxigène , par l'action que l'oxide d'argent exerce sur l'acide muriatique.

Pour déterminer quelle proportion d'oxigène se trouvait combinée dans l'acide muriatique oxigéné, j'en ai exposé un volume déterminé à l'action de la lumière (1); j'en ai retiré une quantité de gaz oxigène; j'ai ensuite précipité l'acide muriatique qui était resté dans le liquide, et j'en ai reconnu la quantité, par le poids du muriate d'argent, que l'on obtient par le moyen d'une dissolution d'une quantité connue de ce métal : Chenevix prétend que le muriate d'argent indique une plus grande quantité d'acide muriatique, que celle que je lui ai attribuée; en adoptant sa correction, 100 parties pondérales d'acide muriatique se seraient combinées avec 15 parties d'oxigène. Si l'on répétait cette expérience, en s'assurant que tout l'acide muriatique oxigéné, est détruit, il me semble qu'on parviendrait à un résultat irréprochable.

La méthode que Chenevix a préférée, me paraît, au contraire, avoir des inconvénients qu'il est difficile d'éviter : il a reçu une quantité d'acide muriatique oxigéné, dans une solution alcaline, qu'il a ensuite fait évaporer; et il a jugé de la proportion d'oxigène, par celle du muriate sur-oxigéné qu'il a obtenu, en supposant que l'acide muriatique oxigéné avait subi en entier

______

(1) Mém. de l'Acad. 1785.

2.

le changement, par lequel se forment le muriate, et le muriate sur-oxigéné de potasse ; mais dans l'évaporation qu'il a fait subir au liquide, il s'est dégagé indubitablement une portion d'acide muriatique oxigéné, et une autre portion a dû se décomposer, d'où vient qu'il a obtenu quelques pouces d'un gaz qu'il a pris pour l'air dilaté des vaisseaux. Cependant il trouve une proportion d'oxigène ; qui est de 0,19, et il fait monter celle du muriate sur-oxigéné, qui se forme à 16 contre 84 de muriate ; mes expériences me donnent une proportion un peu plus faible de muriate sur-oxigéné ; je crois donc qu'il faut s'en remettre à de nouvelles observations, pour faire disparaître ces légères différences.

La proportion d'oxigène qui se trouve dans le muriate sur-oxigéné de potasse, est déterminée avec moins d'incertitude : les expériences que j'ai publiées, ainsi que celle de Chenevix, la fixent à-peu-près à 38 parties sur 100.

*318. La soude a aussi la propriété de former un muriate sur-oxigéné, qu'ont examiné Dolfuss et Gadolin ; mais comme sa solubilité diffère très-peu de celle du muriate de soude, il est difficile de les séparer ; Chenevix l'a fait cristalliser par l'alcool, en réitérant l'opération plusieurs fois, parce que le muriate de soude a aussi la propriété de se dissoudre dans ce liquide ; ce muriate sur-oxigéné, d'après son observation, cristallise en cubes, ou en rhomboïdes peu différents du cube ; c'est sous cette dernière forme que je l'ai observé : un moyen de l'obtenir , qui m'a réussi , c'est de laisser la dissolution très - rapprochée , exposée long-temps à l'air : il me paraît probable que la température de la congélation serait propre à produire la séparation des deux sels , en fesant varier leur solubilité respective.

L'acide muriatique oxigéné se combine aussi avec les bases alcalines terreuses , et il éprouve avec elles un changement analogue à celui que lui font subir la potasse et la soude , mais avec des différences relatives à chaque espèce.

La chaux a une forte action sur l'acide muriatique oxigéné , elle en condense une grande quantité ; si l'on distille cette combinaison , il s'en dégage beaucoup d'acide muriatique oxigéné , et il ne s'en décompose qu'un peu sur la fin , de sorte qu'il passe alors une petite quantité de gaz oxigène : le résidu qu'on n'a dû qu'amener à dessication , ne détruit plus les couleurs végétales , mais il scintille sur les charbons ardents , avec beaucoup moins de vivacité , que ne le ferait un mélange analogue de muriate oxigéné de potasse : il n'a pas détoné par la percussion , après en avoir fait un mélange avec le soufre ; mais si dans cet état on le pousse au feu dans une cornue, il se boursouffle , et il s'en dégage beaucoup de gaz oxigène ; ce qui fait voir qu'il s'était réellement formé une proportion considérable de muriate sur - oxigéné ; cependant , je viens de remarquer qu'il scintillait faiblement sur les charbons ardents : je conjecture que cette différence vient de ce qu'il s'est fait une perte de calorique , plus grande que dans les muriates sur-oxigénés de potasse et de soude ; et , en effet , lorsque l'on reçoit l'acide muriatique oxigéné dans la potasse et la soude , il ne se dégage pas sensiblement de chaleur , mais avec la chaux , il y a une production de chaleur assez considérable.

Chenevix n'ayant pu séparer le muriate , et le muriate sur-oxigéné de chaux par la cristallisation , parce que l'un et l'autre sont deliquescents, non plus que par l'alcool , a employé , pour toutes les combinaisons semblables des bases terreuses , un moyen ingénieux : il a. mis en digestion , dans les combinaisons liquides , du phosphate d'argent , qui décompose le muriate de chaux , ainsi qu'il s'en était assuré , parce que d'une part , l'acide phosphorique se combine avec la chaux , et d'autre part , l'argent s'unit à l'acide muriatique , deux combinaisons insolubles ; la même chose a dû avoir lieu avec les muriates des combinaisons oxigénées ; cependant , je me permettrai une observation sur cette application du procédé.

Chenevix a toujours regardé ces combinaisons comme de simples mélanges de muriates et de muriates sur-oxigénés, et il les a soumises à son épreuve, sans leur faire subir l'action de la chaleur : or, dans cet état, il y a un grand excès d'acide muriatique oxigéné peu condensé, qui doit jeter beaucoup d'incertitude dans le résultat.

Il faut remarquer que dans l'application aux procédés des arts, tout l'oxigène qui s'est condensé dans l'état de muriate sur-oxigéné, devient inutile, et qu'il n'y a que l'acide muriatique oxigéné qui conserve son caractère, qui soit efficace ; mais les bases alcalines produisent à cet égard, des effets différents : les unes facilitent plus que les autres la transmutation en acide muriatique sur-oxigéné ; elles condensent inégalement l'acide muriatique oxigéné, sans le dénaturer ; elles prennent aussi une quantité variable d'acide muriatique, en rendant l'état élastique à une portion de l'oxigène ; ainsi la baryte absorbe une grande quantité d'acide muriatique oxigéné, mais comme elle en sépare beaucoup de gaz oxigène, il ne se forme qu'une petite proportion de muriate sur-oxigéné avec cette base.

Lorsque l'ammoniaque entre en contact avec le gaz muriatique oxigéné, une partie est décomposée, et l'autre entre en combinaison avec l'acide muriatique ; il se dégage de la lumière, et il se produit une quantité d'eau, dont par-là, on peut rendre facilement la formation sensible, ainsi que l'a fait voir Fourcroy. Dans l'acide muriatique oxigéné , la décomposition d'une partie de l'ammoniaque a également lieu , son azote se dégage avec l'apparence d'une effervescence , et une autre partie est préservée de la décomposition , par sa combinaison avec l'acide muriatique ; alors , au lieu de lumière , il ne se dégage que de la chaleur.

Van Mons a formé , par le moyen d'une température très-basse , une combinaison d'ammoniaque avec l'acide muriatique oxigéné , ou un muriate sur - oxigéné d'ammoniaque ; d'autres chimistes n'ont point réussi en répétant cette expérience.

Chenevix a produit cette combinaison , en décomposant un muriate sur - oxigéné , à base alcalino - terreuse , par le moyen du carbonate d'ammoniaque ; mais il n'a pu l'isoler , et l'on peut conserver quelque doute sur l'état dans lequel se trouvaient les substances ; l'acide sur-oxigéné a pu retenir une portion de la base , pour former une combinaison triple qui servait à maintenir l'ammoniaque.

319. L'oxigène paraît , non - seulement retenir dans le muriate sur - oxigéné de potasse et de soude , tout le calorique qu'il a dans l'état de gaz , mais il a des propriétés qui pourraient faire conjecturer qu'il en possède même une plus grande quantité ; si on fait subir au premier sel un frottement brusque , il s'en élance des étin-

célles lumineuses, et il s'en dégage un peu de
gaz oxigène : l'acide sulfurique concentré le fait
détoner avec des jets de lumière ; ce qui appuie
cette conjecture, en attendant qu'elle ait été
soumise à l'épreuve du calorimètre, c'est que
lorsqu'on forme les muriates sur-oxigénés, en
combinant promptement une grande quantité
de gaz muriatique oxigéné, avec la potasse ou
la soude, il ne se dégage pas sensiblement de la
chaleur, ainsi que je l'ai déjà remarqué, et cependant la partie la plus considérable de la potasse entre en combinaison avec une proportion
correspondante d'acide muriatique, et devrait
produire par là beaucoup de chaleur, si le calorique n'était absorbé par l'autre combinaison.

On apperçoit, au contraire, une chaleur assez
considérable pendant la formation du muriate
sur-oxigéné de chaux, ce qui paraît établir une
différence entre l'état de l'acide muriatique sur-
oxigéné dans les muriates sur-oxigénés : mais dans
les uns et dans les autres, l'oxigène est assujetti
par une affinité plus forte que dans l'acide muriatique oxigéné, et dans les muriates oxigénés ;
car il n'altère plus les couleurs végétales ; il n'est
plus réduit en gaz par la lumière et par une
faible chaleur ; l'acide sur-oxigéné ne précipite
plus le nitrate d'argent ni celui de plomb ; les muriates sur-oxigénés ne cèdent plus leur oxigène

aux dissolutions métalliques, lorsqu'on les mêle ensemble ; cependant, celles-ci agissent par une action lente dans laquelle l'affinité résultante se trouve enfin détruite.

L'acide muriatique sur-oxigéné, a une constitution telle, qu'il ne peut être séparé de la base qui le tient condensé, ni par la chaleur, ni par l'action des autres acides, sans se décomposer ; cependant, une partie de cet acide paraît se dégager par l'action de l'acide sulfurique, comme l'observent Fourcroy et Vauquelin (1), et elle produit alors sur les corps facilement combustibles, un effet beaucoup plus énergique que l'acide muriatique oxigéné, de sorte que le mélange de ces substances avec le muriate sur-oxigéné de potasse, s'enflamme lorsqu'on le jette dans cet acide.

Lorsque l'acide sulfurique est concentré, son action sur le muriate sur-oxigéné de potasse, produit une détonation vive, et qui a été décrite d'abord par Pelletier ; si l'on emploie un acide sulfurique qui soit assez faible pour que l'opération puisse se faire à une chaleur modérée et sans danger, il passe à la distillation une liqueur jaune qui détruit les couleurs végétales, qui a une odeur particulière, laquelle a de l'analogie

(1) Mém. de l'Inst. tom. II.

avec celle de l'acide nitrique rutilant ; en même-temps il se dégage une quantité considérable de gaz oxigène. On peut regarder ce liquide comme un composé d'acide muriatique, d'acide muriatique oxigéné, et, conformément à l'opinion de Chenevix, elle contient une portion d'acide muriatique sur-oxigéné qui n'a pas été décomposé, mais elle n'a rien de constant dans sa composition, dans laquelle les proportions varient selon les circonstances de l'opération.

L'acide nitrique produit des phénomènes peu différents : avec l'acide muriatique, l'acide sur-oxigéné paraît se changer entièrement, ou pour la plus grande partie, en acide muriatique oxigéné.

Lorsque l'acide muriatique oxigéné agit sur les métaux « il n'y a point de décomposition de » l'eau, point de dégagement de gaz hydrogène, » et par conséquent point d'effervescence ; ainsi, » le fer et le zinc, qui, d'ailleurs, ont la pro-» priété de décomposer l'eau sans le secours » d'une autre affinité, se dissolvent paisible-» ment dans l'acide muriatique oxigéné, parce » que cet acide leur cède l'oxigène dont ils ont » besoin, et le résultat est le même que si on » eût fait usage d'acide muriatique ordinaire (1) ».

Ce sont donc des muriates métalliques que

(1) Séances des Ecol. Norm. tom. IV.

l'on forme avec l'acide muriatique oxigéné, et
non des muriates sur-oxigénés , ce que Chenevix
a confirmé, et lorsqu'on les distingue par la dénomination d'oxigéné , cette désignation ne doit
se rapporter qu'à la grande oxidation du métal;
mais Chenevix a fait connaître de véritables
muriates sur-oxigénés métalliques : je ferai usage
de ses expériences intéressantes en traitant des
métaux.

320. Les propriétés que présente l'acide muriatique oxigéné doivent se déduire de son état de
combinaison ou de l'action de l'oxigène , et de
celle qu'il éprouve lui-même du calorique. Il se
combine avec les bases alcalines qui le condensent,
mais l'oxigène est faiblement retenu par cette
combinaison, et en forme facilement d'autres
qui lui sont particulières, en abandonnant l'a-
cide muriatique.

L'oxigène s'accumule avec une partie de l'acide
muriatique, dans une proportion qui est déterminée par la plus forte condensation réciproque;
alors il forme les muriates sur-oxigénés ; il
éprouve une action plus énergique des alcalis :
il est plus fortement retenu dans leur combinaison , et il résiste davantage à l'action des
autres substances , à moins que l'affinité résultante ne soit détruite.

Lorsque cet effet arrive, soit par l'action d'un
acide très-concentré, ou par celle de la chaleur;

ou l'acide est décomposé par l'expansion qui sur-
vient et qui est accrue par le dégagement du
calorique, ou son oxigène entre tout de suite en
combinaison, en produisant les effets qui accompagnent une combustion prompte et vive.

La compression décide encore la combinaison
de l'oxigène avec les substances inflammables,
en procurant un contact plus intime entre ces
substances et lui; mais il faut distinguer, avec
Fourcroy et Vauquelin, les effets de la détonation et ceux de l'inflammation; pour que les
premiers aient lieu, il faut que le gaz qui se
dégage éprouve une compression, un obstacle
à sa dilatation; si cet obstacle manque, l'on n'a
qu'une inflammation (*Note XXI*)

CHAPITRE IV.

De l'acide nitro-muriatique.

321. On donne au mélange d'acide nitrique
et d'acide muriatique, le nom d'acide nitro-
muriatique, non pour désigner une substance
particulière, mais une propriété féconde en
effets, qui appartient au mélange de ces deux
acides, et qui est une conséquence de celles que
nous avons déjà reconnues dans l'acide nitrique,
et de la faible tendance qu'a l'acide muriatique

à se combiner avec l'oxigène, pour former l'acide muriatique oxigéné.

Lors donc qu'on mêle l'acide nitrique et l'acide muriatique, on voit bientôt une effervescence s'établir, et le liquide se colorer : on a cru qu'il se formait dans le liquide, de l'acide muriatique oxigéné, par lequel on a cherché à expliquer les propriétés nouvelles du mélange ; mais le gaz qui se dégage est de l'acide muriatique oxigéné, et c'est le gaz nitreux qui se forme par la cession de l'oxigène à une partie de l'acide nitrique qui colore le liquide (1) : on peut l'en chasser par le moyen d'une base alcaline. On voit donc que l'acide nitrique, qui a une forte tendance à se combiner avec le gaz nitreux, tendance que possède aussi, à un moindre degré, l'acide muriatique (304), détermine principalement la formation du gaz nitreux, pendant que l'oxigène qui en est séparé se combine avec une partie de l'acide muriatique et s'exhale : cet effet cesse lorsque l'acide nitro-muriatique se trouve saturé de gaz nitreux ; de là vient que si l'on se sert pour le mélange, d'acide nitrique déjà chargé de gaz nitreux, l'effet est plus petit, et qu'il se dégage beaucoup moins de gaz muriatique oxigéné, dont la quantité correspond à celle du gaz nitreux

(1) Mém. de l'Acad. 1785.

gaz nitreux qui est produit : la vapeur nitreuse
est aussi condensée immédiatement par l'acide
muriatique, et il ne se forme pas alors de l'a-
cide muriatique oxigéné; lorsqu'on emploie de
l'acide nitrique incolore, la couleur foncée que
prend l'acide nitro-muriatique ne dépend donc
que du gaz nitreux qui s'est produit et s'est
condensé.

Si l'on mêle le gaz nitreux avec le gaz muriatique oxigéné sur le mercure, ou sur très-peu
d'eau, le gaz nitreux peut agir indépendamment de l'eau, sur l'oxigène faiblement retenu
par l'acide muriatique ; l'acide muriatique
oxigéné est détruit, et la vapeur nitreuse et
rutilante succède; mais si le mélange se fait
sur une quantité suffisante d'eau, la vapeur
nitreuse se dissout dans cette eau, ainsi que
l'acide muriatique; ils forment de nouveau de
l'acide nitro-muriatique, sans qu'il y ait aucun
dégagement de gaz muriatique oxigéné, et sans
qu'il en soit produit : on obtient donc ici des
résultats même opposés de l'action réciproque
de différentes substances, par une seule circonstance qu'on néglige si souvent, par le
seul changement dans la proportion de l'eau
dont l'action intervient plus ou moins fortement
selon sa quantité.

Humboldt a prétendu que l'acide muriatique
oxigéné qui absorbe le gaz nitreux, en séparait

le gaz azote, qu'il pensait s'y trouver mêlé dans la proportion de 14 sur 100; mais si cette expérience se fait avec les soins convenables, on parvient à n'avoir pas plus de $\frac{1}{100}$ de résidu (1); ce qui confirme que le gaz azote n'existe pas, comme substance isolée, dans le gaz nitreux qui est formé par les moyens ordinaires, et recueilli sans négligence.

322. Les observations précédentes suffisent pour rendre raison de l'action de l'acide nitro-muriatique sur les métaux, soit qu'il soit composé par le simple mélange de l'acide nitrique et de l'acide muriatique, soit que l'on fasse entrer dans le mélange, des sels qui contiennent l'un ou l'autre acide ; alors un métal agit sur l'oxigène de l'acide nitrique pour se combiner avec l'acide muriatique, sans qu'il ait besoin de décomposer l'eau pour s'oxider, ou de trouver l'acide muriatique oxigéné tout formé.

Ce n'est point l'acide muriatique oxigéné qui s'est produit, qui contribue à ces effets, puisqu'il s'exhale; ce n'est pas non plus le gaz nitreux; il est également éliminé par l'action du métal, mais c'est le concours de l'action du métal, de l'acide muriatique et de l'oxigène de l'acide nitrique, qui produit la dissolution, et qui forme les propriétés distinctives de l'acide nitro-muriatique.

(1) Ann. de Chim. tom. **XXXIX.**

L'on a eu raison de remarquer que l'on produisait, par l'acide nitro-muriatique, des muriates métalliques ; car l'affinité de l'acide muriatique pour les métaux, lorsqu'ils sont très-
oxidés, étant beaucoup plus considérable que
celle de l'acide nitrique, c'est lui qui doit particulièrement être considéré comme formant la
combinaison métallique ; cependant je n'adopte
pas la conclusion, qu'il faut bannir les nitro-
muriates de la nomenclature ; l'acide nitrique
exerce aussi une action sur le sel métallique,
il en diminue la disposition à cristalliser, et il
porte son énergie dans les circonstances où l'on
fait usage des nitro-muriates : il se produit quelquefois de l'ammoniaque pendant son action
sur le métal ; cette action continue long-temps
à opérer des changements dans la dissolution ;
la nomenclature avertit de ces différences par
la désignation des nitro-muriates.

L'acide nitro-muriatique exerce un genre d'action qui demande beaucoup d'attention, parce
qu'il diffère essentiellement, selon les circonstances, et qu'il peut servir à expliquer plusieurs
faits analogues que présente l'observation chimique.

L'action réciproque des deux acides produit
d'abord deux nouvelles combinaisons, mais elle
parvient à un terme de saturation : que l'on
change les circonstances, sur-tout la proportion

de l'eau, les nouvelles combinaisons peuvent être ramenées à l'état primitif.

Une base alcaline, ajoutée à l'acide nitro-muriatique, qui a pris une couleur foncée, se combine simplement avec les deux acides en leur fesant abandonner le gaz nitreux : une substance qui a une forte action sur l'oxigène, décompose l'acide nitrique qui n'agit plus que par ses affinités élémentaires ; alors l'acide muriatique n'a pas d'influence ; mais si cette substance est métallique ; les deux acides exercent une action très-différente ; le muriatique contribue à la formation de l'oxide par une force résultante ; le nitrique n'agit presque que par ses affinités élémentaires, et c'est au moyen de sa destruction que la nouvelle combinaison métallique se forme.

NOTES DE LA IIe SECTION.

NOTE XXI.

Les détonations qu'on peut produire, ont entre elles, et avec l'inflammation des substances combustibles, des rapports qui méritent d'être examinés.

Les détonations qui se produisent facilement, ont lieu soit par une élévation de température, soit par la compréssion ou la percussion; elles sont l'effet d'une combinaison qui est produite; mais comme la compression nécessaire ne peut exciter un degré de chaleur qui approche de celui qu'il faudrait employer pour produire la détonation, on ne doit pas attribuer les effets qui sont produits à la seule action du calorique : le rapprochement des parties, qui sont près du terme où elles doivent se combiner, augmente l'action de leur affinité; il favorise donc leur combinaison : en même temps le calorique, qui est sollicité à se dégager par ce rapprochement, est favorable à la production des substances gazeuses qui peuvent se former, et passe en partie en combinaison avec elles : l'excès qui résulte des combinaisons qui se forment par cette double action, élève la température, et tend à dilater proportionnellement les substances gazeuses : de là, les effets de la détonation. J'ai expliqué (177) comment la chaleur, portée dans un gaz, pouvait, par la compréssion qu'elle causait, produire sa combinaison avec un autre gaz; mais je me propose d'examiner ici quelle est la différence de l'inflammation avec la détonation ou la fulmination, et quelles sont les dispositions et les circonstances qui déterminent l'une plutôt que l'autre. Ces dispositions doivent être considérées, et dans l'oxigène qui est la source ordinaire du calorique qui se dégage, et dans les corps inflammables.

L'oxigène doit se trouver condensé, et cependant avoir retenu une grande partie de son calorique; c'est dans cet état qu'il est dans les nitrates, dans les muriates sur-oxigénés, dans les oxides d'or, d'argent, de mercure, et peut-être dans celui de platine; voilà donc les substances qui peuvent fournir l'oxigène dans l'état le plus convenable aux détonations.

« Les oxides d'or, d'argent et de mercure se sont
» trouvés, dit Van Mons (1), tenir le premier rang
» parmi les substances fulminantes : le muriate oxigéné
» de potasse ne donne pas des effets aussi constants que
» ces oxides ».

Si cependant un nitrate a pour base l'oxide de ces mé.
taux, la tendance de l'oxigène de l'acide nitrique à se
combiner avec une substance inflammable , secondée de
celle de l'oxigène qui se trouve dans l'oxide métallique,
peut le rendre très-propre aux détonations ; ainsi Brugnatelli et Van Mons en ont produit avec ces nitrates com-
primés avec le phosphore et le soufre , mais sur-tout avec
le phosphore ; les autres nitr. 'es à base métallique, ont
aussi produit cet effet ; ce qui ne doit pas surprendre,
puisque le nitrate de potasse a aussi cette propriété.

Les substances inflammables sont d'autant plus propres
aux détonations , que d'une part , elles ont une plus
grande disposition à se combiner avec l'oxigène , et que
de l'autre, elles en ont à produire une substance élastique ;
ainsi l'hydrogène se trouvant très-condensé , et cependant
retenu par une faible affinité dans l'ammoniaque , il doit
être, par la grande action qu'il exerce sur l'oxigène, très-
disposé à produire des détonations , en formant de l'eau
qui entre en expansion, au moyen du calorique, qui est
principalement éliminé de l'oxigène : le charbon doit être
moins propre à cet effet , parce qu'il s'enflamme plus
difficilement , et parce qu'il se dégage moins de calorique
dans la formation de l'acide carbonique : le soufre qui s'enflamme plus facilement , qui dégage beaucoup plus de calorique , et qui forme l'acide sulfurique , lequel , à une
haute température se réduit en vapeurs , doit produire
plus facilement des détonations que le charbon , et elles

(1) Ann. de Chim. tom. XXVII.

seraient plus violentes, si l'acide n'était souvent fixé par sa base; enfin, le phosphore, qui est beaucoup plus facilement combustible, doit détoner beaucoup plus facilement, et c'est ce que Brugnatelli et Van Mons ont éprouvé ; mais il y a une observation à faire relativement au phosphore, parce que les combinaisons qu'il forme ont une fixité qui ne doit leur permettre que très-difficilement de prendre l'état gazeux. Van Mons a fort bien remarqué qu'une partie du mélange avec le phosphore devait échapper à la combustion pour produire l'effet nécessaire par sa propre dilatation. « Chaque fois, dit-il, que j'ai frappé ou » percuté les mélanges susdits avec un marteau échauffé, » j'ai toujours obtenu un effet détonant plus faible, mais » une plus forte inflammation, et lorsque le marteau était » trop échauffé, il m'est arrivé de ne point produire » du tout de détonation ou de bruit. C'est une observa- » tion que j'avais déjà faite avec le muriate oxigéné de » potasse, et qui me paraît expliquer la manière dont » le phénomène détonant s'opère. Le choc à froid, en » comprimant fortement la matière, et peut-être en exci- » tant quelque chaleur, opère une demi-combustion du » phosphore, et par conséquent un emploi seulement partiel » de l'oxigène, dont la portion non fixée par le com- » bustible produit le bruit en prenant l'état élastique ; à » une température fort élevée, les choses ne se passent » plus de la même manière : tout l'oxigène se consume » à-la-fois pour brûler le combustible, et de là la plus » forte inflammation, et point de détonation ».

Sans exclure l'action de l'oxigène, dont une partie se dégage probablement sans entrer en combinaison, par l'effet de la haute chaleur qui est excitée soudainement ; il me semble qu'il faut attribuer la plus grande partie de l'effet à la dilatation qu'éprouve le phosphore lui-même, puisque, comme l'observe Van Mons, il s'échappe toujours, dans la percussion, les parties de phosphore qui n'ont pas éprouvé la combustion, et dont il avertit de se garantir; il a même éprouvé que le phosphore seul pouvait détoner lorsqu'on lui fesait subir une forte percussion ; mais si tout le phosphore entre en combinaison avec tout l'oxigène, il y a, selon son observation , une inflammation beaucoup plus vive , et point de détonation; ce qui confirme bien que celle-ci exige la production soudaine d'une substance qui prend l'état élastique , conformément à ce qui a été exposé.

Si l'on examine les détonations produites par le choc, sur lesquelles Fourcroy et Vauquelin ont donné des observations curieuses (1), on voit que parmi les métaux , ce sont ceux qui ont une disposition à se volatiliser, et par conséquent à se réduire en gaz, qui produisent ces détonations avec le muriate sur-oxigéné de potasse; ce sont le zinc, l'antimoine et l'arsenic ; le sulfure de fer a aussi cette propriété, mais il la doit à la grande proportion du soufre qui s'y trouve : ces chimistes remarquent que le mélange de soufre et de charbon détone plus fortement que le soufre seul; ce qui doit être en raison de l'acide carbonique que le charbon peut former ; mais le soufre facilite et commence l'effet, comme dans la poudre (314) : ils ont observé que ceux de ces mélanges qui sont le plus facilement inflammables, produisent une flamme vive , lorsqu'on les jette dans l'acide sulfurique , mais sans détonation; ils expliquent très-bien la différence de cet effet par la combustion , qui, se fesant sans résistance, n'est pas accompagnée de l'effort produit par le dégagement d'un gaz dans la percussion.

Toutes ces détonations , comparées à l'inflammation , sont donc un effet analogue à celui qui est produit par la

____

(1) Mém. de l'Inst.

simple combustion du gaz hydrogène, lorsqu'il brûle tranquillement avec le gaz oxigène qui est en contact avec lui, ou lorsque le mélange fait préalablement, détone en formant instantanément la vapeur de l'eau élevée à une haute température, d'où vient une percussion vive et soudaine; dans la combustion ordinaire du charbon, l'effet est successif, et l'acide carbonique qui se produit n'est pas élevé à une température aussi haute.

Il faut donc, pour que les détonations aient lieu par la percussion ou par l'élévation de température, qu'il y ait dans une combinaison ou dans un mélange, de l'oxigène condensé, mais pourvu de son calorique, et une substance inflammable : les conditions qui favorisent cet effet, sont : 1°. la faible adhérence de l'oxigène à la base qui le tient condensé ; 2°. la forte tendance de la substance inflammable à se combiner avec l'oxigène; 3°. la grande quantité de calorique qui est exclue par la combinaison ; 4°. la volatilité d'une combinaison.

La rapidité de l'explosion contribue aussi beaucoup aux effets de la détonation, et donne l'explication des différences qui se trouvent entre eux ; une grande rapidité dans l'effet d'une petite quantité de gaz qui se produit, cause la rupture des parois qui résisteraient au dégagement plus lent d'une quantité beaucoup plus considérable de fluide élastique, et cependant cette détonation produit peu d'éclat dans le bruit, comme l'observe Howard (1) : une poudre fulminante qui brise les parois qui la contiennent, n'aurait qu'un très-petit effet, si son gaz trouvait peu de résistance pour entrer en expansion : j'ai pu décomposer dans une cornue de verre sept grains d'or fulminant, qui, renfermés dans un tube métallique très-fort, mais beaucoup plus petit, l'auraient fait éclater (2). Une observation de

____

(1) Bibl. Britan. tom. XVI.
(2) Mém. de l'Acad. 1785.

Howard fait bien voir que cette rapidité d'action est une cause beaucoup plus puissante des effets produits dans un espace resserré, que l'élévation de température qui pourrait augmenter la dilatation du gaz; il a fait détoner un mélange de la poudre fulminante de mercure, qu'il a couverte de poudre à canon, et celle-ci n'a pas détoné.

C'est cette rapidité d'action qui fait la principale différence que l'on observe entre la poudre faite avec le muriate sur-oxigéné de potasse, et la poudre ordinaire; car la quantité de gaz qui se dégage dans la détonation de la dernière, doit être plus considérable, vû le gaz azote; mais l'effet est beaucoup plus rapide avec la première dans laquelle l'oxigène passe plus facilement en combinaison; de là vient qu'elle fait éclater facilement les armes, qu'elle détone par une percussion beaucoup plus légère que celle qui serait nécessaire à la poudre ordinaire, et qu'elle se rapproche, par ces propriétés, de l'or, de l'argent et du mercure fulminant.

Ainsi, les effets tranquilles de la simple oxigénation, qui n'a quelquefois d'autres indices sensibles que ceux qui dépendent des propriétés de la combinaison qui s'est formée, tiennent, par une gradation non interrompue, aux phénomènes les plus éclatants; si les mêmes forces qui la produisent ont une plus grande intensité, ou si les circonstances en favorisent l'énergie, l'oxigénation est remplacée par la combustion, et celle-ci par la détonation: les effets mécaniques de la dernière sont dûs à la tension des combinaisons qui se forment, et qui est accrue de toute l'action du calorique mis en liberté.

SECTION III.

DES ACIDES TERNAIRES.

CHAPITRE PREMIER.

Des acides communément désignés par la dénomination d'acides végétaux.

3a3. La combinaison de l'oxigène avec le carbone et l'hydrogène, nous a donné le gaz hydrogène oxi-carburé, dont les propriétés dominantes dépendent de la tendance à la combinaison avec une plus forte proportion d'oxigène.

Il est un grand nombre d'autres combinaisons fixes, qui sont dues à la réunion de ces trois éléments; celles dans lesquelles les propriétés de l'oxigène dominent, forment une classe nombreuse d'acides, qui pourraient n'être regardés, si l'on ne portait son attention que sur les rapports de composition, que comme une modification du même acide; mais chacun d'eux a une existence assez marquée par sa stabilité et par ses propriétés : cependant il y a un terme où cette division doit s'arrêter.

Comme cette combinaison ternaire peut se former souvent dans les végétaux, on a distingué ses variétés par le nom d'acides végétaux; mais l'art chimique est parvenu à produire la plupart de ces acides, en prenant le carbone et l'hydrogène dans l'état de division et de condensation où ils se trouvent dans plusieurs substances, et à les transformer mutuellement par l'action de l'oxigène, également condensé dans une faible combinaison ; on peut donc, indépendamment de leur origine ordinaire, considérer les propriétés de ces acides, près des combinaisons binaires pareillement acides, quoiqu'elles aient une origine différente.

Ces circonstances ont porté à comparer les acides dûs à la combinaison de l'oxigène avec le carbone et l'hydrogène, aux modifications qu'éprouvent les acides selon les proportions d'oxigène et d'azote, ou de soufre et de phosphore, qui entrent dans leur composition, et selon l'état plus ou moins condensé dans lequel l'oxigène s'y trouve; mais l'introduction d'un troisième élément, qui peut varier lui-même par sa condensation, et sa quantité, rend ces modifications plus nombreuses et plus difficiles à déterminer ; d'ailleurs, nous verrons que cette supposition sur la composition des acides ternaires, qui est propre à repré-

senter les principes d'action qu'ils renferment,
n'est pas exactement conforme à ce que l'observation nous apprend sur l'état de leurs éléments.

J'examinerai, dans ces acides, les propriétés distinctives par lesquelles ils contribuent aux effets
chimiques, et je tâcherai de trouver dans les
proportions de leurs éléments, et sur-tout dans
leur constitution particulière, les raisons de
leurs différences caractéristiques, de leur production et de leur décomposition.

324. Les acides dont il est question, sont le
malique, le tartareux, le citrique, l'oxalique,
le saccolactique, le gallique, l'acétique, le bén-
zoïque, le succinique, auxquels on peut joindre
le camphorique, le subérique, le pyro-tartareux,
le pyro-muqueux, le pyro-ligneux, le fourmique
et probablement plusieurs autres, qui présente-
raient des propriétés un peu distinctes par quelques différences dans les proportions ou dans l'état
des éléments : j'ai déjà remarqué ailleurs qu'une
division trop minutieuse des propriétés acides
n'était qu'un luxe peu avantageux à la science ;
elle établirait des distinctions qui seraient inutiles, parce qu'elles ne serviraient qu'à indiquer
des propriétés dont les petites différences doivent
être négligées, pendant qu'il reste à la chimie un
champ si vaste et si fécond à moissonner ; mais
il est plusieurs de ces acides qui exigent une
attention particulière par leurs propriétés, par

le jour qu'ils répandent sur plusieurs phénomènes chimiques, et par leurs usages dans les
arts.

Pendant que ces acides conservent leur constitution et qu'ils agissent par une affinité résultante, ils doivent être considérés chacun
comme une substance simple : sous ce rapport,
ils diffèrent principalement entre eux par leur
volatilité, par leur capacité de saturation, et
par la propriété de former des sels plus ou
moins solubles, avec les différentes bases alcalines et métalliques.

Les uns sont donc volatils, et peuvent passer
à la distillation sans se décomposer ; les autres
ne peuvent supporter cette opération sans éprouver de décomposition, et doivent être considérés comme fixes, puisque leur affinité résultante cesse, dès que l'union de leurs éléments
est rompue : de cette disposition dérivent les différences qui dépendent de la volatilité et de la
fixité, soit entre eux, soit lorsqu'ils sont comparés avec d'autres acides qui ont une volatilité
ou une fixité différente, et il faut leur appliquer tout ce qui a été exposé sur les effets
d'une différence dans la disposition élastique.

Relativement à la capacité de saturation, il
y a une grande différence entre ces acides :
l'acide oxalique paraît l'emporter, à cet égard,
sur tous les autres ; cependant, on n'a encore

qu'un si petit nombre de faits établis avec une exactitude suffisante, qu'on ne doit regarder les connaissances qu'on a sur cet objet, que comme des apperçus qui attendent des déterminations plus précises : l'acide citrique seul a été examiné avec quelque précision par Vauquelin(1), et je vais rappeler les résultats de ses expériences.

Selon les résultats de Vauquelin, 100 parties de citrate de potasse contiennent 55,55 d'acide, et 45,45 de potasse ; le citrate de soude 60,7 d'acide, et 39,3 de soude ; le citrate d'ammoniaque, 62 d'acide, et 38 d'ammoniaque, (je remarquerai que la soude et l'ammoniaque suivent d'autres rapports de quantité avec tous les autres acides.) Le citrate de baryte, parties égales d'acide et de baryte ; le citrate de chaux 37,34, et 62,66 d'acide : selon Proust, ce dernier citrate est formé à-peu-près de 30 de chaux, et de 70 d'acide (2).

325. La propriété par laquelle les acides ternaires contribuent le plus aux phénomènes chimiques, et qui est le plus mise en usage, c'est celle de former des sels solubles ou insolubles avec les différentes bases alcalines, et de servir par la combinaison de ces propriétés à produire les séparations dont on a besoin pour recon-

(1) Syst. des Conn. Chim. tom. VII.
(2) Journ. de Phys. tom. LII.

naître la composition des différentes substances.

On retrouve dans ces propriétés comparatives les rapports que j'ai observés entre les dispositions des substances qui forment ensemble une combinaison (197). L'acide citrique, et sur-tout l'acide tartareux, et l'oxalique, qui ont naturellement une force de cohésion qui les fait cristalliser, et qui exigent une quantité d'eau plus ou moins grande pour prendre l'état liquide, forment des sels insolubles avec les bases terreuses, et avec les oxides métalliques; ce qui leur a fait attribuer une affinité supérieure avec ces bases à celle de quelques autres acides qui peuvent cependant avoir une capacité de saturation plus grande.

Schéele dit, à la vérité, que l'acide citrique ne précipite pas les dissolutions de plomb, de mercure et d'argent; mais quelques essais de Vauquelin paraissent prouver qu'il forme des sels insolubles avec plusieurs oxides métalliques, lorsqu'il n'éprouve pas de décomposition et qu'il n'est pas en excès.

L'acide saccolactique lui-même, qui paraît n'avoir qu'une très-faible acidité ou capacité de saturation, mais qui a peu de solubilité, forme des sels cristallisables avec la potasse et la soude, et des sels insolubles avec la chaux, la magnésie, la baryte, et sans doute avec la strontiane, et il précipite ces bases terreuses de leur dissolution ; il agit de même avec plusieurs sels métalliques ; il les précipite même tous, si on les emploie dans l'état neutre, pour éviter l'action d'un excès d'acide.

Au contraire, l'acide acétique forme des sels plus ou moins solubles avec les bases alcalines, et avec les oxides métalliques. L'acide malique a des propriétés intermédiaires.

326. Schéele s'est servi, avec la sagacité qui le caractérisait, de la différence de solubilité des acides et de leurs combinaisons, pour séparer ceux qui se trouvent dans les sucs végétaux dans lesquels plusieurs sont confondus entre eux et avec d'autres substances. Il n'est pas inutile, pour les jeunes chimistes, de remarquer les procédés de cet excellent modèle, et de faire voir, par un nouvel exemple, comment les propriétés des combinaisons se lient à celles de leurs éléments.

Pour séparer l'acide citrique des substances mucilagineuses avec lesquelles il est mêlé dans le suc de citron, Schéele forme un citrate calcaire qui se précipite ; il s'est servi du même procédé pour séparer l'acide tartareux du tartrite acidule de potasse ; mais le citrate et le tartrite de chaux qui sont insolubles dans l'eau, cèdent facilement à l'action des acides, et s'en laissent dissoudre : il n'en est pas de même du sulfate de chaux ; quoiqu'il ait un peu de solu-

bilité dans l'eau, il oppose à l'action des acides
une force de cohésion plus considérable, et il
leur résiste, à moins que ces acides ne soient
énergiques et très-condensés : la différence de
solubilité est encore plus grande, à une température élevée, telle que celle qu'on emploie
pour cette opération.

Si donc l'on mêle de l'acide sulfurique au
citrate ou au tartrite de chaux, il se forme et
se sépare du sulfate de chaux, qui se substitue
aux sels qui étaient solubles par un excès d'acide.

Si au lieu de précipiter le tartrite acidule de
potasse par la chaux, on se sert de carbonate
de chaux, il n'y a que la partie de l'acide qui
passe l'état neutre, qui puisse éliminer l'acide
carbonique ; de sorte que l'acide tartareux se
partage entre la chaux, dégagée de l'acide carbonique pour former avec elle un sel insoluble,
et entre la potasse qui forme du tartrite de potasse. L'oxide de plomb a produit le même effet
dans les expériences de Rouelle (1).

Il faut remarquer que dans la préparation de
l'acide citrique, il est plus avantageux qu'il se
trouve un petit excès d'acide sulfurique, que
s'il se trouvait un excès de chaux ; le premier
est séparé facilement de l'acide citrique, au
moyen de la forte action qu'il exerce sur l'eau,

____

(1) Hilaire Rouelle, Tableau de l'Anal. chim.

et de la force de cristallisation que possède l'a-
cide citrique, au lieu que si celui-ci retenait
un peu de chaux, l'excès avec lequel il agirait
la rendrait soluble, ce qui serait un obstacle à sa
cristallisation, comme nous l'avons vu relativement aux sels qui détruisent par leur action réciproque leur propriété de cristalliser (77).

L'acide malique ne pouvait être séparé par
ce moyen, parce qu'il ne forme pas un sel insoluble avec la chaux, et qu'il ne fait avec elle
un sel cristallisable, à ce qu'il paraît, que lorsque
la combinaison a perdu une partie de son acide;
mais celle qu'il produit avec l'oxide de plomb est
insoluble. Schéele a donc formé un malate de
plomb : ce malate se trouve dans le même cas
que le citrate et le tartrite de chaux ; son insolubilité ne résiste pas à l'action des acides :
on le décompose donc, et l'on en sépare l'acide
malique par le moyen de l'acide sulfurique,
qui produit un sulfate qui est insoluble dans les
acides.

L'oxalate de chaux a beaucoup plus de force
de cohésion que le tartrite et le malate : cette différence a obligé Schéele à employer un autre
procédé, lorsqu'il a voulu séparer l'acide oxalique, de la base alcaline avec laquelle il se trouve
dans quelques substances végétales en oxalate
acidule : il a fallu chercher un oxalate qui pût
céder sa base à un autre acide, propre à for-

avec elle une combinaison plus insoluble : l'oxalate
de baryte présente cette propriété; son insolubilité
est moins grande que celle de l'oxalate de chaux;
car la chaux produit un précipité avec l'eau qui
a séjourné sur l'oxalate de baryte; il peut même
former un oxalate acidule qui cristallise, mais
qui peut être décomposé par l'eau, comme les
sulfates acidules (203) : dans l'état neutre et solide, l'oxalate de baryte, cède plus facilement à
l'action des acides que l'oxalate de chaux ; on
peut donc, après avoir formé l'oxalate de baryte,
le décomposer par l'acide sulfurique, qui produit
avec la base un sulfate qui a au contraire une
plus grande force de cohésion que le sulfate de
chaux.

L'oxalate de chaux peut, à la vérité, être dissous par un acide, d'où vient que quelques chimistes ayant regardé l'acide oxalique comme très-
propre à décéler la chaux tenue en dissolution
par un acide, d'autres ont observé qu'il n'était
qu'un indice infidèle ; mais on en fait disparaître l'incertitude en saturant l'acidité par
l'ammoniaque, comme l'observe Darracq (1);
parce que l'excès d'acide ne se trouve plus opposé à l'insolubilité qui ne se mesure alors
qu'avec l'action de l'eau.

Cependant la force de cohésion de l'oxalate de

____

(1) Ann. de Chim. tom. **XL.**

chaux paraît trop considérable, relativement à celle du sulfate de chaux, pour qu'on puisse le décomposer par l'acide sulfurique, comme on peut le faire pour le malate et pour le tartrite de chaux, ou du moins le procédé ne donnerait qu'une décomposition incomplète et beaucoup moins avantageuse.

Le sulfate de plomb a les mêmes propriétés relativement à l'oxalate de plomb, que le sulfate de baryte, comparé à l'oxalate de baryte. Il se présente donc deux moyens de séparer l'acide oxalique de ses bases alcalines, et l'on en pourrait encore trouver de semblables. L'acide oxalique, ainsi dégagé de sa base, s'est trouvé ne pas différer de l'acide qui était connu sous le nom d'acide du sucre.

L'acide oxalique et l'acide tartareux tiennent, (199), de la force de cohésion qui leur est propre, la propriété de former des combinaisons insolubles avec les bases qui ont peu de solubilité, et avec les autres, des sels acidules qui ont beaucoup moins de solubilité que les combinaisons neutres avec les mêmes bases : l'acide produit ici un effet analogue à celui par lequel les alcalis qui ont de la solubilité précipitent les bases qui en sont dépourvues, en diminuant l'action qu'un acide exerçait sur elles, et par laquelle il surmontait l'effet de leur force de cohésion (65).

L'acide oxalique et l'acide tartareux forment donc avec la potasse, la soude et l'ammoniaque des sels qui sont beaucoup moins solubles dans l'état acidule, que lorsqu'ils sont dans l'état neutre ; mais l'acide tartareux possède cette propriété à un plus haut degré que l'acide oxalique ; le tartrite acidule de potasse exige, selon Bergman, 150 parties d'eau pour se dissoudre, pendant que l'oxalate acidule de potasse en demande beaucoup moins, et présente une différence beaucoup plus petite entre sa solubilité et celle de l'oxalate de potasse.

Le tartrite acidule de potasse tend donc à se séparer par sa force de cohésion de toutes les combinaisons où il avait acquis une plus grande solubilité, et il tend à se former dans toutes les circonstances où les éléments qui le composent, sont en présence et dans l'état liquide : on trouve dans cette propriété, 1°. la cause de la décomposition partielle du tartrite de potasse par un acide très-faible, tel que l'acide acétique, qui, par l'action qu'il exerce sur la base alcaline, affaiblit assez la force par laquelle cette base s'opposait à la séparation du tartrite acidule de potasse ; 2°. celle de la décomposition partielle du sulfate, du nitrate et du muriate de potasse par l'acide tartareux, qui produit avec la solution de ces sels auxquels il enlève une portion d'alcali, un précipité de tartrite acidule de potasse.

La soude forme avec l'acide tartareux, un acidule beaucoup plus soluble que le tartrite acidule de potasse ; de là vient que l'acide tartareux ne produit pas de précipité avec les sels à base de soude ; il est cependant très-vraisemblable que si l'expérience se fesait avec beaucoup moins d'eau, on aurait également un précipité ; mais l'ammoniaque ayant la même propriété que la potasse, l'acide tartareux enlève aussi une partie de leur base aux sels ammoniacaux, pour former du tartrite acidule d'ammoniaque.

Quoique l'oxalate acidule de potasse ait moins d'insolubilité que le tartrite acidule de potasse, l'acide oxalique a aussi, selon l'observation de Schéele, la propriété de décomposer le nitrate de potasse, et même tous les sels neutres à base de potasse et de soude ; mais pour obtenir cette décomposition, il faut employer dans un état de concentration, les solutions salines et celles de l'acide oxalique.

327. Les propriétés que je viens d'examiner appartiennent aux acides ternaires, depuis l'instant de leur formation jusqu'a leur décomposition ; elles sont dérivées de l'affinité résultante, par laquelle ils tendent à se combiner comme une substance simple, et de la disposition plus ou moins grande à prendre l'état solide, qui se combine avec celle des bases qu'on leur associe, et de la condensation qui est due à la combi-

naison. Les effets de cette condensation diffèrent
selon la capacité de saturation ; ils peuvent
encore recevoir quelques variations de la figure
qui se détermine (213), ou de quelqu'autre condition qui échappe ; de sorte que quoique les phénomènes laissent reconnaître l'action principale
des causes que je viens d'indiquer , il faut constater par l'expérience les propriétés de chaque
combinaison ; d'autant plus que , comme on
vient de le voir , une petite différence dans la
solubilité par l'eau , ou par les acides , ou dans
la force de cohésion , peut devenir efficace pour
déterminer des combinaisons, par lesquelles on
sépare différentes substances , et l'on parvient
à connaître celles qui appartiennent à un composé , ou qui se trouvent dans un mélange.

Après ces notions positives, passons à celles
que l'on peut avoir sur la composition et la décomposition de ces acides. Je les ai supposés ,
avec Lavoisier, formés de l'oxigène, de l'hydrogène
et du carbone , parce que cette supposition suffit
pour donner une idée claire de leurs propriétés générales ; cependant l'azote entre dans la composition de l'acide tartareux , selon l'observation de
Hassenfratz , et il contribue probablement à ses
propriétés distinctives : en effet , lorsque l'on
calcine , à une chaleur suffisante , le tartrite
acidule de potasse , le résidu forme un peu de
prussiate de fer avec les dissolutions de ce métal ,

et lorsqu'on le distille, le liquide acide que l'on trouve dans le récipient contient un peu d'ammoniaque (1); mais comme on n'apperçoit pas l'influence que l'azote peut avoir sur les propriétés de cet acide, je négligerai ici cet élément.

Si l'on porte son attention sur les circonstances de la formation et de la décomposition des acides ternaires, il ne suffit plus de les considérer comme une combinaison de trois éléments, qui ne varie que par leurs proportions; mais il faut les regarder comme une combinaison de l'oxigène avec une substance composée, dans laquelle les éléments se trouvent unis plus intimement; de sorte qu'ils ont tous une base qui diffère par les proportions et par la condensation; c'est ainsi que l'eau, qui est une combinaison d'oxigène et d'hydrogène condensé, s'unit au gaz oxigène, ou que le gaz oxigène se dissout dans l'eau, sans que l'on puisse regarder cette union comme si elle était due à ces éléments réunis dans un même état de condensation, et exerçant une action chimique qui n'est déterminée que par la nature de chaque substance.

Il paraît donc que, dans la plupart des acides ternaires, une substance composée de carbone,

______

(1) Tableau de l'Anal. Chim.

d'oxigène et d'hydrogène, agit par une force résultante sur l'oxigène, et devient acide en se surcomposant avec lui; cette base paraît différer dans ces acides, soit par les proportions des éléments qui la composent, soit par la constitution qu'ils y conservent; mais on ne peut former, à cet égard, que des conjectures.

Lorsque l'acide nitrique agit sur une substance végétale, le premier acide qui se forme est l'acide malique : cet acide se décompose facilement par la chaleur, et il laisse un charbon volumineux et léger, semblable à celui qu'on obtient des substances sucrées (1) : il éprouve aussi facilement une décomposition spontanée : lorsque l'acide muriatique oxigéné agit sur les substances végétales, il ne peut exercer qu'une action faible, vû son état de dilatation ; et il ne se forme, par ce moyen, que de l'acide malique; par une action un peu forte, l'acide nitrique produit de l'acide oxalique, et il est probable qu'une partie de l'acide malique qui s'était d'abord formé, prend par là le caractère de l'acide oxalique : celui-ci n'éprouve pas de décomposition spontanée ; il résiste beaucoup plus à sa décomposition par le feu, et il ne laisse dans celle-ci presque point de charbon; mais il se réduit en un liquide acide qui paraît

____

(1) Syst. des Conn. Chim.

approcher de l'acide acétique, en gaz acide carbonique, et en gaz hydrogène oxi-carburé.

On peut conclure de ces observations, que
l'oxigène est plus abondant et plus condensé
dans l'acide oxalique, que dans l'acide malique;
que ce dernier conserve en partie les propriétés
de la substance végétale, et qu'il doit plutôt être
considéré, relativement à sa composition, comme
cette substance acidifiée ou servant de base à
l'oxigène, que comme un acide résultant de
l'union nouvelle de ses trois éléments; l'action
plus forte de l'acide nitrique finit par détruire la
combinaison qui formait la substance végétale,
et l'acide oxalique, beaucoup plus puissant et
plus stable, succède à l'acide malique; de sorte
que l'acide oxalique paraît être celui de ces deux
acides ternaires dont la base conserve le moins
une existence particulière.

Quelques substances donnent, outre l'acide
malique et l'acide oxalique, celui qui a été
nommé saccolactique, parce que Schéele l'a
retiré d'abord du sucre de lait, et l'on ne connaît
pas encore les différences de composition qui
le distinguent.

Fourcroy a substitué à son nom celui d'acide
muqueux : je ne crois pas devoir adopter cette
dénomination; 1°. parce que ce n'est pas une
propriété exclusive du muqueux, de pouvoir
le former : le sucre de lait est manifestement

une substance sucrée ; 2°. parce que tout muqueux n'en produit pas ; la gomme arabique n'en donne pas, pendant que l'on en obtient beaucoup de la gomme adragant ; 3°. parce que cette terminaison en *eux*, ainsi que le remarque Chenevix, suppose la propriété de subir un changement analogue à celui qu'éprouvent l'acide sulfureux et l'acide phosphoreux, lorsqu'ils passent à l'état d'acide sulfurique et d'acide phosphorique ; ce qui n'arrive à aucun des acides que j'ai désignés comme ternaires. Ce n'est donc qu'avec une inconvenance de nomenclature que je ne désavoue pas et qui peut-être doit être rectifiée, que je conserve la dénomination de l'acide tartareux.

328. L'acide citrique et l'acide tartareux me paraissent avoir entre eux des rapports semblables à ceux que j'ai fait observer entre l'acide malique et l'acide oxalique. On n'a point encore produit d'acide citrique par le moyen de l'acide nitrique, et Schéele, en le soumettant à l'action de ce dernier acide, n'a pu former de l'acide oxalique : Fourcroy et Vauquelin sont parvenus à en obtenir une petite quantité ; mais en employant beaucoup d'acide nitrique : il n'y a encore qu'une observation très-douteuse sur la formation de l'acide tartareux par l'acide nitrique : la production de l'acide oxalique, par son intermède, paraît également ou très-difficile ou impossible.

L'acide tartareux se décompose spontanément dans l'état de tartrite acidule de potasse (1), et laisse la potasse dans l'état de carbonate, uni à une quantité notable d'huile : il se détruit facilement par l'action de la chaleur, en donnant un peu d'acide d'un autre caractère, beaucoup d'huile, d'acide carbonique, de gaz hydrogène oxi-carburé, et il laisse un charbon volumineux.

L'acide citrique résiste beaucoup plus à sa décomposition, et laisse beaucoup moins de charbon : Fourcroy, qui en a donné l'analyse, ne fait point mention d'huile : peut-être est-elle détruite par la forte chaleur nécessaire pour décomposer cet acide : peut-être en obtiendrait-on en décomposant un citrate ; mais ce qui me porte à soupçonner qu'il en entre dans la composition de cet acide, ainsi que dans celle de l'acide tartareux, c'est que je trouve dans cette position, une raison pour que l'acide nitrique, qui agit particulièrement sur l'hydrogène des substances végétales, ne puisse produire ni cet acide, ni l'acide tartareux : je remarque d'ailleurs que par la végétation un de ces acides prend facilement la nature de l'autre; ainsi Schéele a observé que les raisins, avant leur maturité, ne contenaient que de l'acide citrique, et Rouelle, ainsi que plusieurs chimistes après lui, a retiré du tartrite acidule

(1) Mém. de l'Acad. des Sciences, 1782.

de potasse, du suc des raisins qui sont dans leur maturité : l'on sait qu'il s'en dépose une quantité considérable dans les vases qui contiennent le vin. Je conjecture donc que ces deux acides analogues doivent avoir pour base une substance huileuse, dont la proportion est plus grande dans l'acide tartareux que dans l'acide malique.

329. L'acide acétique se distingue des précédents par une disposition beaucoup plus faible à prendre l'état solide, et par une plus grande volatilité ; de sorte qu'il forme, avec les bases alcalines et avec les oxides, des sels beaucoup plus solubles, et que par son élasticité il passe à la distillation sans éprouver de décomposition : par là même, il cède la place qu'il occupait dans les combinaisons, lorsqu'il est soumis à l'action de la chaleur, aux acides plus fixes, indépendamment de la capacité de saturation (155).

Priestley a observé que l'acide acétique pouvait prendre la forme d'un gaz permanent, qu'il a appelé *air acide végétal*, mais l'eau l'absorbe facilement ; et l'acide acétique peut être regardé comme une dissolution de ce gaz par l'eau dont il augmente peu la pesanteur spécifique. Lorsque cet acide est fort étendu d'eau, on peut l'en séparer par la congélation, mais seulement jusqu'à un certain point, parce qu'il finit par se congeler avec elle ; de sorte que sa concentration est limitée par cette circonstance, et qu'elle ne peut être poussée par là au terme où elle peut parvenir par d'autres moyens.

Si l'on considère la disposition élastique de l'acide acétique, et la faiblesse de son acidité, on trouvera très-probable que ses propriétés distinctives dépendent de l'état de dilatation dans lequel se trouvent l'oxigène et l'hydrogène qui entrent dans sa composition.

Cette conjecture s'appuie encore sur les circonstances de sa formation ; c'est presque toujours par l'absorption du gaz oxigène de l'atmosphère qu'il est produit, et ce gaz opposant une résistance à sa fixation, retient une partie de son élasticité, comme nous avons vu que celui qui était absorbé par les hydro-sulfures formait d'abord de l'acide sulfureux (290).

Si l'on en produit en traitant les substances végétales et l'alcool avec l'acide nitrique et l'acide muriatique oxigéné ; il peut provenir de l'oxigène qui existait dans ces substances, quoiqu'elles fussent sans acidité : lorsqu'on emploie la distillation, la dilatation qu'éprouvent les parties élémentaires peut décider la formation de l'acide acétique. Il n'est pas besoin même de la distillation, pour qu'un effet pareil puisse être produit ; il suffit qu'un acide exerce une action puissante sur une substance végétale, pour que cette combinaison puisse se produire par l'association que tendent à former ses éléments, au moyen de la chaleur qui accompagne cette action ; ainsi l'acide sulfurique détermine la formation de l'acide acétique par son action sur plusieurs substances végétales, comme l'a observé Fourcroy.

En effet, les autres acides ternaires, se changent par la distillation en acide acétique, ou en acides analogues, tels que l'acide pyro-muqueux, le pyro-tartareux, le pyro-ligneux qui diffèrent si peu de l'acide acétique, qu'il convient de les confondre dans la méthode chimique, ainsi que Fourcroy et Vauquelin l'ont prouvé : dans ce changement, une partie de la base qui forme ces acides est retenue par sa fixité, et ce qui constitue ensuite l'acide acétique, doit recevoir ce degré d'expansion qui le met en état de supporter la distillation ; mais cette considération doit rendre réservé sur les indications que l'on tire des produits d'une distillation : de ce qu'il s'y trouve un acide acétique ou un acide analogue, il n'en résulte pas, qu'il existait tout formé, dans la substance dont on le retire ; de même, lorsque l'on rectifie par la distillation un acide composé, et que l'on trouve dans celui qui est passé dans le récipient, les propriétés de l'acide acétique, il ne faut pas en conclure, sans précaution, que telle était la nature de l'acid avant la distillation.

Les mêmes chimistes ont encore fait voir récemment que l'acide fourmique n'est qu'un mélange d'acide acétique et d'acide malique (1).

Les autres acides ternaires peuvent non-seulement être changés en acide acétique, lorsque par l'action de la chaleur, ils abandonnent une partie de leur charbon, et que leurs éléments qui résistent moins à cette action, se séparent en se volatilisant ; mais le même changement peut avoir lieu par l'action d'un oxide métallique ; ainsi, lorsque l'on traite l'acide oxalique avec le manganèse très-oxidé, il éprouve une décomposition dans laquelle il se forme de l'acide carbonique et de l'acide acétique ; celui-ci se combine alors avec le manganèse, ramené à un état d'oxidation qui convient à sa combinaison avec cette espèce d'acide. Il doit sans doute s'opérer, dans plusieurs occasions, de pareilles transmutations d'acides ternaires par les oxides métalliques : on en a peu observé jusqu'à présent ; mais on ne doit pas les perdre de vue, lorsque l'on examine l'action mutuelle de ces substances.

Si l'acide acétique n'est pas décomposé par la chaleur, lorsqu'il est libre, il n'en est pas de même lorsqu'il est retenu par une base ; alors il supporte, sans se volatiliser, un degré de chaleur plus considérable, et ses principes les plus vo-

(1) Bulletin de la Soc. Philom.

latils se séparent et forment des combinaisons plus élastiques, l'acide carbonique et un gaz inflammable qui paraît être l'hydrogène carburé (*Note XX*), pendant qu'une partie du charbon s'isole et donne un résidu : les effets de cette décomposition varient selon l'énergie de la base, et selon sa nature, sur-tout si c'est un oxide qui y contribue, en intervenant par son oxigène ; ainsi avec l'acétite de plomb, on obtient une liqueur inflammable dont les propriétés sont peu connues (1).

L'expansion que je suppose dans les éléments de l'acide acétique, et la faible union de ces éléments expliquent la décomposition spontanée de l'acétite de potasse, qui est beaucoup plus facile que celle du tartrite, et qui donne dans son résultat un alcali changé en carbonate et uni avec une petite quantité d'une substance qui a l'apparence huileuse (2).

Lorsque l'on soumet à la distillation l'acétate de cuivre, l'eau se vaporise et abandonne ce sel avant que l'acide se sépare ou se décompose ; après cela, une partie de l'acide est décomposée et réduit l'oxide, pendant qu'une autre partie passe à la distillation dans un grand état de condensation ; c'est ce que l'on a désigné par le nom de *vinaigre radical*.

(1) Rouelle, Tableau de l'Anal. Chim.
(2) Mém. de l'Acad. 1782.

330. Trompé par quelques apparences (1), j'avais prétendu que l'acide que l'on retire de la distillation de l'acétate de cuivre, avait des propriétés qui le distinguaient de l'acide ordinaire : on crut, sur ce fondement, devoir distinguer l'acide acétique et l'acide acéteux , en regardant le premier comme dû à une plus grande proportion d'oxigène , et comme analogue à l'acide sulfurique et à l'acide phosphorique , comparés à l'acide sulfureux et à l'acide phosphoreux : c'était une exubérance d'une théorie féconde et nouvelle.

Adet examina cet objet avec plus de soin : il fit voir , 1º. que lorsque l'on distille l'acétate de cuivre , l'oxigène que l'oxide perd n'est employé qu'à la production de l'acide carbonique ; une très-petite quantité seulement, ou sert à former de l'eau , ou plutôt entre dans la composition de l'hydrogène oxi-carburé , que l'on trouve avec l'acide carbonique ; 2º. que l'acide que l'on obtient, en distillant l'acétate de cuivre , ne présente aucune différence réelle avec l'acide acéteux , et qu'il forme , avec les bases alcalines , des combinaisons qui ne diffèrent pas essentiellement ; 3º. qu'en oxigénant l'acide que l'on regardait comme acéteux , par le moyen de l'acide muriatique oxigéné , on le détruisait , au lieu de

____

(1) Mém. de l'Acad. 1783.

16 .

lui donner les propriétés attribuées à l'acide acétique ; 4°. que les deux acides formaient , avec les
métaux, des combinaisons exactement pareilles : il
concluait que leur différence ne dépendait probablement que de la quantité d'eau , qui était beaucoup plus grande dans l'acide acéteux que dans
l'acide acétique. Cependant Adet avait observé
quelque différence entre les combinaisons des
deux acides avec la potasse et la soude , et
Chaptal fit voir que l'acéteux donnait , dans
quelques circonstances , des indices d'une plus
grande quantité de charbon que l'acétique , sur-
tout lorsqu'on les traitait avec l'acide sulfurique (1).

Enfin Darracq a dissipé tous les nuages qui
pouvaient encore rester sur cet objet (2); il a
confirmé la plupart des résultats qu'Adet avait
annoncés , et il a fait voir , par plusieurs expériences comparatives , que l'un et l'autre acide
produisaient les mêmes combinaisons , et donnaient les mêmes produits dans leur décomposition ; que la seule différence consistait dans
un peu de substance mucilagineuse qui se sépare , lorsque l'acide, que l'on regardait comme
acéteux, entre en combinaison, et par une plus
grande proportion d'eau ; il l'a ramené à l'état

(1) Ann. de Chim. tom. XXVII.
(2) *Ibid.* tom. XLI.

l'acide acétique en le distillant plusieurs fois sur le muriate de chaux, qui retenait à chaque opération une partie de l'eau, et alors il a pu former de l'éther avec cet acide et l'alcool, comme avec l'acide acétique retiré de l'acétate de cuivre. Il est donc indubitable qu'il ne faut plus distinguer l'acide acéteux de l'acide acétique, et que l'on ne doit conserver que le dernier dans la nomenclature.

C'est donc l'affinité de l'acide acétique pour l'eau, et le peu de différence qui se trouve entre leur volatilité, qui empêchent que l'on ne puisse parvenir à le priver assez de ce liquide, pour le porter au point de condensation qu'il a, lorsqu'on le retire de l'acétate de cuivre; la congélation ne suffit pas pour séparer cette eau, parce que, comme je l'ai remarqué, l'acide acétique se congèle lui-même avec l'eau, lorsque la température est abaissée au point qui serait nécessaire pour en séparer l'eau plus complètement.

Vestendorf avait indiqué un moyen de se procurer l'acide acétique dans un degré de concentration assez avancé, en distillant l'acétate de potasse avec la moitié de son poids d'acide sulfurique; Lowitz a perfectionné ce procédé, par le moyen duquel il a obtenu le plus haut degré de concentration; pour cela, il distille 3 parties d'acétate de potasse avec 4 parties d'acide sulfurique ; alors l'acide sulfurique qui se trouve en excès retient l'eau qu'avait l'acétate de potasse, et qui aurait passé à la distillation avec l'acide acétique : il distille une seconde fois l'acide obtenu de la première distillation avec de l'acétate de baryte, qui retient l'acide sulfurique qui peut s'y trouver, et l'acide acétique est après cela si condensé, qu'il se réduit en cristaux (1).

Deux autres acides volatils, le benzoïque et le succinique, paraissent avoir pour base une résine, ou plutôt une huile volatile ; de sorte qu'ils sont facilement inflammables : leur acidité est si faible, qu'il est difficile de déterminer les propriétés de leurs combinaisons, et que l'on n'a sur elles que des connaissances imparfaites et même contradictoires ; ainsi l'on regarde le benzoate de chaux, comme jouissant d'une assez grande solubilité, et cependant l'on dit que l'eau de chaux forme un précipité avec le benzoate de potasse, sans qu'on ait déterminé la cause de cette différence.

La composition de l'acide benzoïque mériterait une attention particulière, non-seulement parce qu'il existe dans plusieurs substances résineuses ; mais sur-tout parce qu'il se trouve dans l'urine des enfants, selon l'observation de Schéele, et

(1) Journ. de Van Mons, n°. IV.

dans celle de tous les animaux herbivores, et dans les eaux du fumier, selon celles de Fourcroy et de Vauquelin.

Je me suis permis, relativement à la composition des acides ternaires, des conjectures que l'on ne doit pas confondre avec les conséquences que j'ai tirées des propriétés qui distinguent ces acides, et qui sont constatées par l'expérience.

J'ai déduit de ces dernières considérations les propriétés des combinaisons qu'ils forment, et sur-tout celles qui dépendent de la force de cohésion qui se trouve, soit dans l'acide, soit dans la base avec laquelle il s'unit, et qui est accrue par la condensation que produit la combinaison.

~~~~~~~~~~~~~~~~~~~~~~~~~~~~~~~~~~~~~

CHAPITRE II.

De l'acide prussique.

331. **L**ES acides ternaires, que j'ai considérés dans le chapitre précédent, ont une constitution qui est peu sujette à varier; de sorte qu'ils portent dans leurs combinaisons des propriétés que l'on peut toujours comparer entre elles, et qui
~~~~~~~~~~~~~~~~~~~~~~~~~~~~~~~~~~~~~

sont toujours analogues à celles des autres acides, qui agissent par une affinité directe ou par une affinité résultante, pendant qu'ils n'éprouvent pas de décomposition : il n'en est pas de même de l'acide prussique : sa constitution éprouve de grandes variations qui modifient considérablement ses propriétés. On peut le comparer à cet égard à l'acide muriatique oxigéné, avec cette différence, qu'il s'éloigne beaucoup plus des acides, et qu'il ne prend réellement ce caractère que lorsqu'il est surcomposé.

L'acide prussique ne fixa d'abord l'attention des chimistes que par les propriétés du prussiate de fer, dont la découverte fut due au hasard ; Macquer apprit à en combiner le principe particulier avec les alcalis, et à le faire passer, par leur moyen, dans d'autres combinaisons ; mais l'on n'avait formé que de vaines conjectures sur sa formation et sur ses propriétés distinctives ; c'est à Schéele que l'on doit les moyens de l'isoler, la connaissance des qualités chimiques qu'il a dans cet état, et celle de la plupart des combinaisons qu'il peut former.

Comme les propriétés de l'acide prussique, découvertes par Schéele, et celles qui ont été reconnues depuis, ne me paraissent être passées que d'une manière incomplète dans les traités de chimie ; comme l'on s'est même formé dans ces derniers temps, sur ces combinaisons, des idées qui me paraissent peu exactes ; je les rappellerai avec quelque détail : j'y suis engagé encore par l'importance dont il est dans les arts et dans l'analyse des substances animales dont il est produit.

Schéele ayant mêlé un acide avec le prussiate de potasse et de fer, qui est dû à Macquer, et que je ne désignerai que par le nom de prussiate de potasse, observa qu'en soumettant ce mélange à la distillation, il passait un liquide qui contenait le principe colorant, et que pendant cette opération, il restait du prussiate de fer dans la cornue : ce liquide n'altère point les couleurs végétales : lorsqu'on le combine avec les alcalis, il ne les neutralise pas à la manière des acides ; tous les acides le dégagent de cette faible combinaison, et l'acide carbonique qui se trouve dans l'air atmosphérique, suffit pour produire cet effet ; il paraît même que l'action dissolvante de l'air atmosphérique peut le dégager ; car les alcalis n'en suppriment pas entièrement l'odeur : si donc l'on verse un acide sur cette combinaison, la substance que l'on appelle acide prussique se dégage en prenant l'état élastique, le liquide ne forme plus de précipité bleu avec les dissolutions de fer, ou n'en donne qu'une petite quantité : si l'on fait bouillir avec l'oxide de fer le liquide contenant l'acide prussique et la potasse, ou si l'on y ajoute un peu de dissolution de fer, l'oxide entre en combinaison avec l'acide prussique, et lui donne des propriétés nouvelles ; un autre acide ne le chasse plus de sa combinaison, à moins qu'on n'emploie la chaleur ou qu'on n'expose le mélange à la lumière.

C'est dans cet état que l'acide prussique passe en combinaison avec l'alcali, quel qu'il soit, lorsqu'on le fait agir sur le prussiate de fer ; la potasse et la soude saturées d'acide prussique, et de la portion convenable d'oxide de fer, cristallisent ; le prussiate de potasse qu'on obtient ainsi, forme des cristaux jaunes d'une figure octaèdre, dont deux pyramides opposées sont tronquées par leur base ; il en résulte des lames carrées dont les bords sont taillés en biseau.

La solution de ces cristaux n'altère plus les papiers bleus ou jaunes : l'acide prussique, qui sans l'oxide de fer ne présentait que la faible propriété acide, de précipiter les sulfures et de troubler la solution de savon, a donc pris, par le moyen de l'oxide de fer, un caractère beaucoup plus énergique d'acidité ; cependant il a toujours des propriétés particulières qui le distinguent, et qui dépendent sur-tout de sa forte action sur quelques oxides.

332. Lorsque l'alcali agit sur le prussiate de fer, il s'en faut de beaucoup qu'il puisse lui enlever tout l'acide prussique ; il ne se fait qu'un

partage : l'oxide de fer retient, selon la force de l'alcali, une proportion variable d'acide prussique, et forme alors un autre prussiate de couleur jaune, tirant plus au moins au rouge, et que l'on peut appeler, pour l'opposer au prussiate bleu, prussiate avec excès de fer ; mais ce prussiate jaune peut avoir des proportions très-variables dans les éléments qui le composent (1).

Si l'on verse un acide sur ce prussiate, il se fait un nouveau partage ; mais c'est l'oxide de fer qui en est l'objet : l'acide nouveau en prend une portion, et laisse l'autre en état de prussiate bleu, que l'on peut ensuite ramener à l'état de prussiate jaune, par l'action d'un alcali : par ces actions successivement opposées, on acheve la décomposition de prussiate bleu.

L'alcali, en exerçant cette action sur le prussiate bleu, dissout un excès d'oxide de fer ; de là vient que si l'on y verse un acide, il se forme tout de suite un précipité bleu. Comme l'on se sert de ces prussiates alcalins pour reconnaître la présence du fer, on a cherché différents moyens de séparer l'oxide de fer, que l'on supposait entièrement étranger au prussiate alcalin ; mais il faut distinguer celui qui est essentiel à ce prussiate, et qui ne se laisse pas précipiter par les acides, et celui qui est en excès, et

(1) Mém. de l'Acad. 1787.

qui pouvant être précipité par les acides, peut tromper sur l'existence du fer qu'on cherche à reconnaître dans une substance : le moyen qui m'a paru le plus simple, consiste à calciner légèrement, ou plutôt à griller le prussiate de potasse obtenu d'une première cristallisation ; puis on procède à une seconde cristallisation : les cristaux que l'on obtient ainsi peuvent être regardés comme constants dans leur composition. Scopoli avait conseillé d'exposer aux rayons solaires un mélange de prussiate de potasse et d'un acide ; mais, par ce moyen, on décompose en entier le prussiate de potasse ; la lumière agit ici, comme le fait la chaleur au degré de l'ébullition (127) ; il se précipite du prussiate de fer, et le superflu de l'acide prussique s'exhale ; mais l'on doit faire attention que, dès que l'on emploie de la chaleur, ou qu'on laisse à la lumière le mélange que l'on vient de faire, le prussiate alcalin le mieux préparé abandonne du prussiate bleu ; ce qui peut facilement induire en erreur.

Dans le moyen de purification que j'ai conseillé, il se fait un précipité jaune, et il se forme un précipité égal lorsque l'on conserve les dissolutions des prussiates alcalins non purifiés ; c'est un prussiate avec excès d'oxide que l'on peut également amener au bleu, par le moyen d'un acide.

Les carbonates ont aussi la propriété de prendre l'acide prussique au prussiate bleu ; Bergman l'avait observé pour le carbonate de chaux, et Fourcroy pour le carbonate de magnésie et de baryte ; mais lorsque l'on fait des opérations successives, il arrive que dans les dernières, l'oxide de fer, qui fait la base du résidu, retient tout l'acide carbonique, et le prussiate qui se forme n'en contient plus.

On suppose que, lorsqu'on précipite une dissolution de fer par un prussiate d'alcali, il se fait un échange exact, que l'alcali se combine avec l'acide, pendant que l'acide prussique passe en combinaison avec l'oxide de fer ; mais ce n'est pas ce qui a lieu : quoique l'alcali soit en quantité beaucoup plus considérable qu'il n'en faut pour saturer, par exemple, l'acide du sulfate de fer, le liquide qui surnage retient de l'acide sulfurique en excès ; les premieres lotions donnent encore des indices d'acidité, et lorsque ces indices cessent, le liquide contient au contraire du prussiate d'alcali, qui donne un précipité bleu, lorsqu'on y mêle un acide ; à peine parvient-on, par un grand nombre de lotions, à obtenir un liquide qui soit entièrement privé du prussiate d'alcali.

Il suit de là que le prussiate de fer prend en combinaison une quantité considérable de prussiate d'alcali, qui ne contribue pas à sa couleur, ou qui ne fait que la modifier ; ce qui explique le poids considérable de prussiate de fer que l'on précipite d'une dissolution de ce métal, par le moyen du prussiate de potasse, si on le compare à celui de l'oxide qui entre dans sa composition. Bergman a observé que l'acide prussique contenu dans 128 parties de bleu de prusse, pouvait en saturer à-peu-près 218 de potasse ; or, cette quantité de potasse est fort supérieure à celle qui est nécessaire pour saturer l'acide du sulfate de fer, qui peut former les 128 parties de prussiate de fer.

333. Ce qui précède fait voir que l'acide prussique n'a par lui-même qu'une action si faible sur les alcalis, qu'elle ne pourrait le faire classer parmi les acides ; que c'est par l'adjonction de l'oxide de fer (et d'autres oxides peuvent produire le même effet), qu'il acquiert beaucoup plus d'analogie avec les acides ; que dans cet état, il peut former des combinaisons variables avec les alcalis, mais qu'on peut les amener à un état constant, dans lequel les acides n'agissent pas sur leur composition, à moins qu'on n'emploie la chaleur et la lumière ; que lorsque ces prussiates décomposent les dissolutions métalliques, il ne se fait pas un simple échange de base, mais qu'une partie de l'alcali entre dans la combinaison insoluble.

Relativement à la combinaison de l'acide prussique avec l'oxide de fer, on voit qu'elle peut se former selon l'état des forces qui agissent, en différentes proportions, qui font varier sa couleur et ses propriétés ; mais que l'on peut distinguer vaguement en prussiate bleu et en prussiate jaune.

334. Un célèbre chimiste, Proust, a proposé sur l'état de l'oxidation du fer, qui forme le prussiate bleu, une opinion qui a été adoptée, et qui toutefois me paraît n'être pas fondée : Proust ne regarde que deux degrés d'oxidation possibles dans les dissolutions de fer, celui de la plus grande et celui de la moindre oxidation ; l'acide prussique forme, avec le sulfate dans lequel le fer est le moins oxidé, un prussiate blanc, et celui-ci ne passe à l'état bleu qu'autant que son métal prend l'état le plus oxidé, par le moyen de l'oxigène qu'il attire puissamment de l'atmosphère (1).

J'ai fait un mélange de prussiate de potasse et de sulfate de fer le moins oxidé, j'ai remarqué que le sulfate de fer conservait sa saveur, quoiqu'il fût mêlé à une proportion considérable de prussiate de potasse ; j'y ai ajouté une certaine quantité d'eau distillée, et aussitôt le mélange est devenu d'un bleu foncé, mais verdâtre ; un

____

(1) Journ. de Phys. tom. XLIX.

peu d'acide muriatique lui a donné une couleur bleue, sans qu'on puisse soupçonner aucune action sensible de l'air atmosphérique, vû la rapidité des opérations successives.

J'ai formé, du prussiate blanc, dans un verre, et j'ai fait couler de l'acide sulfurique dans le fond du vase ; toute la partie inférieure que l'acide sulfurique a pû atteindre est devenue d'un beau bleu, pendant que la partie supérieure conservait sa blancheur ; cependant je trouve une assertion contraire dans le mémoire de Proust : *les acides sulfurique et muriatique,* y est-il dit, *versés sur le prussiate blanc de fer, n'y occasionnent aucun changement* ; c'est à l'expérience à prononcer entre nous.

J'ai mis du prussiate blanc dans un petit flacon que j'ai rempli d'acide muriatique, et que j'ai bouché à l'instant : il est devenu parfaitement bleu ; l'expérience a eu le même succès avec l'acide sulfureux et l'acide phosphoreux.

Il paraîtra sans doute indubitable à ceux qui répéteront ces épreuves faciles, que le fer n'a pas besoin d'être au plus haut degré d'oxidation pour former un prussiate bleu, mais il faut expliquer la formation et la différence de ce qu'on appelle prussiate blanc.

Nous verrons, en traitant des dissolutions métalliques, que l'oxide de fer tient beaucoup plus à l'acide sulfurique, lorsqu'il est peu oxidé, que lorsqu'il l'est beaucoup : le sulfate de fer peu oxidé n'est donc pas décomposé par le prussiate de potasse ; cependant ces deux substances exercent une action mutuelle qui les sépare de la petite quantité d'eau qu'ils contiennent ; mais si l'on augmente assez cette quantité, l'action de l'acide sulfurique se trouve assez affaiblie, pour que la combinaison de l'oxide de fer avec l'acide prussique puisse se former ; l'oxide de fer se trouve même dans cette combinaison en proportion trop forte, ce qui lui donne une teinte verdâtre, que l'on fait disparaître par le moyen d'un acide. Il faut encore remarquer que le sulfate de fer très-oxidé agit par l'excès d'acide qu'il a nécessairement.

Lorsqu'on verse un acide sur un prussiate blanc, celui-ci tend à se combiner avec l'alcali, et par là se trouve augmentée l'action de l'acide prussique sur l'oxide de fer : l'acide sulfureux et l'acide phosphoreux qui tendent à prendre de l'oxigène, et l'acide muriatique qui ne peut en céder, produisent cet effet aussi bien que les acides qui donnent facilement leur oxigène.

Si on laisse la substance blanche en contact avec l'air, le sulfate, en s'oxidant à un plus haut degré, perd la propriété de former immédiatement du prussiate blanc ; de sorte que la différence réelle qui existe entre les sulfates de fer à cet égard, consiste en ce que celui qui est peu oxidé ne forme pas du prussiate bleu , à moins qu'il ne soit étendu d'une certaine quantité d'eau , mais tous peuvent en produire avec cette seule condition.

Il y a cependant quelque différence entre les prussiates bleus, selon l'état d'oxidation; celui dans lequel le fer est peu oxidé a un bleu plus clair, et il se précipite beaucoup moins promptement du liquide ; tenu exposé à l'air dans l'état humide, il en attire l'oxigène et s'oxide de plus en plus ; mais je ne sais s'il parvient au même degré d'oxidation , que celui qui a été formé immédiatement par un sulfate très-oxidé, ou si l'oxidation s'arrête à un certain terme.

335. Nous venons de voir que l'acide prussique, dans le prussiate ordinaire de potasse, doit la plus grande partie de son énergie à l'oxide de fer : cette forte action de l'acide prussique sur les oxides n'est pas limitée à l'oxide de fer; mais elle est très-inégale à l'égard des différents oxides ; de sorte qu'on ne pourrait encore rien établir de général sur cet objet.

L'acide prussique exerce une action si forte sur l'oxide de mercure , que le muriate oxigéné de mercure décompose le prussiate de fer, et en fait disparaître la couleur ; les circonstances de cette décomposition observée par Schéele, ne sont pas encore connues.

L'oxide rouge de mercure décompose facilement
le prussiate de fer, et forme, avec l'acide prussique, une combinaison soluble, de laquelle on
obtient des cristaux prismatiques tétraèdres.
Cette combinaison n'est décomposée, ni par la
chaux, ni par la potasse et la soude, ni par
l'acide muriatique; mais elle l'est par l'action
de l'acide sulfurique sur le fer, qui au lieu de
décomposer l'eau prend l'oxigène au mercure,
et alors l'acide prussique, mis en liberté,
passe dans la distillation; il entraîne avec lui
un peu d'acide sulfurique; pour l'en priver,
on soumet le liquide qu'on a obtenu à une seconde distillation, en y ajoutant un peu d'alcali, qui retient l'acide sulfurique. C'est ce
moyen que Schéele a trouvé le plus avantageux
pour obtenir l'acide prussique pur, parce que
avec le prussiate de potasse ordinaire, une
grande partie de cet acide est retenue par l'oxide
de fer, qui forme ainsi du prussiate bleu.

Schéele a fait, soit avec cet acide pur, soit
avec sa combinaison avec la chaux, différentes
expériences sur les oxides et les dissolutions métalliques, qui prouvent qu'il exerce sur quelques-uns de ces oxides une action beaucoup
plus forte que les acides les plus puissants, mais
elles exigeraient de nouveaux éclaircissements:
je me bornerai à rappeler quelques-uns de ses
résultats.

17..

Les oxides sur lesquels l'acide prussique a montré le plus d'action, sont ceux de mercure, de fer, d'or, d'argent et de cuivre; la dissolution qu'il fait de l'oxide d'argent, n'est précipitée ni par le muriate d'ammoniaque, ni par l'acide muriatique. Le précipité qu'il a formé dans la dissolution de sulfate de cuivre s'est dissous dans l'ammoniaque sans prendre de couleur; il peut lui-même dissoudre le précipité qu'il donne d'abord, et il en est de même avec l'argent : il précipite l'or en blanc; mais quand on en ajoute par excès, le précipité se redissout : cette dissolution est sans couleur, comme de l'eau; le précipité n'est pas soluble dans les acides.

L'acide prussique a une grande disposition à former des sels complexes, comme je l'ai remarqué pour le prussiate de fer, qui retient beaucoup d'alcali; ainsi l'acide muriatique dégage du prussiate de mercure une portion de l'acide prussique, et le résidu cristallise en aiguilles; cette combinaison est précipitée en blanc par les alcalis et par l'eau de chaux. Le prussiate de potasse ayant été mêlé avec une dissolution de nitrate de baryte, il s'est formé des cristaux qui m'ont paru composés des deux sels, et qui doivent par conséquent être un sel moins soluble que les composants :

si la dissolution de baryte est étendue d'eau
à un certain point, il ne se forme point de précipité ; j'ai aussi obtenu un précipité avec le
sulfate d'alumine, et Chenevix s'est servi de
cette propriété qu'ont les prussiates alcalins
de précipiter l'alumine (1) ; mais il faudrait
examiner la composition de ce précipité, au
moins pour tirer des conclusions sur la quantité d'alumine qui s'y trouve et qu'il peut indiquer par son poids.

Henry a fait des expériences qui paraissent
prouver que lorsque l'on mêle la baryte ou une
dissolution de baryte par un acide, avec un
prussiate d'alcali, il se forme peu-à-peu un
prussiate de baryte qui se précipite : il faudrait cependant qu'il fût mieux constaté que
ce n'est point un sel composé qui se précipite,
comme je l'avais cru.

Il conclut de ses expériences, que l'acide prussique a plus d'affinité avec la baryte qu'avec
la potasse, que par double décomposition la
baryte se précipite avec l'acide qu'elle enlève
aux prussiates d'alcali, et que ce caractère la
rapproche des substances métalliques, ainsi que
plusieurs chimistes l'avaient pensé.

Guyton fait voir que cet échange de base
n'est pas une preuve d'un caractère métallique,

(1) Trans. philos. 1802.

et il l'explique par une prépondérance d'affinités divellentes (1).

L'acide prussique, tenant oxide de fer, me paraît, dans ces différentes occasions, se conduire comme les autres acides dont les combinaisons les moins solubles se forment et se séparent, selon l'état des substances qui exercent l'action chimique.

Le prussiate de baryte, moins soluble que les autres, leur enlève donc l'acide prussique, au moins jusqu'à un certain point, sur-tout lorsque les substances sont dans l'état neutre ; mais cet effet correspond à son insolubilité, qui n'est pas absolue ; de sorte qu'avec une certaine quantité d'eau, le précipité n'a pas lieu.

Lorsque l'acide prussique a formé une combinaison triple avec une base terreuse et l'acide carbonique, une nouvelle quantité de cette base, forme un précipité qui est un carbonate, et si l'on ajoute du carbonate de potasse sur une dissolution de prussiate de baryte, comme l'a fait Henry, il se précipite du carbonate de baryte, et il reste du prussiate de potasse, qui pourra ensuite être décomposé par la baryte ; mais dans tous ses effets, il ne faut pas perdre de vue la disposition qu'a l'acide prussique à former des combinaisons complexes.

(1) Ann. de Chim. tom. XLIII.

336. Si l'on mêle de l'acide muriatique oxigéné avec l'acide prussique, le premier reprend l'état d'acide muriatique, et le second acquiert une odeur beaucoup plus vive, et paraît être devenu plus volatil : il n'a point acquis la propriété de mieux se combiner avec les alcalis ; il paraît même l'avoir à un moindre degré ; car la potasse, la soude et la chaux ne font qu'affaiblir son odeur pénétrante sans la faire disparaître. Dans cet état, il ne forme pas de prussiate bleu avec les dissolutions de fer, mais un précipité vert, pourvu que les liquides soient assez concentrés ; car ce prussiate est soluble.

Si on expose ce précipité à la lumière, il devient bleu ; mais il conserve sa couleur verte, si on le tient dans l'obscurité : on le fait passer dans l'instant au bleu, en versant dessus de l'acide sulfureux. On obtient aussi un précipité bleu, si l'on mêle un peu d'acide sulfureux avec l'acide prussique oxigéné, avant de s'en servir pour la précipitation.

Lorsqu'on met du sulfate vert dans l'acide muriatique oxigéné, et qu'on y verse une dissolution de prussiate de potasse, le précipité vert qui se forme également, se redissout ; on peut alors le précipiter en bleu par l'acide sulfureux ou par le sulfate de fer, ou en y mettant simplement du fer ; de sorte que l'oxigène qui change les propriétés de l'acide prussique y tient faiblement, et peut facilement lui être enlevé.

337. Lorsqu'on distille un prussiate, il se forme de l'ammoniaque et de l'acide carbonique, mais point d'huile. On peut déjà conclure de ces produits, que l'acide prussique contient de l'azote, de l'hydrogène et du carbone.

Cette composition explique les circonstances nécessaires à sa formation : c'est en calcinant des substances animales avec les alcalis, qu'il se produit : ces substances fournissent les trois matériaux qui sont nécessaires à sa production : les charbons des substances animales ont la même propriété ; ce qui prouve qu'ils retiennent de l'azote, malgré l'action du feu : les charbons ordinaires avec lesquels on calcine les alcalis n'en donnent point, ou une si petite quantité, qu'on ne peut l'attribuer qu'à la petite portion de substance animale qui se trouve dans la plupart des végétaux ; mais si l'on projette dans ce mélange échauffé, du muriate d'ammoniaque, comme l'a fait Schéele, alors il se forme de l'acide prussique.

Les substances animales n'ont pas besoin d'être traitées avec des alcalis fixes, pour donner naissance à l'acide prussique ; Schéele a éprouvé que la liqueur, qu'il a obtenue de la distillation de la corne de cerf et du sang de bœuf, en contenait.

Lorsque l'acide prussique a été mis, par l'acide muriatique oxigéné, en état de former un précipité vert avec le fer, il a la propriété de se changer en ammoniaque, dès qu'on le mêle avec un alcali fixe ou avec la chaux; de sorte qu'aussitôt qu'on a fait ce mélange, il se dégage abondamment des vapeurs alcalines, et si après cela on verse un acide, l'odeur de l'acide prussique n'est plus rétablie; ce qui prouve qu'il a été détruit; mais il se dégage de l'acide carbonique.

J'ai conclu de ces faits, que l'acide prussique ne contenait pas de l'oxigène; que lorsqu'il en recevait de l'acide muriatique oxigéné, la présence d'un alcali suffisait pour que la formation de l'acide carbonique et de l'ammoniaque le remplaçât, et que lorsqu'on distillait un prussiate métallique ou un prussiate tenant un oxide, l'oxigène qui abandonnait le métal produisait le même effet que celui qui est cédé par l'acide muriatique oxigéné, dans l'expérience dont je viens de parler, et que par là le métal se trouvait plus ou moins réduit; en effet, selon l'observation de Schéele, dans la distillation du prussiate de cuivre, l'oxide se trouve ramené à l'état métallique. Il est probable que dans cette distillation il se forme de l'hydrogène oxi-carburé; Schéele rapporte qu'ayant approché une lumière d'un récipient qui servait à une distillation d'un prussiate de potasse avec l'acide sulfurique, la vapeur qu'il contenait s'enflamma. Est-ce l'acide prussique lui-même qui aurait cette propriété? il dit qu'il n'a pas réussi à l'obtenir dans l'état de gaz.

Fourcroy a opposé à l'opinion que j'avais présentée, sur la composition de l'acide prussique, une observation qu'il a faite : en distillant des substances animales avec l'acide nitrique, il en a retiré de l'acide prussique; d'où il conclut que l'acide nitrique a dû fournir de l'oxigène qu'il regarde en conséquence comme l'un des éléments nécessaires à sa composition; mais il me paraît que la formation de l'acide prussique, dans cette circonstance, n'est pas plus une preuve qu'il contient de l'oxigène, que celle de l'ammoniaque, dans laquelle on ne soupçonne pas l'existence de l'oxigène, et qui est produite dans plusieurs occasions par l'action même de l'acide nitrique : les propriétés de l'acide prussique ne pourraient elles-mêmes fournir une preuve qu'il contient de l'oxigène; car la substance avec laquelle il a le plus de rapport par ses propriétés, l'hydrogène sulfuré, ne contient certainement pas de l'oxigène (289).

Il me paraît difficile de supposer l'existence de l'oxigène, dans une substance qui contient des éléments qui sont si disposés à former des combinaisons particulières avec lui, tels que l'hydrogène et le carbone, et qui peut soutenir un degré de chaleur assez élevé, sans éprouver de décomposition; mais ces considérations ne donnent pas une preuve rigoureuse, et l'on doit suspendre une décision à cet égard, jusqu'à ce qu'on soit parvenu à une analyse exacte de l'acide prussique, dégagé de toute autre substance : les observations suivantes ajoutent même à l'incertitude qui peut rester sur cet objet ; cependant je me servirai, dans les explications que je vais donner, de l'hypothèse d'une composition dans laquelle je n'admettrai point d'oxigène; mais qui se prêterait facilement à la modification qu'exigerait l'oxigène, si son existence venait à être prouvée.

338. Pour concevoir la formation de l'acide prussique, il faut supposer qu'il peut rester intact au milieu d'une très-grande chaleur avec l'alcali avec lequel il s'est combiné, ou bien qu'il n'est produit qu'au moment où l'on humecte le charbon azoté et l'alcali qui sont entrés en mutuelle combinaison, comme l'hydrogène sulfuré des sulfures d'alcali ne se forme réellement que dans le moment où les sulfures entrent en communication avec l'eau ; j'indique ici par charbon azoté, celui qui est retiré des substances animales, ou qui en a les propriétés ; parce que c'est par l'azote qu'il produit ici des effets différents de ceux du charbon ordinaire.

Cette dernière supposition me paraît beaucoup plus vraisemblable que la première : en effet, si l'on expose un prussiate à une chaleur moins forte, même que celle qui a été nécessaire à la calcination dans laquelle il s'est produit, il se dégage ou il se décompose; il n'aurait donc pu supporter le haut degré de chaleur de la calcination, s'il s'était trouvé tout formé.

Lorsqu'après avoir calciné l'alcali avec une substance animale, on le jette dans l'eau, il s'en exhale à l'instant des vapeurs d'ammoniaque; et si on soumet le liquide à la distillation, il passe une quantité considérable d'ammoniaque : on ne peut croire que cette ammoniaque existât avant l'action de l'eau, et qu'elle fût retenue par le charbon et l'alcali, pour s'en séparer ensuite avec la plus grande facilité : elle a dû être produite par l'action de l'eau même : il ne peut y avoir aucun doute à son égard.

Le liquide que l'on obtient de la lixiviation du charbon azoté que l'on a calciné avec l'alcali, contient de l'hydrogène sulfuré ; or, il est prouvé que celui-ci ne se forme que par l'action de l'eau; voilà donc deux substances d'une composition analogue, qui ne doivent être produites que par le concours de l'action de l'eau.

Il me paraît que l'alcali commence par dissoudre le charbon, et pour cela il a besoin d'un grand feu : dans ce charbon se trouve du soufre, il se forme du sulfure; celui-ci étant mis en contact avec l'eau, il se produit du sulfate et du sulfure hydrogéné.

Le charbon contient de l'azote, qui par le concours de l'action de l'eau donne naissance à l'ammoniaque et à l'acide prussique; l'hydrogène de l'eau forme la première avec une portion de l'azote, et une autre portion de celui-ci se combine avec du carbone et de l'hydrogène, pour produire l'acide prussique: les proportions de ces deux combinaisons doivent varier selon des circonstances indéterminées; cependant une grande partie du charbon, qui était tenu en dissolution, retient l'oxigène de l'eau, et forme de l'acide carbonique, qui reste en combinaison avec l'alcali, dont l'action se partage par là sur l'acide prussique et sur l'acide carbonique, sur l'hydrogène sulfuré et sur l'acide sulfurique.

Les propriétés que nous avons reconnues dans l'acide prussique ne permettent pas de le confondre avec les acides; lorsque son action ne concourt pas avec celle des oxides, il n'a, avec les substances alcalines, qu'une faible affinité qui est très-éloignée de pouvoir produire cette saturation, et cet état de neutralisation des propriétés antagonistes, qui m'a paru constituer le caractère distinctif de l'acidité (37).

On ne peut donc lui conserver le nom d'acide que par une extension de nomenclature, qui est autorisée par la commodité dont elle est pour la désignation de ses combinaisons qui sont ordinairement très-compliquées.

Ce qui paraît distinguer principalement cette substance, c'est la forte action qu'elle exerce sur les oxides, et la propriété de former des combinaisons énergiques avec eux ; mais les oxides présentent une grande différence à cet égard, et il ne serait pas facile dans l'état actuel de nos connaissances, de déterminer à quelles conditions tient cette inégalité d'action.

Au moyen des oxides, l'acide prussique acquiert des propriétés qui ont beaucoup plus d'analogie avec celles des acides : il doit ordinairement cette modification à l'oxide de fer ; mais quelques autres peuvent produire le même effet, et Schéele cite ceux d'or, d'argent et de cuivre : il prend par l'action de l'oxide un état beaucoup plus grand de condensation, et il exerce une affinité résultante, qui diffère entièrement de celle qui lui est particulière : on peut conjecturer que c'est l'oxide lui-même, ou plutôt son oxigène, qui par la solubilité qu'acquiert l'oxide, et par le partage de l'action du métal sur cet oxigène et sur l'acide prussique, communique principalement à la combinaison les propriétés qui la rapprochent des acides.

Quoi qu'il en soit, l'on a vu que les prussiates, et particulièrement celui de fer, n'étaient

pas limités à deux termes extrêmes d'oxidation ;
mais qu'ils suivaient, à cet égard, les lois générales de la combinaison, qu'ils se formaient et
s'isolaient dès que les forces opposées pouvaient
céder à leur action, et qu'ils subissaient dans
les proportions de tous leurs éléments, toute
la variété à laquelle les circonstances de l'action
chimique n'apportaient point d'obstacle : il ne
faut pas perdre de vue la facilité avec laquelle
l'acide prussique peut former des combinaisons
complexes.

CHAPITRE III.

De l'acide gallique.

339. L'ACIDE gallique ne mériterait pas une
attention particulière par ses propriétés acides,
si son action sur les oxides métalliques ne le
rendait important pour les arts, et si les connaissances de ses rapports avec le tannin découvert par Séguin, ne servait à en expliquer
et à en diriger plusieurs procédés ; mais je m'oc-
cuperai plus particulièrement de cet objet dans
un autre ouvrage : je n'examinerai ici que les

propriétés caractéristiques de l'acide gallique.

L'acide gallique, préparé par le procédé de Schééle, c'est-à-dire par l'extraction de la noix de galle, au moyen de l'eau et par une évaporation spontanée et lente, n'a que des propriétés faiblement acides; il forme cependant des sels insolubles ou peu solubles, avec la chaux, la baryte et la strontiane, mais il est plus soluble dans l'alcool que dans l'eau : Schééle a aussi retiré un sel analogue, qui se sublime dans la distillation faite avec beaucoup de lenteur et de précaution; il a obtenu une proportion assez considérable de cristaux lamelleux, blancs et transparents; ces cristaux ont une saveur différente, ils n'ont pas exactement les mêmes propriétés, et ils ne doivent pas être confondus avec le premier acide; mais ils prouvent déjà que l'acide gallique est une substance peu constante dans sa composition.

En effet, si l'on tient l'acide gallique en dissolution dans l'eau, il éprouve peu-à-peu une décomposition : lorsqu'on le distille brusquement, il se décompose presqu'en entier en laissant beaucoup de charbon : si l'on précipite, avec cet acide, la dissolution d'or et celle d'argent, les oxides qui entrent dans le précipité reprennent l'état métallique.

L'acide gallique éprouve donc facilement des changements dans sa composition, et le carbone qui y est abondant, doit lui donner dans la décomposition, les apparences d'une substance brûlée, ou dans laquelle le charbon est devenu prédominant.

340. Proust a appliqué à la combinaison de l'acide gallique avec l'oxide de fer, les principes qu'il a adoptés pour les prussiates : selon lui, l'acide prussique ne peut se combiner avec l'oxide d'un sulfate, que lorsque celui-ci est oxidé au *maximum* : il observe que lorsque l'on mêle l'acide gallique ou une infusion de noix de galle avec la dissolution de sulfate vert, le mélange ne prend point de couleur, et ne noircit à la surface que par le contact de l'air : je diffère de cette opinion comme de celle du même chimiste sur les combinaisons de l'acide prussique.

Lorsque l'on a mêlé du sulfate vert de fer avec une infusion de noix de galle, il ne se produit point de couleur noire, il est vrai, et en laissant le mélange exposé à l'air, il acquiert cette couleur qui se propage de la surface au reste du liquide : cet effet est réellement dû à la fixation de l'oxigène; mais l'on n'a qu'à étendre le mélange incolore d'une quantité d'eau distillée, et aussitôt il prend une couleur noire : on ne peut attribuer ce changement à l'oxigène contenu dans cette eau; car il faudrait que le fer en prît à-peu-près le double de ce qu'il en contient dans l'état d'oxide noir, pour passer à l'état d'oxide rouge, et l'eau distillée ne peut en fournir cette quantité; mais on peut opposer à cette opinion des preuves plus incontestables.

L'on n'a qu'à ajouter un peu d'alcali, et tout de suite le mélange se colore sans contact de l'air : que l'on mette dans un vase plein du mélange, un peu de limaille de fer, il se colore promptement, et lorsque l'on débouche le flacon, il s'en dégage quelques bulles qui sont sans doute du gaz hydrogène.

Lorsque l'on fait bouillir, dans une cornue, de la noix de galle pulvérisée, comme l'ont fait De Laval et Priestley, il se dégage du gaz hydrogène, et il se dissout du fer qui forme une liqueur noire, une véritable encre : le fer n'a pu, dans ces opérations, passer à l'état d'oxide rouge, et cependant il a formé une combinaison noire.

Une dissolution de fer très-peu oxidé par l'acide acétique, forme immédiatement une couleur noire avec la noix de galle.

On ne peut donc prétendre que le fer ait besoin d'être dans l'état d'oxide rouge pour se combiner avec l'acide gallique; mais il ne peut former avec lui le commencement de précipitation à laquelle est due la couleur noire, lorsqu'il est dans l'état de sulfate vert, parce que

alors l'acide sulfurique a trop de puissanc sur
cet oxide, et le retient trop fortement ; c'est par
la même raison que le prussiate de potasse ne
peut produire du prussiate bleu ; ainsi que nous
avons vu : que l'on affaiblisse l'action de l'acide
sulfurique par une quantité suffisante d'eau, et
l'une et l'autre combinaison ont lieu : la potasse
produit, pour l'acide gallique, un effet semblable à celui d'un acide pour le prussiate de
potasse : le fer agissant sur l'acide sulfurique,
affaiblit l'action qu'il exerce sur l'oxide avec lequel il est uni, de sorte qu'il lui permet de se
combiner plus intimement avec l'acide gallique :
une plus grande oxidation nuit à l'union de
l'acide sulfurique avec l'oxide de fer, et par là
elle favorise sa combinaison avec l'acide gallique.

Cependant le fer très-oxidé produit un noir
plus foncé que celui qui l'est moins : j'ai donné
de cet effet une explication (1) que je ne propose
cependant que comme une conjecture peu fondée.
L'acide gallique qui contient beaucoup de charbon, comme le prouve principalement sa distillation, et qui est très-disposé à éprouver par l'action
de l'oxigène, cette légère combustion, qui, par la
prédominance qu'acquiert encore le charbon,
le fait passer à une couleur plus ou moins foncée,

(1) Elem. de l'Art de la Teint. tom. I.

18..

doit subir cette combustion par l'action du fer très-oxidé, comme par l'action de l'oxide d'argent et de l'oxide d'or qu'il réduit, et de l'acide muriatique oxigéné qui précipite une matière charbonneuse de l'infusion de noix de galle. L'oxide rouge doit passer par là à l'état d'oxide noir ; de sorte que l'acide gallique peut concourir, avec l'oxide devenu noir , par l'état dans lequel il se trouve réduit à la couleur foncée qui est produite, pendant qu'il n'est pas altéré, ou qu'il l'est beaucoup moins par le fer peu oxidé du sulfate vert.

Une action trop forte ou trop continuée de l'oxigène, finit par détruire entièrement l'acide gallique, qui laisse l'oxide de fer seul et que l'on peut alors colorer de nouveau, par lanoix de galle, et sur-tout par un prussiate alcalin, comme l'a fait voir Blagden.

L'acide gallique a, par lui-même, peu de solubilité, et il forme un sel insoluble avec les bases terreuses : il me semble que c'est par la même propriété qu'il précipite les oxides de leur dissolution ; mais comme son action est faible, le précipité ne peut se séparer dans l'encre et reste suspendu par l'action d'un autre acide, sa couleur seule le décèle ; cependant en affaiblissant l'action de cet acide par une grande quantité d'eau, la combinaison se précipite, et c'est par ce moyen que Lewis et Monnet ont séparé les molécules combinées qui donnent la couleur à l'encre et à la teinture noire.

On voit par là pourquoi l'acide phosphorique et l'acide arsénique, mêlés avec une dissolution de noix de galle, ne donnent pas une liqueur noire avec les dissolutions de fer, pendant que les autres acides, qui ne font pas des sels insolubles avec ce métal, en produisent : c'est que les premiers forment une combinaison qui est plus insoluble que celle de l'acide gallique, et qui se précipite en blanc.

Les acides dissolvent plus ou moins facilement les molécules noires, et en font disparaître la couleur; mais elle reparaît lorsqu'on les sature d'un alcali : cette dissolution peut donc être comparée au mélange du sulfate vert et de l'acide gallique.

CHAPITRE PREMIER.

De l'ammoniaque.

341. Parmi les alcalis, il n'y a que l'ammoniaque que l'on puisse regarder comme volatile; ce n'est pas que la potasse et la soude soient entièrement privées de volatilité; il y a même des circonstances où cette propriété doit être prise en considération; mais elle n'agit pas dans tous les cas de liquidité aqueuse, et dans les autres cas, elle est si éloignée de la volatilité de l'ammoniaque, que l'on place avec raison ces substances dans les alcalis fixes, en opposant ces qualités, pour en déduire les phénomènes qui en dépendent; mais il faut les distinguer avec soin de ceux qui sont dûs à la capacité de saturation.

L'ammoniaque est, de plus, le seul alcali dont la composition soit connue; il convient donc de la considérer à part sous ces deux rapports, en regardant tous les autres alcalis comme des substances simples ou indécomposées ; car, quelque puisse être leur composition , elle n'influe pas sur les phénomènes qui ont été analysés avec exactitude jusqu'à présent.

Pendant que l'ammoniaque agit par une affinité résultante , elle ne diffère des autres alcalis que par sa volatilité ; mais elle a une capacité de saturation beaucoup plus grande que celle des autres alcalis (88); cependant la volatilité qu'elle a , et sur-tout celle qu'elle reçoit par la chaleur, est une force qui est opposée à celle de combinaison ; sa tension est à 10 degrés du thermomètre de 7,2 , pendant que celle de l'eau n'est que de 0,4 pouces ; mais cette tension n'exprime qu'une petite partie de la force de son élasticité , parce qu'elle se trouve assujettie par l'action que l'eau exerce sur elle : conformément à ce qui a été exposé, cette force doit augmenter par l'élévation de température dans une proportion toujours croissante (237).

On voit donc comment l'ammoniaque , qui a perdu sa tension par une combinaison avec un acide , doit en reprendre une partie par la concurrence d'une autre base fixe : sans l'élasticité dont elle est douée, elle ne ferait que partager avec elle l'action de l'acidité en raison des quantités et des capacités de saturation respectives ; mais elle doit se dégager de la combinaison, selon la volatilité qui lui est rendue, sur-tout lorsque cet effet est accru par l'action de la chaleur : c'est sur cette propriété que sont fondées les opérations par lesquelles on la retire des sels qu'elle forme.

On voit encore comment, lorsque l'action se passe entre deux combinaisons neutres, la chaleur doit décider la séparation de la combinaison de l'ammoniaque avec l'acide le plus volatil, malgré une différence dans la capacité de saturation ; mais je me suis assez étendu sur ces effets (156).

342. La décomposition de l'ammoniaque par l'étincelle électrique, et ensuite la combinaison de l'hydrogène qui s'est dégagé, avec l'oxigène qu'on brûle avec lui en proportion convenable, et l'azote qui reste libre après la combustion de l'hydrogène, servent non-seulement à déterminer, d'une manière claire et facile, les éléments qui la composent, mais encore leur proportion respective : d'après mes expériences (1) et les résultats de Austin et de Davy, l'hydrogène fait le cinquième du poids de l'ammoniaque ; cette analyse sert ensuite à expliquer le dégagement de l'azote, lorsque l'ammoniaque est décomposée par l'acide muriatique oxigéné, ou par des oxides, et les phénomènes qui accompagnent cette dé-

(1) Mém. de l'Acad. 1785.

composition, sont dûs à la production de l'eau, à l'isolement de l'azote et au dégagement d'une partie du calorique que l'oxigène contenait dans la combinaison précédente.

L'hydrogène est donc combiné dans l'ammoniaque avec l'azote, en proportion un peu plus grande qu'il ne l'est avec l'oxigène dans l'eau ; mais il y a, dans les propriétés résultantes de ces deux combinaisons, une différence si grande, que l'on doit en conclure, que l'affinité qui réunit l'hydrogène et l'azote, est beaucoup moins considérable que celle qui forme la combinaison de l'hydrogène avec l'oxigène.

En effet, l'état gazeux que conserve l'ammoniaque, lorsqu'elle n'est pas soumise à l'action de l'eau; sa légèreté spécifique, qui est à celle du gaz azote : 444:274, et celle de l'ammoniaque liquide, qui n'a dans l'état de saturation, malgré la condensation que l'eau elle-même doit éprouver par cette combinaison, qu'une pesanteur spécifique de 8950, celle de l'eau étant 10,000; sa volatilité beaucoup plus grande, et sa disposition beaucoup plus faible à se congeler, prouvent déjà que la condensation de ses éléments est beaucoup moins considérable que dans l'eau.

Sa facile décomposition, soit par le gaz oxigène, si après l'avoir mêlé avec elle, on les fait passer à travers un tube rougi, soit par l'oxi-

gène condensé dans une substance où il est faiblement retenu, tel que l'acide muriatique oxigéné, à toute température, et les métaux très-
oxidés, à la température ordinaire, ou à une
température plus élevée, et enfin ses propriétés,
qui sont fort éloignées des combinaisons de
celles dont les éléments ont éprouvé une grande
saturation, le confirment indubitablement.

Cependant, lorsque l'ammoniaque exerce sa
propriété alcaline sur un acide dans lequel l'oxigène est un peu plus fortement assujetti que
dans l'acide muriatique oxigéné, sa composition
est maintenue par la force résultante de cette
combinaison, jusqu'à ce qu'elle soit assez affaiblie par la chaleur; ainsi le nitrate d'ammoniaque conserve sa constitution, jusqu'à un
degré de chaleur assez élevé; alors il se décompose et donne naissance à de nouvelles combinaisons.

L'ammoniaque combinée avec l'acide sulfurique ou avec d'autres acides qui peuvent céder
l'oxigène, éprouve aussi une décomposition à
une haute température; mais elle a été peu
examinée.

La puissance de l'action que l'hydrogène
exerce sur plusieurs substances, laquelle est,
en général, beaucoup plus grande que celle de
l'azote, et particulièrement la force avec laquelle
il agit sur l'oxigène, rendent probable que c'est

lui qui est le principe de l'énergie alcaline que possède l'ammoniaque, ou de sa forte tendance à la combinaison avec les acides ; mais il ne faut rien en conclure de général sur l'alcalinité qui peut être due à des causes différentes.

343. Les rapports de composition de l'acide nitrique et du gaz nitreux avec l'ammoniaque, font concevoir comment ils peuvent servir mutuellement à leur production, selon les circonstances dans lesquelles ils se trouvent, et que je vais rappeler ; mais ces résultats opposés font voir de plus en plus combien on prend une idée fausse des causes chimiques, en regardant l'affinité comme déterminée par la nature seule des substances, et comme le principe invariable des combinaisons qui se forment.

Priestley, Higgins, Guyton, Austin, Kirwan et plusieurs autres chimistes ont fait voir que l'on formait de l'ammoniaque dans différentes circonstances, par le moyen de l'acide nitrique ou du gaz nitreux : Austin a observé que cette formation pouvait avoir lieu immédiatement avec le gaz azote, lorsqu'une substance sollicitait la décomposition de l'eau, telle que la limaille de fer ; mais cette production a lieu sur-tout avec le gaz nitreux, pendant que celui-ci se change en oxide gazeux d'azote ; elle est plus facile, lorsqu'on mêle du gaz hydrogène sulfuré avec le gaz nitreux.

D'un autre côté, Milner (1) a observé que lorsque l'on fesait passer du gaz ammoniaque à travers l'oxide de manganèse tenu dans un tube rouge, il se produisait du gaz nitreux; Vauquelin, Séguin et Sylvestre ont retiré du nitrate d'ammoniaque par ce moyen, et Fourcroy a fait voir que la même production avait lieu sans chaleur étrangère, lorsque l'on traitait un précipité mercuriel avec l'ammoniaque (2). Bien plus, pendant que Milner a formé de l'acide nitrique ou du gaz nitreux, en fesant passer de l'ammoniaque à travers des métaux très-oxidés, Haussman a produit au contraire de l'ammoniaque, en fesant passer le gaz nitreux à travers la limaille de fer peu oxidé; dans un cas, le métal a pu céder de l'oxigène pour la formation de l'acide nitrique; dans l'autre, il a dû décomposer l'eau qui accompagnait le gaz nitreux, et occasionner par là la production d'un peu d'ammoniaque.

(1) Trans. philos. 1789.
(2) Ann. de Chim. tom. VI.

CHAPITRE II.

Des propriétés comparatives des alcalis et des terres.

344. Lorsque l'on a commencé à examiner les propriétés chimiques des corps, l'on a donné le nom d'alcali à ceux qui peuvent former des combinaisons avec les acides, et on les a distingués en fixes et en volatils : on n'a regardé comme alcalis fixes, que les substances qui avaient une grande solubilité dans l'eau, c'est-à-dire la potasse et la soude, quoique d'autres substances eussent des propriétés semblables, et même supérieures, relativement à la faculté de former des combinaisons salines; mais l'on a confondu, sous le nom de terres, celles qui conservaient un aspect de sécheresse ou d'insolubilité, en distinguant cependant celles qui peuvent être dissoutes par les acides, et qu'on a appelées terres alcalines, absorbantes ou bases terreuses, de celles qui n'ont pas cette propriété.

Dans les substances qu'on a rangées parmi les terres, il s'en trouve auxquelles on n'a donné ce nom qu'en considération de quelques-unes de leurs combinaisons qui sont insolubles, pendant qu'elles-mêmes ont une solubilité qui les rapproche beaucoup de la potasse et de la soude.

Les distinctions qui ont été établies sur ces apperçus vagues, et dans lesquelles on a confondu des alcalis réels avec des terres, et des combinaisons avec des substances simples, ne peuvent se concilier avec les propriétés chimiques dont les rapports doivent servir à classer les substances.

En suivant ces rapports, on doit ranger parmi les alcalis toutes les substances qui peuvent produire par elles-mêmes une saturation complète des acides, en rendant latente leur acidité, par une propriété antagoniste qui constitue l'alcalinité.

Ces substances sont l'ammoniaque, la magnésie, la chaux, la potasse, la soude, la strontiane et la baryte : leur alcalinité qui suit l'ordre dans lequel je viens de les nommer, se mesure par leur capacité de saturation (81).

Une première distinction entre ces alcalis est établie sur la volatilité et la fixité ; l'ammoniaque seule peut être regardée comme volatile.

On peut établir une autre distinction entre les alcalis fixes, sur leur solubilité et leur force de cohésion : la potasse et la soude sont en même temps les alcalis fixes les plus solubles dans l'eau, et ceux qui annoncent le moins de force de cohésion par les propriétés de leurs combinaisons.

Après la potasse et la soude, vient la baryte, qui ne demande que 20 parties d'eau pour être tenue en dissolution à une température de 10 degrés du thermomètre de Réaumur : la strontiane en exige 200, et la chaux 500. C'est la magnésie qui est la plus insoluble ; mais comme l'insolubilité d'une substance se compose d'une faible action de l'eau, et de la résistance de la force de cohésion, on ne peut déterminer par cette considération seule, lequel de ces alcalis a réellement le plus de force de cohésion, ou celui dont les molécules exercent la plus grande action réciproque : à en juger par les qualités des combinés, c'est la baryte qui paraît l'emporter en cela sur les autres ; mais il est difficile de se guider par les propriétés que les combinaisons mêmes présentent à cet égard, parce qu'elles proviennent et des dispositions de la base alcaline et de la quantité qui est nécessaire pour saturer l'acide ; de plus, la forme que prennent les molécules intégrantes ou quelqu'autre légère condition de la combinaison, peuvent apporter quelque variation dans la force de cohésion ; de sorte qu'en se bornant à une détermination vague, à cet égard,

il faut juger de la prépondérance de chacune de ces bases dans les cas particuliers,
par les propriétés comparatives de leurs combinaisons.

Ces alcalis ont tous la propriété d'engendrer
des sels insolubles ou peu solubles avec les
acides qui ont eux-mêmes une disposition à
la solidité, tels que les acides phosphorique,
fluorique, oxalique, citrique, sacolactique,
et ceux qui produisent une combinaison soluble avec les autres acides, se précipitent en
formant une combinaison insoluble, dès que
l'action de l'acide se trouve affaiblie par la concurrence d'un autre alcali, pendant que la potasse et la soude, qui ne donnent aucun sel
insoluble, ne font point de précipité dans la
même circonstance; de là vient, par exemple,
que la baryte, plus soluble, produit un précipité dans les dissolutions de strontiane; ce qui
a fait attribuer à celle-ci une moindre affinité,
quoiqu'elle ait une plus grande capacité de saturation (199).

Ce qui déguise quelquefois la disposition de
ces alcalis à former des sels insolubles, c'est que
la combinaison neutre devient soluble par un
excès d'acide, ou que même, pour être dans
l'état neutre, ils exigent une quantité de quelques acides peu disposés à la solidité, qui l'emporte sur leur propre disposition, mais elle se

montre, dès qu'on affaiblit l'action de ces acides.

Cette différence entre les alcalis autorise à conserver la distinction des alcalis fixes et des bases terreuses, pourvu qu'on se borne à indiquer par là les dispositions à la solidité qu'elles ont par elles-mêmes, ou qu'elles portent dans leurs combinaisons.

345. Ces bases alcalines ne s'excluent pas toujours des combinaisons qu'elles produisent avec les acides; il en est qui forment des sels triples, de sorte qu'un acide produit une combinaison qui est uniforme et qui cristallise régulièrement avec deux bases; c'est une propriété qui appartient sur-tout à l'ammoniaque et à la magnésie, et qui m'a paru devoir être attribuée à la force de leur affinité; mais quelle que soit la cause de cet effet, il doit fixer notre attention, d'autant plus qu'il peut facilement induire en erreur, lorsque l'on cherche à déterminer les proportions des substances qui forment un composé.

Bergman avait signalé la propriété que la magnésie ainsi que quelques oxides avait de donner des sels triples avec l'ammoniaque; mais l'on doit à Fourcroy des observations importantes sur cet objet.

Fourcroy a fait voir (1) qu'il fallait une cer-

____

(1) Ann. de Chim. tom. IV.

taine quantité d'ammoniaque pour qu'un sel à base de magnésie commençât à abandonner une portion de cette base, et qu'en augmentant la quantité de l'ammoniaque, mais beaucoup au-delà de ce qui doit entrer dans le sel qui cristallise, on parvenait à précipiter toute la magnésie qui doit se séparer, mais que l'on ne pouvait passer une certaine proportion. Le sel que l'on obtient par cristallisation, contient une proportion d'acide qui répond à celle que la même quantité de magnésie et d'ammoniaque aurait saturée, quoiqu'il diffère, selon les circonstances de l'opération, dans les proportions des deux bases : en effet, si l'état de saturation ne change pas, si le sel triple est dans l'état neutre, comme l'on suppose que le sont les sels séparés de magnésie et d'ammoniaque, on ne peut conjecturer que ces deux bases exercent une action mutuelle qui apporte quelque changement dans leur alcalinité. Fourcroy suppose que le précipité qui se forme, est de la magnésie pure ; il est vraisemblable qu'elle retient de l'acide, et peut-être de l'ammoniaque, comme il arrive indubitablement avec les oxides.

Fourcroy a encore observé (1) que dans un sel triple, produit par un oxide, la proportion

____

(1) Mém. de l'Acad. 1790.

de l'acide n'était plus la même que dans le sel formé de cet oxide et de l'acide, et dans celui de l'ammoniaque avec le même acide; mais que la combinaison triple retenait une moindre quantité d'acide; il a même vu de l'acide sulfurique se mettre en liberté, lorsqu'il formait le sulfate ammoniaco-mercuriel en précipitant le sulfate de mercure bien neutre par le mélange de sa dissolution avec celle du sulfate d'ammoniaque également neutre: cet effet ne s'accorde pas avec ceux que je présenterai sur l'action réciproque des sels métalliques, et des sels à base alcaline.

Les sels triples ne sont pas limités à des proportions déterminées, quoiqu'il y ait un rapport constant entre les quantités des bases, et celles des acides qui produisent leur saturation, mais on peut en obtenir beaucoup de variétés dans lesquelles les proportions sont différentes et la cristallisation prend aussi des formes différentes, mais qui ne tiennent que de loin aux changements de proportions.

346. Les alcalis ont tous la propriété de former directement ou indirectement des combinaisons avec le soufre; mais l'instabilité de ces combinaisons, les propriétés caractéristiques du soufre, qui dépendent de son affinité pour l'oxigène, et qui ne sont pas neutralisées par les alcalis, exigent qu'on les distingue des

combinaisons salines, quoiqu'elles ayent, lorsqu'elles sont isolées de l'oxigène, de si grands
rapports avec elles, que l'on peut appliquer à
l'action mutuelle de leurs éléments, les résultats de l'observation sur l'action réciproque des
acides et des alcalis.

Si donc, le soufre ne peut se combiner directement avec tous les alcalis, il ne faut en
chercher la cause que dans sa force de cohésion,
et dans la résistance qu'il pe t trouver dans les
dispositions de l'alcali.

L'obstacle qui naît de sa force de cohésion,
n'existe plus dans l'hydrogène sulfuré, lequel
ne paraît devoir les qualités acides qu'il possède, qu'au soufre lui-même (293); mais l'hydrogène sulfuré n'a pas seulement la propriété
de se combiner avec les bases alcalines (1); les
combinaisons qu'il forme avec elles, ont toutes
celle d'être solubles dans l'eau : elles sont
analogues aux combinaisons des acides avec les
alcalis : quelques - unes même peuvent prendre
la forme de cristaux.

Pour concevoir les combinaisons variées que
le soufre et l'hydrogène sulfuré peuvent présenter, avec différentes bases, et les phénomènes
qui en dépendent, il faut fixer son attention
sur les propriétés suivantes.

(1) Ann. de Chim. tom. **XXV.**

1°. Le soufre ne peut rester seul, en combinaison liquide, avec les alcalis; car si l'on détruit par l'acide muriatique oxigéné, par l'acide nitrique ou par l'acide sulfureux, l'hydrogène sulfuré, qui sert à le maintenir dans les dissolutions aqueuses, le soufre se précipite aussitôt. Les sulfures ne peuvent donc exister que dans l'état de dessication, ou du moins, s'ils peuvent contenir de l'eau, sans que celle-ci soit décomposée, la quantité n'en peut être que très-petite. Il ne faut pas attribuer la séparation du soufre, lorsqu'on détruit l'hydrogène sulfuré, à une privation d'affinité pour l'alcali, mais d'une part à la force de cohésion du soufre, et d'un autre côté, à la grande affinité de l'alcali pour l'eau.

2°. L'hydrogène sulfuré, que je considère ici, indépendamment des différences qui peuvent se trouver dans sa composition (291), a une telle action sur le soufre, qu'il peut le dissoudre, et former la combinaison liquide, que j'ai appelée soufre hydrogéné; mais l'hydrogène sulfuré, qui a beaucoup de tendance à l'élasticité, se sépare facilement par la chaleur ou par l'action dissolvante de l'air, et abandonne le soufre qu'il avait pris en dissolution, et rendu liquide. D'un autre côté, l'hydrogène sulfuré forme, avec les alcalis, des combinaisons qui sont plus stables que celles du soufre, ou plutôt que l'eau ne détruit pas: on ne peut méconnaître ici la propriété qu'a l'hydrogène d'affaiblir la force de cohésion , et d'en faire disparaître les effets ; on retrouve cette influence de l'hydrogène dans les sulfures hydrogénés, que l'on peut regarder comme une combinaison d'un alcali avec le soufre hydrogéné , combinaison qui est variable , parce qu'elle n'est pas très-énergique , et à laquelle on peut parvenir par différents moyens : 1°. par la dissolution du soufre hydrogéné ; 2°. par la dissolution du soufre par un hydro-sulfure ; 3°. par la décomposition de l'eau que produit un sulfure.

J'ai remarqué que lorsqu'on laissait un hydro-sulfure exposé à l'air, il se formait de l'acide sulfureux (290) : dans cette circonstance , l'action de l'alcali empêche que l'acide sulfureux, et l'hydrogène sulfuré ne se détruisent, de même que l'hydrogène de l'ammoniaque est conservé avec l'oxigène, dans le nitrate d'ammoniaque ; mais si l'on vient à affaiblir l'action résultante de l'alcali, par un acide que l'on ajoute, l'acide sulfureux et l'hydrogène sulfuré se détruisent, il se forme de l'eau , et le soufre de l'un et de l'autre se précipite ; pendant que cette précipitation a lieu, on ne sent point l'odeur de l'acide sulfureux, parce qu'il est décomposé ; mais celui qui se dégage après cela, se développe.

347. Ces observations me paraissent rendre raison de la composition d'un sel singulier, qui se forme dans les opérations de la fabrique des

citoyens Payen, et qui a donné lieu à une discussion entre Chaussier et Vauquelin (1). Cette discussion a de l'importance par les lumières des savants entre qui elle s'est établie, et parce qu'elle concerne une espèce particulière de combinaison, et qu'elle peut jeter du jour sur beaucoup de phénomènes analogues à sa formation : Chaussier a nommé ce sel hydro-sulfure sulfuré de soude, et cette dénomination indique assez l'opinion qu'il s'en est formée : Vauquelin l'a appelé sulfite-sulfuré : il prouve effectivement, par des expériences convaincantes, que l'acide sulfureux y existe ; mais je diffère de son opinion sur l'autre élément, qui me paraît être l'hydrogène sulfuré, et non le soufre.

On parvient à former ce sel en mêlant de l'eau chargée d'hydrogène sulfuré, avec la dissolution de sulfite de soude : mon confrère suppose que tout l'hydrogène sulfuré est décomposé ; mais l'acide sulfureux et l'hydrogène sulfuré n'ont la propriété de se décomposer mutuellement que lorsqu'ils sont en liberté ; l'action d'une base alcaline empêche que cet effet n'ait lieu, ou plutôt le limite, comme le prouve incontestablement la formation de l'acide sulfureux, dans un hydro-sulfure qu'on laisse exposé à l'air, ainsi que je viens de le rappeler ; ce qui a également

____

(1) Ann. de Chim. tom. XXXII.

lieu dans un sulfure hydrogéné, qui est exposé à l'air. L'hydro-sulfure n'a perdu qu'une partie de ses propriétés, et, cependant, l'acide sulfureux y existe avec l'hydrogène sulfuré; en sorte que l'un ne décompose pas l'autre, lorsque leur action est diminuée de celle qu'ils exercent sur une base alcaline.

Cette action de l'affinité résultante de l'alcali, ne s'étend cependant que jusqu'à un certain degré : si l'on ajoute un excès d'hydrogène sulfuré, il peut produire une décomposition, comme on le voit dans les expériences de Vauquelin, et il reste un excès d'hydro-sulfure, qui rapproche le liquide de l'hydro-sulfure, qu'on a laissé exposé à l'air, et dans lequel il s'est formé de l'acide sulfureux; d'où il résulte que pour produire le sulfite hydro-sulfuré, sans que le liquide se trouble par une précipitation de soufre, il ne faut pas passer la proportion convenable d'hydrogène sulfuré.

Il peut se faire, cependant, que lors même que le liquide ne se trouble point, il y ait réellement quelque décomposition; l'état neutre dans lequel le sel reste, paraîtrait l'indiquer; car il devrait y avoir un excès d'acidité, par la combinaison de l'hydrogène sulfuré : il faudrait donc, selon cette manière de voir, qu'il se détruisît une portion de l'acide sulfureux, correspondante à celle de l'hydrogène sulfuré, et du soufre, qui servirait à neutraliser une partie correspondante de l'alcali ; mais il me paraît beaucoup plus vraisemblable que l'action réciproque de l'acide sulfureux, et de l'hydrogène sulfuré, qui ne suffit pas pour opérer leur décomposition, affaiblit cependant celle que chacun des deux exerce sur l'alcali ; de manière que l'état neutre n'en est pas altéré. C'est ainsi que l'action mutuelle de l'oxigène et de l'acide muriatique, fait que leur combinaison ne produit aucun changement dans l'état neutre du muriate, comparé au muriate sur-oxigéné de potasse (181) ; ce qui me confirme dans cette opinion, c'est que le sulfite hydro-sulfuré ne prend aucune couleur, pendant que l'hydro-sulfure, exposé à l'air, contracte aussitôt une teinte jaune, qui est due au soufre, qui devient dominant dans la composition de l'hydro-sulfure.

On observe donc, dans le sulfite hydro-sulfuré dont il s'agit, les mêmes phénomènes que dans l'hydro-sulfure, ou dans le sulfure hydrogéné, dans lequel il s'est formé de l'acide sulfureux ; si l'on n'y ajoute un acide que par petites parties, l'acide sulfureux, qui est mis en liberté, agit sur l'hydrogène sulfuré, et il s'en fait une décomposition mutuelle, de sorte qu'il ne s'exhale point de vapeur sulfureuse : ce n'est que lorsque cet effet est passé, qu'en ajoutant une plus grande quantité d'acide, on fait dégager la vapeur sulfureuse ; la seule différence qu'il y ait , c'est que lorsqu'on décompose l'hydro-sulfure, il s'exhale du gaz hydrogène sulfuré : ce qui n'arrive qu'avec l'acide sulfurique concentré , lorsqu'on fait l'épreuve sur le sulfite hydro-sulfuré , parce que celui-ci, comparé à l'hydro-sulfure , contient un excès d'acide sulfureux.

Lorsque l'on pousse au feu le sulfite hydro-sulfuré , l'on détruit l'affinité résultante qui maintenait sa composition. L'hydrogène sulfuré et l'acide sulfureux se décomposent , d'où résulte une formation de sulfure , plus abondante que lorsqu'on soumet un sulfite à l'action du feu ; une partie du sulfite se trouve aussi changée en sulfate ; mais je me suis assuré qu'il se dégage aussi du gaz hydrogène sulfuré.

Vauquelin a produit ce sel en fesant bouillir un sulfite avec le soufre, et il se sert de cette expérience pour appuyer son opinion ; mais il a fort bien observé lui même que le liquide contient alors du sulfate, de sorte qu'il s'est formé de l'acide sulfurique , comme lorsqu'un sulfure est mis en contact avec l'eau , et de même il a dû se produire de l'hydrogène sulfuré.

Il regarde le gaz hydrogène sulfuré qui se dégage par l'action de l'acide sulfurique concentré, comme un résultat de cette action ; mais toutes les circonstances sont alors défavorables à cette production, et particulièrement le dégagement de l'acide sulfureux, qui le détruirait en entier, si la rapidité du dégagement le lui permettait.

348. Si la force de cohésion qui appartient au soufre est un obstacle à sa combinaison, avec les alcalis même, qui ont beaucoup de solubilité, cet effet doit être bien plus grand, lorsque la même insolubilité se trouve dans l'alcali : il n'est donc pas surprenant que la magnésie, malgré sa puissante action sur les acides, ne puisse former que difficilement une combinaison avec le soufre, et en la tenant long-temps à la chaleur de l'ébullition, dans un vase rempli d'eau (1). Mais l'hydrogène sulfuré peut dissoudre la magnésie, et former un hydro-sulfure avec elle. Il est vraisemblable que cet hydro-sulfure pourrait dissoudre du soufre, comme on va voir que cela a lieu avec l'ammoniaque, dont elle se rapproche par l'énergie de son affinité.

L'ammoniaque elle-même ne peut dissoudre le soufre, parce que sa volatilité ne permet pas d'employer un degré de chaleur qui affaiblisse assez la force de cohésion de cette substance ; mais elle montre la puissance de son affinité, lorsqu'elle est combinée avec l'hydrogène sulfuré, et qu'elle forme un hydro-sulfure ; car cet hy

____

(1) Bergmann, *de magnesiâ.*

dro-sulfure peut dissoudre une quantité si considérable de soufre, que la dissolution prend une couleur jaune, et une apparence huileuse (1).

Lorsque l'hydro-sulfure d'ammoniaque a un excès d'ammoniaque, il est fumant et analogue à la liqueur fumante de Boyle; si ce n'est que celle-ci tient du soufre en dissolution. Il n'y a point de séparation marquée entre l'hydro-sulfure et le sulfure hydrogéné d'ammoniaque; mais on peut distinguer, par cette dernière dénomination, l'hydro-sulfure qui a pris beaucoup de soufre en dissolution, et qui forme une liqueur jaune.

On remarque, entre l'action que la baryte et la strontiane exercent sur le soufre, une différence qui paraît pouvoir s'expliquer aussi par la différence de leur solubilité; si après avoir exposé le sulfure de strontiane à une chaleur un peu forte, pour que le soufre l'abandonne en partie, et si après cela on fait bouillir la combinaison dans une suffisante quantité d'eau, une partie de la strontiane cristallise, et se sépare de celle qui reste dans l'état de sulfure hydrogéné (2), de sorte que la force de cristallisation se trouvant en opposition avec l'affinité du soufre et de l'hydrogène sulfuré, produit une séparation de deux combinaisons; mais cette force étant

(1) Ann. de Chim. tom. XXV.

(2) Journ. de l'Ecole Polytech. 11e cahier.

beaucoup plus petite dans la baryte, cette séparation ne peut avoir lieu. Cette propriété de la
strontiane donne un moyen de la séparer immédiatement du sulfure qu'on a formé avec le
sulfate de strontiane ; mais pour produire cet
effet avec le sulfure hydrogéné de baryte, il faut
y ajouter une substance qui puisse décomposer
l'hydro-sulfure, et former une combinaison insoluble avec le soufre.

Les propriétés que le soufre transmet aux
combinaisons nombreuses qu'il peut former, et
celles qu'elles acquièrent elles-mêmes tirent donc
leur origine ; 1°. de son affinité pour l'oxigène,
qui est la dominante : l'acide qui résulte de leur
action mutuelle, varie selon la condensation que
l'oxigène peut recevoir ; 2°. de son affinité pour
l'hydrogène ; 3°. de celle qu'il a pour les bases
alcalines. Les éléments réunis par ces affinités
exercent une action mutuelle, qui produit des
combinaisons variables, ou bien ces combinaisons formées, subissent des changements, selon
qu'elles rencontrent l'un des éléments entre lesquels cette action peut s'exercer.

349. Les autres terres se distinguent de celles
que leurs propriétés doivent faire placer parmi
les alcalis, par la différence de leur action sur
les acides ; celles même qui peuvent se dissoudre dans les acides, n'ont cependant pas la
propriété de former des combinaisons neutres,

qui puissent donner un moyen de comparer leur capacité de saturation ; la résistance de leur force de cohésion , lors même qu'elles sont dans le plus grand état de division , suffit pour que les acides faibles ne puissent en opérer la dissolution : outre cela, elles ont plus ou moins la propriété de se combiner avec les alcalis, de sorte qu'elles semblent tenir le milieu entre les acides et les alcalis, et se rapprocher par là des propriétés des oxides ; mais leurs caractères communs sont trop peu marqués pour que l'on puisse traiter de leurs propriétés générales; chaque espèce doit être considérée en particulier.

L'alumine a une disposition presqu'égale à se combiner avec les acides et avec les alcalis ; mais il faut que sa force de cohésion n'apporte pas un trop grand obstacle à ces deux espèces de combinaison ; ainsi l'acide carbonique ne peut la dissoudre immédiatement, il l'abandonne même lorsqu'on la précipite d'une dissolution acide, par le moyen d'un carbonate , et qu'elle passe à l'état solide; ou du moins, elle paraît n'en retenir , selon les observations que Théodore Saussure a données dans un mémoire très-intéressant sur l'alumine (1), qu'en raison de l'alcali qu'elle retient dans sa précipitation ; mais l'eau

(1) Journ. de Phys. tom. LII.

d'acide carbonique peut en dissoudre une petite quantité.

Ce qui prouve que cette difficulté de se dissoudre ne dépend réellement que de l'obstacle qu'oppose sa force de cohésion, c'est que l'acide acétique, qui ne dissout presque pas l'alumine, peut se combiner avec elle, si on mêle le sulfate d'alumine avec l'acétite de plomb ; l'oxide de plomb formant un sel insoluble avec l'acide sulfurique, l'alumine reste en combinaison avec l'acide acétique qui fait un échange de base ; mais l'hydrogène sulfuré ne peut dissoudre l'alumine, et par là il peut servir à la séparer des terres alcalines.

De toutes les combinaisons que produit l'alumine, c'est celle qu'elle forme avec l'acide sulfurique, qui mérite le plus d'attention, et par les propriétés qui la distinguent, et par l'importance, dont il est d'en avoir une connaissance exacte, soit pour l'analyse chimique, soit principalement pour son usage dans les arts.

Bergman (1) avait observé que l'alun contenait ordinairement de la potasse ; et qu'elle était utile à sa cristallisation ; mais son opinion n'était pas arrêtée sur son effet, il croyait qu'elle servait à absorber un excès d'acide, et que l'alumine pouvait la remplacer ; cependant

____

(1) De confect. alum. de platinâ.

il prononce ailleurs que la potasse et l'ammoniaque dans l'état de sel neutre, produisent le
même effet.

Chaptal, qui répandit une vive lumière sur
les arts, et qui montra quels avantages pouvait
leur procurer la chimie, avant que la protec-
tion que le gouvernement leur accorde, lui fût
confiée, éprouva dans les travaux de sa fabrique (1): « Que sans le secours des alcalis, on
» n'obtient qu'un magma ou un précipité grenu,
» qui ne présente aucune apparence de cristaux »,
et que le conseil que Bergman avait donné de
saturer l'excès d'acide d'une liqueur alumineuse,
par le moyen de l'alumine, qu'il supposait augmenter la quantité du sel cristallisable, n'était
pas praticable : « Si l'on fait bouillir la lessive
» acide avec de l'argile cuite ou crue, la disso-
» lution ne se fait que très-lentement, et par
» une forte ébullition ; lorsque la lessive paraît
» saturée, si on la filtre, elle laisse précipiter,
» par le refroidissement, une grande partie de
» l'argile qu'elle avait dissoute ; si dans cet état
» on rapproche la dissolution, l'argile se dégage
» et forme un précipité qui s'oppose à toute cris-
» tallisation ».

Dans la suite des opérations, dont la perfection l'occupait, il avait observé que l'on pou-

(1) Mém. de l'Acad. 1788. Ann. de Chim. tom. XXII.

vait substituer avec avantage le sulfate de potasse à la potasse, et Decroizille avait fait la
même observation : il avait aussi éprouvé que
le sulfate d'ammoniaque produisait un effet semblable.

Vauquelin a remarqué de son côté (1) que l'alumine ne formait, avec l'acide sulfurique, qu'une
substance grenue et lamelleuse que l'on ne peut
faire cristalliser ; que la potasse ou l'ammoniaque
sont nécessaires à la cristallisation ; que leurs sulfates remplissent le même objet; que dans l'alun
de Rome, c'est la potasse seule qui produit la
cristallisation ; et que la plupart des autres,
contiennent en même-temps la potasse et l'ammoniaque : il évalue à-peu-près à 7 pour cent
la quantité de l'un de ces sulfates alcalins, qui
se trouve dans l'alun ; mais il y a apparence
que cette quantité varie pour la potasse ou
pour l'ammoniaque ; ce qui n'est pas encore
déterminé. Il a tiré de ses observations cette
conséquence importante pour l'analyse chimique, que toutes les fois que l'on obtient immédiatement des cristaux d'alun d'une substance
terreuse, par le moyen de l'acide sulfurique,
cette substance contient de la potasse, et il en
a prouvé ainsi l'existence dans plusieurs pierres
où on ne la soupçonnait pas. Cette épreuve fait

____

(1) Ann. de Chim. tom. XXII.

voir que la plupart des argiles et des marnes tiennent un peu de potasse : du moins j'ai toujours obtenu des cristaux d'alun, de plusieurs espèces, que j'ai essayées.

Le sulfate d'alumine est donc nécessairement un sel composé ; mais outre la potasse et l'ammoniaque, il peut aussi recevoir des proportions différentes d'acide : j'ai dissous des cristaux d'alun transparents et permanents à l'air, de différentes fabriques, et en fesant cristalliser, j'ai eu un résidu qui contenait un excès d'acide plus ou moins considérable; j'ai quelquefois obtenu de ce résidu, du sulfate acidule de potasse, qui cristallisait séparément, et sur-tout par efflorescence.

Ce sel peut contenir, au contraire, un excès de base, et alors il acquiert la propriété de cristalliser en cubes, comme l'a observé Vauquelin, et comme l'avait déjà remarqué Sieffertz.

Enfin l'alun peut contenir une certaine quantité de sulfate de fer. On voit donc combien de variations ce sel peut recevoir dans sa composition, sans que sa transparence, sa cristallisation, et ses autres propriétés apparentes les indiquent.

On sait que l'alun de Rome, et même l'alun du Levant, sont préférés aux autres, pour les couleurs brillantes de la teinture : je présume que cet avantage sur les aluns fabriqués par la combinaison immédiate de l'acide et de l'alumine, dépend sur-tout de l'excès d'acide que j'ai trouvé dans les différentes espèces d'alun de fabrication, quoique cet excès ne se laissât appercevoir ni par la forme de la cristallisation, ni par la propriété hygrométrique.

La décomposition de l'alun donne aussi des résultats variables : si l'on sépare sa base par un carbonate, le précipité retient une proportion considérable d'acide, et même de la base alcaline ; car en le dissolvant dans l'acide nitrique ou l'acide muriatique, on obtient de l'alun par la cristallisation ; si, au contraire, on précipite l'alumine par un alcali, et sur-tout, si après la précipitation on la tient en digestion dans un alcali, une beaucoup plus petite partie de l'acide sulfurique est retenue ; cependant si l'on dissout ce précipité dans l'acide nitrique, la dissolution forme encore du sulfate avec une dissolution de baryte (63).

Vauquelin a décomposé le sulfate d'alumine par l'alumine, et il a reconnu que le sel insoluble qui se formait, et qui avait été observé par Baumé, retenait, outre l'acide, de l'alcali dans sa composition.

La soude peut de même entrer dans la composition du sulfate d'alumine, et lui donner la propriété de cristalliser, comme l'a observé Bérard, au rapport de Chaptal ; mais les cristaux que

20..

j'ai examinés, sont plus solubles que ceux de l'alun, et ils tombent en efflorescence à l'air.

L'acide nitrique a aussi la propriété de cristalliser avec l'alumine ; il est probable que c'est également par le moyen d'une base alcaline.

35o. L'alumine se dissout dans la potasse et dans la soude, pourvu que sa force de cohésion n'oppose pas une résistance assez considérable : cette dissolution soutient l'évaporation sans que l'alumine se dégage. Cette propriété d'entrer en combinaison avec les alcalis, malgré ses dispositions à prendre l'état solide, sert à expliquer l'effet par lequel les alcalis affermissent, comme on vient de le voir, sa combinaison avec les acides : ils exercent leur affinité sur l'alumine et sur l'acide : cette action réciproque des alcalis et de l'alumine explique encore pourquoi les précipités de l'alun entraînent avec eux l'alcali, qui a servi de précipitant, et peut-être pourquoi l'on retrouve de l'alcali dans un grand nombre de composés terreux, dans lesquels se trouve une certaine proportion d'alumine.

La chaux, à qui une faible solubilité ne permet d'agir qu'en petite quantité, a montré sa disposition à s'unir avec l'alumine, dans des expériences que l'on doit à Schéele (1). L'eau de

____

(1) Mém. de Chim.

chaux ayant été mise sur l'alumine, précipitée de l'alun, laquelle, selon sa description, était dans l'état gélatineux, toute la chaux s'est combinée avec elle ; l'eau de sulfate de chaux ayant été mise de même sur l'alumine, il ne s'est point fait de combinaison ; mais ayant ajouté de l'eau de chaux, non-seulement la chaux, mais le sulfate de chaux s'est précipité en entier et a formé une combinaison que l'on peut regarder comme analogue à celle de l'alun, ou plutôt du sulfate insoluble d'alumine, puisqu'elle était formée d'alumine, d'acide sulfurique et de chaux.

L'affinité de la chaux, pour l'alumine, se montre encore lorsqu'on précipite, par l'ammoniaque, une combinaison qui tient en dissolution de l'alumine et de la chaux ; celle-ci, qui n'aurait pas été précipitée par l'ammoniaque, se sépare en partie avec la chaux.

La faible condensation que l'ammoniaque peut prendre avec l'eau, comparée à celle de la potasse et de la soude, explique son inaction sur l'alumine ; cependant elle en dissout un peu, quand elle la trouve extrêmement divisée (1), et son action se montre sur-tout dans les sels triples qu'elle forme avec elle, comme nous l'avons vu pour le sulfate d'alumine.

L'insolubilité de la magnésie l'empêche d'exercer son action alcaline dans les circonstances

____

(1) Syst. des Conn. Chim. tom. II.

ordinaires ; mais on a une preuve de l'action alcaline qu'elle exerce sur elle, lorsque sa cohésion cesse d'être un obstacle ; ainsi, lorsque l'on précipite, par l'ammoniaque, une dissolution de magnésie et d'alumine, la magnésie qui serait restée en dissolution, et qui aurait formé une combinaison triple et soluble avec l'ammoniaque, jusqu'à ce que la proportion de la dernière eût été assez considérable pour en séparer une partie, se précipite en entier avec l'alumine, et alors la potasse ou la soude qui auraient pu dissoudre l'alumine précipitée, si elle n'était pas en combinaison, ne peuvent la séparer de la magnésie, ou n'en dissolvent qu'une partie, qui n'est pas retenue assez fortement par la magnésie, selon l'observation de Chenevix (1) : l'alumine montre quelqu'action sur la silice, car si elle se trouve en quantité suffisante, elle favorise sa dissolution dans les acides.

La strontiane et la baryte, dont l'action alcaline est beaucoup plus faible, ne peuvent surmonter les obstacles qui s'opposent à leur combinaison avec l'alumine, et les précipités que l'on a obtenus du mélange des dissolutions d'alumine et de baryte, n'étaient dûs qu'à l'acide sulfurique, qui avait retenu l'alumine dans sa précipitation, ainsi que l'ont fait voir d'Arracq

____

(1) Ann. de Chim. tom. XXVIII. Trans. philos. 1802.

et Chenevix; mais la strontiane peut ne pas indiquer ces petites quantités d'acide sulfurique, parce que le sulfate qu'elle forme a plus de solubilité que celui de baryte.

Cette action réciproque de l'alumine et des alcalis sert à la décomposition des sels qui contiennent un alcali fixe, et un acide volatil, tels que le nitrate de potasse et le muriate de soude : La base alcaline porte une partie de son action sur l'alumine, et par là, celle qu'elle exerce sur l'acide est diminuée, pendant que la tension de celui-ci est accrue par la chaleur, et finit par en produire la séparation, conformément à la théorie que j'ai exposée sur la distillation (245).

351. L'action de l'alumine sur l'eau est considérable; mais elle varie selon l'état dans lequel elle se trouve, comme le prouvent les expériences importantes de Théodore Saussure. Ce savant physicien a observé que l'alumine prenait une apparence et des propriétés différentes, selon les circonstances de sa précipitation du sulfate d'alumine (1) : si la quantité d'eau n'excède pas celle qui est nécessaire pour la dissolution du sulfate d'alumine, que l'on précipite par l'ammoniaque, ou par le carbonate d'ammoniaque, on a une terre blanche, légère, friable, très-spongieuse et qui s'attache à la langue; il l'ap-

____

(1) Journ. de Phys. tom. LII.

pelle *alumine spongieuse*. Mais si le sel alumi-
neux est dissous dans une très-grande quantité
d'eau, on obtient après le desséchement du
précipité, à la même température, une masse
transparente, jaune, fragile, qui n'a point un
aspect terreux, qui ne s'attache nullement à la
langue, qui occupe, sous le même poids, un
volume dix ou douze fois moindre que l'alumine
spongieuse. Elle ressemble à la gomme arabique
ou à une gelée desséchée : il l'appelle *alumine gélatineuse*. On pourrait desirer qu'il eût examiné
si cette différence ne dépend pas des proportions
d'acide que l'alumine peut retenir dans ces deux
circonstances.

Il doit exister, sans doute, des états intermédiaires de combinaison de l'alumine avec l'eau ;
mais les précipités que l'on obtient dans les analyses, doivent le plus souvent se rapprocher de
l'alumine gélatineuse.

L'alumine spongieuse et l'alumine gélatineuse
contiennent la même quantité d'eau, lorsqu'elles
ont été séchées à la température de l'atmosphère ;
mais la première la retient beaucoup moins fortement, et l'abandonne à une chaleur beaucoup
plus faible : 100 parties d'alumine spongieuse
perdent en poids à une chaleur rouge, mais inférieure à celle qui fait entrer l'argent en fusion,
58 parties : 100 parties d'alumine gélatineuse ne
perdent que 48 et un quart, à 130 degrés du

thermomètre de Wedgvood, et seulement 43 parties au degré de l'incandescence.

Saussure regarde l'alumine spongieuse, qui a perdu les 58e. d'eau, comme absolument privée de cette substance, ce qui ne me paraît pas prouvé ; il est même probable qu'elle en retient une portion quelconque, dans le même état que celle qui est unie à l'alumine gélatineuse, que cette eau résiste à l'action de la chaleur, et qu'elle pourrait encore se manifester dans l'une et dans l'autre, par quelque moyen qui produirait sa décomposition, c'est-à dire, par l'action de quelque substance inflammable.

Il prétend que les cylindres pyrométriques de Wedgwood perdent toute leur eau aux premiers degrés de chaleur ; il en a soumis un à l'action du feu, qui n'a pas subi de perte sensible depuis le 29e. degré jusqu'au 170e. Mais il se trouve, comme il le remarque lui-même, une grande différence entre ces cylindres : Wedgwood a pu conduire au 240e degré ceux qu'il a éprouvés, et il a observé qu'un cylindre a perdu près de deux grains dans les dernières parties de l'échelle ; or on ne peut soupçonner une erreur de fait si considérable, dans un physicien tellement exercé.

Les expériences de Saussure font voir combien il peut rester d'incertitude sur les déterminations de l'alumine, dans les analyses chimiques : une alumine gélatineuse, portée à l'incandescence, terme auquel on a rarement le soin de conduire l'alumine qu'on obtient de l'analyse, contient encore 0,15 d'eau. Il ne porte, par une conséquence de ses épreuves, l'alumine du sulfate d'alumine qu'à 0,09, et il néglige dans cette évaluation l'acide qui doit être retenu dans le précipité.

Quoique l'alumine montre, par ces épreuves, qu'elle a une grande affinité avec l'eau, que de là dépendent plusieurs propriétés, et particulièrement la souplesse et le liant qu'elle a lorsqu'elle ne contient point d'acide, et qui la rendent si utile aux arts, l'action que l'eau exerce sur elle ne suffit cependant pas pour en opérer la dissolution; ce qui fait voir combien la considération de la force de cohésion est importante pour reconnaître les affinités qui, latentes dans quelques circonstances, deviennent actives dans d'autres, et produisent des effets auxquels on suppose ensuite des causes étrangères.

352. La silice a plus de disposition à se combiner avec les alcalis, qu'avec les acides; si, lorsqu'elle est récemment précipitée, on la fait bouillir avec la potasse, elle s'y dissout en quantité considérable, pendant que, dans la même circonstance, elle n'est point dissoute par l'acide sulfurique (1).

(1) Bergman, *de terrâ silioeâ op.* tom. II.

Quoique sa force de cohésion ne paraisse pas plus considérable que celle de l'alumine , puisque le saphir et le corrindon ont une dureté plus grande que les pierres où la silice domine ; cependant elle jouit en général beaucoup plus de cette propriété , parce qu'elle a peu d'affinité pour l'eau , pendant que l'alumine en a une grande ; si l'on trouve la silice dans plusieurs eaux , ce n'est qu'au moyen de l'action que les sels exercent sur elle ; ainsi Black a fait voir que les eaux du Geyser contenaient un peu de potasse , par le moyen de laquelle elles tiennent la silice en dissolution.

Sa force de cohésion est un obstacle à ses combinaisons , d'autant plus efficace , que cette force se trouve en même-temps dans les alcalis ; de là vient que la silice ne se dissout que dans la potasse et la soude , qui peuvent former un liquide , dans lequel elles se trouvent très-condensées : il y a apparence que c'est la cause qui empêche sa dissolution par la chaux ; car les propriétés du mortier prouvent que ces deux substances agissent avec énergie l'une sur l'autre : on ne connaît pas encore l'action de la baryte , de la strontiane et de la magnésie sur la silice.

Lorsqu'on mêle un acide à la potasse silicée , on a des effets différents , selon la quantité de l'eau : si la potasse silicée n'est étendue que de

(1) Ann. de Chim. tom. XVI.

seize parties d'eau, l'acide sulfurique n'y produit point de précipité : il faut au moins 24 parties d'eau pour que le précipité ait lieu; la combinaison saline agit assez sur la silice, pour maintenir sa dissolution dans le premier cas; mais la différence de solubilité produit enfin une séparation dans laquelle le sulfate reste avec l'eau ; cependant la silice retient une portion de potasse, qui la rend fusible au chalumeau, comme le remarque Bergman. L'eau ne détruit la combinaison de la potasse et de l'acide avec la silice que par l'affinité supérieure qu'elle a pour les deux premiers éléments ; mais son effet est subordonné à sa quantité.

Tous les acides peuvent dissoudre la silice, mais seulement lorsqu'ils trouvent sa force de cohésion très-affaiblie par l'action d'un dissolvant, tel que la potasse ou la soude ; de sorte qu'après avoir produit un précipité, ils le redissolvent, si on ne lui donne pas le temps de s'agglutiner : ils retiennent d'autant plus fortement la silice, qu'ils exercent une action plus puissante; ainsi l'acide muriatique l'emporte à cet égard sur les autres, excepté l'acide fluorique ; mais quoiqu'il n'y ait pas excès d'acide, comme l'alcali et l'acide agissent l'un et l'autre sur la silice, leur combinaison a la propriété de la retenir en solution, jusqu'à ce que, par la dessication, sa force de cohésion soit assez augmentée pour résister à leur action : de là viennent ces résidus gélatineux qu'on obtient en fesant évaporer les dissolutions qu'on forme dans l'analyse de plusieurs minéraux , et dont on ne vient à bout de séparer la silice qu'après une forte dessication.

L'acide fluorique, dont la puissance est très-grande (87), agit plus, par là même, sur la silice , que les autres acides ; il la dissout malgré la cohésion qu'elle a dans le verre ; il en entraîne une partie dans l'état de gaz ; cependant lorsque le gaz qui en est chargé se combine avec l'eau , l'action de celle-ci lui fait abandonner une partie de la silice , qui retient très-probablement, en se précipitant, un peu d'acide fluorique, comme l'indique l'expérience suivante, et sur-tout l'analogie avec les autres combinaisons que l'action de l'eau divise en l'une, qui est plus soluble , et en l'autre qui l'est moins, par la différence des proportions qui s'établissent.

Lorsqu'on sature l'acide fluorique d'un alcali qui tient de la silice en dissolution, le précipité qui se forme contient, non-seulement, un peu d'acide fluorique , selon l'observation de Bergman ; mais il forme une combinaison triple, qui est un peu soluble dans l'eau, et qui est beaucoup plus fusible par la chaleur, que celui qui n'est précipité que par l'eau.

353. La glucine, dont la découverte est due à Vauquelin , se rapproche du caractère de l'alu-

mine ; cependant elle paraît avoir beaucoup plus de disposition à se combiner avec les acides ; la saveur sucrée que prennent ses combinaisons, semble annoncer une grande saturation ; de sorte qu'elle pourrait bien être véritablement alcaline. La propriété qu'elle a de former une combinaison triple avec le carbonate d'ammoniaque , a servi au savant chimiste qui l'a trouvée , à la séparer de l'alumine ; mais cette combinaison est faible, puisque la seule action de l'ébullition suffit pour précipiter cette terre, et en séparer le carbonate d'ammoniaque.

La zircone, découverte par le célèbre Klaproth, paraît avoir moins d'action sur les acides, dans lesquels elle ne se dissout que lorsqu'elle est dans un grand état de division : elle les abandonne facilement par l'action de la chaleur : elle forme un sel insoluble avec l'acide sulfurique : elle n'est pas attaquée par les alcalis ; cependant leur action, combinée avec celle de l'acide carbonique, peut en opérer la dissolution , lorsqu'elle est très-divisée : on dirait qu'elle est déjà dans un état de saturation.

La gadolinite a été si peu examinée, jusqu'à présent, qu'on connaît imparfaitement les propriétés qui peuvent servir à la distinguer.

Ainsi, parmi les terres., quelques-unes possèdent toutes les propriétés des alcalis ; elles ne peuvent être distinguées que par les effets variables de la force de cohésion. Ce n'est pas même leur propre insolubilité qui a servi à établir leur distinction avec les alcalis; mais celle de quelques-unes de leurs combinaisons.

L'insolubilité qui peut s'allier avec une puissance alcaline très-grande, a porté à séparer la magnésie des alcalis, quoiqu'elle ne cède qu'à l'ammoniaque par sa capacité de saturation.

Nous avons remarqué des terres qui s'éloignent, par leurs propriétés, de celles qui possèdent les propriétés alcalines dans leur intégrité; celles-là doivent être distinguées comme substances particulières : elles n'ont donc point de caractère général ; mais elles ont chacune leur mode de se comporter avec les autres substances ; cependant leurs propriétés sont dérivées principalement de leurs rapports avec les acides, avec les alcalis et avec l'eau, et de leur force de cohésion.

CHAPITRE III.

De l'action mutuelle des alcalis et des terres dans la liquéfaction.

354. J'ai examiné les propriétés des substances alcalines, sans négliger leurs affinités secondaires; j'ai regardé, comme leur caractère dominant, la propriété de neutraliser les acides; j'ai comparé leur capacité de saturation; j'ai tâché de déterminer quelle influence pouvait avoir leur degré de solubilité, dans les différentes circonstances, mais indépendamment d'une haute chaleur. Pendant que la saturation déguise l'alcalinité, l'insolubilité qui imprime le caractère des terres, s'alliant avec les qualités parallèles des acides, est la cause principale qui détermine les propriétés des combinaisons qu'elles forment avec les acides, et qui dirige, dans l'état neutre, le choix que chaque base peut faire entre différents acides, pour produire le même degré de saturation (71); cette insolubilité qui sert à distinguer les terres, lorsqu'elle est absolue dans une substance, ou lorsqu'elle se trouve dans celles

de ses combinaisons qui ont sur-tout fixé l'attention, n'est pas toujours accompagnée de la plé-
nitude des propriétés acides ; mais nous avons
remarqué des substances terreuses qui n'ont
qu'imparfaitement les qualités alcalines , ou
même qui ont des tendances à la combinaison
analogues à celles des acides, et qui ne présentent, soit avec les acides , soit avec les alcalis,
que des propriétés qui leur sont particulières :
nous les avons distinguées par là des alcalis.

J'examinerai dans ce chapitre l'action mutuelle
que ces différentes substances peuvent exercer,
lorsqu'elles reçoivent l'état liquide de la chaleur
seule , et que par là l'obstacle de la cohésion
se trouve reculé.

Dans l'action mutuelle que les substances alcalines et terreuses peuvent exercer par le secours de la chaleur, il est beaucoup plus difficile de séparer les effets qui sont dûs à la
tendance qu'elles ont à se combiner ensemble ,
de ceux qui sont produits par l'action réciproque
des molécules, que dans les phénomènes que
nous avons examinés jusqu'à présent; 1º. parce
qu'ils ont toujours lieu entre dès substances
dont la force de cohésion devient tout-à-coup
très-grande, dès que la cause qui la fesait disparaître vient à diminuer; 2º. parce que l'intensité
de cette cause , qui est l'expansion de la chaleur, varie dans une échelle très-étendue dont

elle peut parcourir rapidement les différents degrés qui sont eux-mêmes peu distincts entre eux. Il en résulte qu'il se trouve de la confusion et de l'incertitude dans les propriétés génératrices de la plupart des effets sur lesquels je vais fixer l'attention, et que l'on est souvent réduit, sur cet objet, à noter quelques résultats de l'observation.

354. Cependant on apperçoit encore les effets de l'affinité qui produit les combinaisons, dans l'action mutuelle des substances qui sont soumises à l'action du feu ; ainsi les acides qui, malgré leur volatilité, peuvent résister à l'action de la chaleur dans les combinaisons qu'ils forment avec les substances terreuses alcalines, accélèrent leur fusion et favorisent leur vitrification ; le sulfate de chaux, exposé à un grand feu, coule en un verre transparent (1) : le sulfate de baryte se réduit en verre, et même le fluate de chaux, dans lequel la forte affinité de l'acide peut le maintenir malgré la volatilité qui lui est propre.

L'effet des acides doit dépendre de l'énergie de leur affinité, de leur fixité naturelle, et de leur propre fusibilité ; ainsi l'acide fluorique doit produire un grand effet par la force de l'affinité, l'acide phosphorique par son affinité et par sa

______

(1) Darcet, mém. sur l'action d'un feu long-temps continué.

fixité, et l'acide boracique par sa fixité et par sa fusibilité : l'effet des bases qui diffèrent peu par leur fixité, doit dépendre de l'énergie de leur affinité, et de leur fusibilité naturelle; sous le dernier rapport, la potasse et la soude doivent être plus puissantes dans cet ordre de phénomènes, que la chaux : la magnésie, qui a par elle-même beaucoup d'insolubilité, doit produire beaucoup moins d'effet, malgré la puissance de son affinité; aussi abandonne-t-elle la plus grande quantité des acides volatils avec lesquels elle était en combinaison; mais elle en retient une partie, ainsi que je m'en suis assuré.

Les combinaisons qui résultent de deux substances, dont l'une et l'autre peuvent exercer une action puissante sur les terres, et qui diminuent par là la force de cohésion propre à chacune, doivent être très-propres à seconder les effets de la chaleur sur les autres substances, de là vient l'utilité du borate de soude et des phosphates, pour entraîner les autres substances dans leur fusion.

Si l'on examine les résultats de toutes les expériences qui ont été tentées sur la fusibilité des substances terreuses qui sont isolées, on trouve que la chaux et la magnésie sont les seules qui n'ont donné que des indices douteux de fusion, soit au plus grand feu des fourneaux, soit à celui des grandes lentilles, soit enfin à la chaleur produite par la combustion du charbon avec le gaz oxigène ; mais par ce dernier moyen, on a ramolli la silice, l'alumine et la baryte (1) : l'on pourrait attribuer cet effet à une portion d'alcali qui provenait du charbon, et qui exerçait son action sur ces terres ; mais Hare, qui s'est servi de la combustion du gaz hydrogène par le gaz oxigène, dit (2) qu'il a fondu la baryte, l'alumine et la silice sur un support d'argent, aussi bien que sur le charbon ; mais qu'il n'a pu obtenir que des indices très-douteux de fusion avec la chaux et la magnésie, de sorte que l'on doit regarder ces deux terres, et sur-tout la magnésie, comme les plus infusibles.

355. Les terres et les alcalis présentent dans l'action réciproque, par laquelle est accéléré le terme de leur fusion, une puissance qui a des rapports marqués avec les propriétés qu'on y observe à la température ordinaire : la silice n'exerce pas beaucoup d'action sur l'alumine, mais la chaux entre en fusion par le simple contact avec l'alumine dans les creusets ; ce qui avait porté Darcet, qui le premier mit de la précision dans la détermination dès effets d'une haute chaleur sur les substances minérales seules ou en mélange, à croire que cette terre était fusible par elle-même, et qu'elle servait de

(1) Essai d'un art de fusion, par Erhman et Lavoisier.
(2) Mémoir on the supply, etc.

fondant aux autres terres. La potasse et la soude qui ont la propriété de dissoudre la silice et l'alumine, favorisent aussi leur fusion à un degré qui paraît fort supérieur à l'effet qui ne proviendrait que de leur propre fusibilité.

Lorsque la fusion est opérée au moyen de la chaleur et de l'action réciproque, la combinaison reprend l'état solide; mais il faut que la température soit inférieure à celle qui a été nécessaire pour produire la liquéfaction, pendant que chaque substance séparée jouissait de sa force de cohésion.

La combinaison se conserve donc avec les propriétés qui résultent de l'action mutuelle : la pesanteur spécifique doit être moindre que celle des substances isolées; mais la fusibilité est beaucoup plus grande; les substances solubles dans l'eau ont perdu cette propriété, et la force de cohésion peut s'opposer à l'action même des acides sur les alcalis de la combinaison vitrifiée, lorsque ceux-ci ne sont pas en trop grande proportion.

On se sert de l'action des alcalis fixes sur la silice pour former le verre; mais pour lui procurer quelques qualités, sur-tout celle d'être moins cassant, on y ajoute de la chaux, dont la quantité est limitée par son infusibilité.

Plus on élève la chaleur à laquelle on soumet le mélange vitrifiable, plus est grande la proportion de silice qui peut entrer dans le verre ; mais à une haute température, la potasse et la soude se volatilisent : toute la partie qui n'est pas assez fortement retenue par la silice, se dégage donc ; de sorte que la proportion de la silice augmente, et que celle de l'alcali diminue jusqu'au terme d'équilibre, entre la force expansive du calorique sur l'alcali et sur la silice, et l'action de la silice qui tend à retenir l'alcali : on reconnaît dans ces effets les lois générales des combinaisons.

Pour opérer la vitrification, on a besoin de vases qui résistent par eux-mêmes à la plus grande chaleur, et en même temps à l'action du verre : l'alumine seule peut remplir le premier objet ; mais elle est soluble par les alcalis : il est vrai que l'action des alcalis s'épuise en partie sur la silice ; cependant il en reste une assez puissante au verre : on ne peut lui opposer que la force de cohésion qu'on procure à l'alumine par une dessication et une forte chaleur qu'on lui fait subir préliminairement ; cependant une partie des creusets se liquéfie et entre dans la composition du verre : on ne peut que diminuer cet effet.

Les propriétés du verre et toutes les conditions qu'exige la vitrification se déduisent ainsi de celles des substances qui servent à le former, et des conditions qui accompagnent la vitrifi-

cation, comme Loysel l'a fait dans un excellent
traité (1).

356. Lorsque le verre est maintenu en fusion,
il se forme au fond du creuset, des cristaux
qui ont été observés par Keiv ; cette cristallisation a sans doute beaucoup de rapport avec
celle qui a lieu dans un liquide ; il serait intéressant d'examiner les proportions des substances qui composent ces cristaux, et de les
comparer avec celles du verre dont elles proviennent, et qui doivent former une combinaison plus fusible, afin que l'arrangement symétrique des molécules cristallines puisse s'o-
pérer dans un liquide, comme celui des sels.

Lorsqu'un verre se refroidit très-lentement,
il peut se faire également une séparation des
substances les moins fusibles qui ne prennent
pas la forme cristalline, ou qui ne la prennent
qu'imparfaitement, et qui donnent une apparence pierreuse à une matière qui serait maintenue dans l'état vitreux par un refroidissement
plus prompt : de là les laves qui étaient dans
l'état de verre, perdent cette apparence par le
refroidissement lent qu'elles subissent, selon
l'observation de Hall : il en a fait une autre non
moins intéressante ; c'est qu'après la séparation,
la substance qui ne se trouve plus en partie que

______

(1). Essai sur l'art de la Verrerie.

dans l'état de mélange, exige une température beaucoup plus élevée que celle qui pouvait la maintenir en liquéfaction dans l'état de verre. Kirwan (1) explique très-bien ce phénomène, par la cohésion qu'acquièrent les substances les moins fusibles, qui se séparent et qui n'exercent plus dans cet état sur les autres parties, cette action réciproque qui augmentait la fusibilité commune dans l'état de verre; mais il remarque qu'il ne faut pas confondre cet effet avec celui de l'évaporation que subissent les alcalis qui se trouvent dans un verre, évaporation qui fait qu'un verre qu'on tient long-temps en fusion devient par là même plus dur, et l'on sait que les laves contiennent aussi de l'alcali.

Si les observations précédentes ne peuvent conduire à une explication précise des phénomènes de la vitrification, et des propriétés qui caractérisent l'espèce de combinaison qui forme le verre, elles peuvent cependant en indiquer les causes que je vais résumer.

357. Lorsque deux corps solides sont exposés à la chaleur, l'action réciproque des parties qui sont en contact, concourt avec l'action expansive de la chaleur, contre la résistance de la cohésion de chacun de ces deux corps; de là, une substance infusible peut servir de fondant

____

(1) Observ. on the proofs of the Huittonian theory.

à une autre qui l'est également : l'action réciproque précède la fusion et l'accélère, et détermine, selon les circonstances, les proportions
des substances qui se liquéfient.

Les substances qui peuvent, par l'énergie de
leur action, produire une saturation mutuelle
de leurs propriétés ont dans la vitrification des
effets plus grands que celles qui ne montrent
pas cette disposition, lorsque leur volatilité ne
s'y oppose pas, ou qu'elle peut être assujettie
par la force qui produit la combinaison.

La fusibilité qu'elles possèdent étant isolée,
est une autre propriété qui est favorable à l'action qu'elles exercent, et qui peut se combiner
avec la précédente.

Dans les combinaisons qui sont dans un état
de saturation, les éléments agissent encore, dès
que la chaleur a détruit l'effet de leur condensation mutuelle, et alors leur fusibilité naturelle peut produire son effet.

L'action réciproque des éléments de ces combinaisons, est affaiblie de toute celle que les
autres substances qui sont en présence, peuvent
exercer sur eux; de là vient que si l'un de ces
éléments se trouve volatil, il peut être dégagé à
une chaleur à laquelle il aurait pu résister sans
cette cause ; c'est ainsi que le sulfate de soude
et le sulfate de potasse sont décomposés dans
la vitrification, et que par là leur base alca-

line peut entrer dans la composition du verre. Lorsque les parties vitrifiées se trouvent assez rapprochées pour n'avoir qu'une action commune et résultante, le verre est transparent, ses parties n'exercent pas une action séparée sur les rayons lumineux, on doit le regarder comme une dissolution complète et uniforme, comme une substance homogène ; mais lorsque par l'abaissement de température, les parties peuvent s'isoler et exercer une action qui leur est particulière, le verre prend de l'opacité et une apparence terreuse. Cet effet est dû à la force de cohésion trop grande, que quelques substances se trouvent avoir, pendant que d'autres conservent l'état liquide ; cette cause limite la quantité de chaux que l'on peut ajouter aux verres composés de silice et d'alcali, et qui, malgré ses propriétés alcalines, ne doit pas excéder 0,07 de la silice. Si l'on excède cette quantité (1), « quoique parfaitement fondue dans » l'opération, la chaux se précipite par le refroi- » dissement, se sépare de l'alcali, et la masse » vitreuse devient opaque ».

Comme les propriétés des substances sont devenues communes dans le verre, et à-peu-près moyennes ; l'alcali y perd sa solubilité, même par les acides ; mais la silice acquiert une

____

(1) Essai sur l'art de la Verrerie.

grande fusibilité : la chaux diminue la fusibilité,
l'oxide de plomb l'accroît.

358. Il se forme, sans le secours du feu, beaucoup d'agrégats ou de combinaisons, qui ont un
grand rapport avec les produits de la vitrification, c'est-à-dire, dans lesquelles des substances simples contractent une union qui rend
leurs propriétés communes : la force de cohésion qui en résulte est non-seulement pareille
à celle qui est due à la liquéfaction, mais elle
peut l'emporter de beaucoup sur celle de toutes
les substances qui ont été vitrifiées : ces combinaisons peuvent recevoir également différentes proportions dans leur composition, selon
les circonstances dans lesquelles elles sont produites.

Les combinaisons qui se forment ainsi, ne sont
pas composées des seules substances terreuses,
elles reçoivent encore des oxides dans leur composition ou dans leur aggrégation, et lorsque
ceux-ci s'y trouvent en certaine quantité, elles
passent dans la classe des mines : cette séparation méthodique a quelque chose d'arbi-
traire, parce que l'on ne considère pas la proportion seule des ingrédients ; mais l'importance
qu'ils ont relativement à la valeur ou aux usages
des arts.

Si ces agrégats ou ces combinaisons ont beaucoup de caractères communs avec les produits

de la liquéfaction par le feu, ils ont des différences dont il faut tenir compte.

Lorsque la liquéfaction est complète, la substance liquéfiée est dans un état uniforme, ses
propriétés résultent de celles de toutes les substances qui la composent; ce n'est que lorsque le refroidissement se fait avec beaucoup
de lenteur, qu'il peut se former des combinaisons particulières qui se séparent alors de celles
qui conservent plus de fusibilité.

Dans la liquéfaction, il ne reste de substances
volatiles que la quantité qui peut être retenue
en combinaison au degré de chaleur qui a été
nécessaire à la fusion.

Au contraire, lorsqu'il se forme un agrégat
ou un composé par une juxta-position successive, plusieurs substances de composition différente peuvent se réunir en proportions qui
varient selon les époques de la réunion ; elles
peuvent retenir dans leur composition des substances volatiles, telles que l'acide carbonique
et l'eau, en quantité plus grande que si elles
étaient exposées à la chaleur nécessaire à leur
liquéfaction : elles peuvent même recevoir des
substances qui ne pourraient conserver dans l'action du feu la disposition organique que l'on y
reconnaît ; enfin elles forment quelquefois des
composés uniformes et transparents ; mais souvent elles ne doivent être regardées que comme

un mélange de différentes substances dont chacune n'exerce une action réciproque avec les
substances voisines, qu'à la surface par laquelle
elles sont en contact.

C'est par ces différences que l'on peut distinguer les substances minérales qui sont dues
à l'action du feu, et celles qui se sont formées
par juxta-position ; mais lorsque la substance
liquéfiée a subi un ralentissement très-lent,
elle a pu perdre son homogénéité, comme nous
l'avons vu, et alors il peut devenir difficile de
prononcer sur son origine.

35g. Quelles que soient l'origine et la formation d'une substance minérale, elle peut
contenir une certaine proportion d'une substance qui, étant isolée, aurait une grande solubilité, mais qui la perd par sa combinaison
avec des substances solides dont elle diminue
l'insolubilité. Ainsi la potasse et la soude entrent
dans le verre, qui acquiert une fusibilité correspondante à la quantité qu'il en contient :
on a trouvé également ces alcalis dans les composés minéraux qui se sont formés, soit par l'action du feu, soit par un autre moyen ; Kennedy
a trouvé de la potasse dans la pierre ponce et de la
soude dans le basalte : depuis long-temps Monnet
avait retiré de la potasse, de la terre alumineuse
de la Tolfa ; Bergman et Vauquelin l'y ont également reconnue, et comme l'on peut obtenir

de l'alun en traitant avec l'acide sulfurique la plupart des argiles lavées soigneusement, on peut en conclure qu'elle est ordinairement combinée avec l'argile : Klaproth et Vauquelin ont trouvé de la potasse dans la leucite et dans la lépidolite ; Vauquelin en a obtenu du feld spath de Sibérie, et la proportion de ces alcalis peut être telle que Klaproth a retiré 0,36 de soude de 100 parties de crisolite (1) ; or un verre de bonne qualité ne doit contenir que 0,25 d'alcali, et 75 de silice (2) : on ne peut donc rien conclure de la nature des substances que l'on trouve dans les minéraux relativement à leur origine, à moins que ces substances ne soient volatiles.

La force de cohésion peut déguiser les éléments d'un composé minéral et leurs propriétés essentielles, c'est-à-dire celles qui dépendent de l'action qu'ils peuvent exercer, ou de leurs tendances à la combinaison ; leur agrégat ou leur combinaison mutuelle ne présente plus que les propriétés mécaniques qui dépendent de la cohésion ou de la pesanteur, celles qui sont dérivées de l'arrangement plus ou moins symétrique que leurs molécules ou leurs parties intégrantes ont pu prendre, et enfin celles qui peuvent dépendre de quelques accidents peu im-

(1) Klaproth, beitrage, etc., dritter band.
(2) Essai sur l'art de la Verrerie.

portants de composition , telles que les couleurs.

36o. Ces qualités peuvent sans doute servir d'indices pour reconnaître et pour classer ces minéraux; mais ce n'est que la détermination des substances qui les composent, qui peut conduire à une connaissance philosophique de leur composition , à celle qui embrasse tous les rapports qu'une substance simple ou composée peut avoir avec toutes les autres substances , et tous les avantages qu'elle peut offrir aux arts.

Cette application de la chimie à la connaissance des minéraux, a reçu de nos jours une grande perfection par les savants travaux de Klaproth, de Vauquelin, et de plusieurs chimistes qui marchent avec succès sur leurs traces.

Cependant, si l'on consulte l'excellent précis sur l'analyse des pierres que l'on doit à Vauquelin (1), on voit que cette analyse s'est simplifiée à mesure qu'elle a fait des progrès, comme il arrive à toutes les parties des sciences qui acquièrent une plus grande perfection, pendant que les minéralogistes qui ont voulu se frayer une route particulière, ont hérissé leur science de difficultés.

On doit d'abord, pour diriger cette analyse, consulter les caractères minéralogiques de la substance que l'on veut y soumettre, sans donner à ces indices plus de valeur qu'ils ne doivent

(1) Ann. de chim. tom. XXX.

en avoir : « la dureté, dit Vauquelin, n'est pas
» une propriété sur laquelle on doive beaucoup
» plus compter que sur la couleur. La même
» substance jouit d'une multitude de degrés de
» dureté, suivant les circonstances qui ont
» accompagné sa formation.... La pesanteur
» spécifique laisse encore beaucoup de vague
» et d'incertitude, puisqu'il est très-rare de re-
» trouver exactement le même poids dans plu-
» sieurs variétés du même corps, et que sou-
» vent des minéraux de nature différente ont
» des pesanteurs presque semblables.... La forme
» cristalline, considérée isolément, n'est pas
» capable non plus, dans un grand nombre de
» cas, de faire reconnaître la nature des miné-
» raux ; car beaucoup en ont une semblable,
» ou du moins qui paraît telle à nos sens ; c'est
» ainsi que des minéralogistes célèbres, en
» prenant pour base de leurs systêmes cette
» propriété, ont réuni une foule de substances
» très-différentes par leur nature, et en ont
» éloigné d'autres parfaitement homogènes ».

Si la substance que l'on soumet à l'analyse
est une pierre, on la prépare en la réduisant
en poudre par des moyens mécaniques : souvent ce moyen ne suffit pas pour que les agents
chimiques que l'on doit employer puissent séparer les substances qui étaient réunies.

On traite donc les substances qui opposent

trop de dureté aux agents de l'analyse, en les fondant avec une proportion considérable de potasse
ou de soude; le composé qui en résulte acquiert
non-seulement beaucoup de solubilité, mais les
combinaisons isolées qui conservaient des propriétés particulières dans leur réunion, ne forment plus qu'une substance où tous les éléments exercent une action réciproque, et se
prêtent aux différents effets chimiques, par
leur dissolution dans l'eau. Si la force de cohésion est très-considérable, il est possible que
l'action de la potasse ou de la soude ne soit pas
suffisante; ainsi Chenevix n'a pu liquéfier le
corindon qu'au moyen du borate de soude.

Lorsque l'on a surmonté, par ces moyens,
l'obstacle de la force de cohésion, les procédés
que l'on doit employer ont une grande analogie
avec ceux par lesquels on obtient, à l'exemple de
Schéele (326), la distinction et la séparation des
différents acides qui se trouvent dans les substances végétales : d'une part, on sépare les
acides qui pourraient exister dans la substance
que l'on analyse, au moyen de la différence de
solubilité que possèdent leurs combinaisons avec
des bases alcalines; de l'autre, on emploie différents acides pour former des combinaisons avec
les bases terreuses ou métalliques : on sépare
celles qui refusent, dans une circonstance donnée,
de s'unir à ces acides, de celles qui en éprou-

vent une dissolution ; on distingue ensuite celles-
ci entre elles, par les combinaisons solubles ou
insolubles qu'elles peuvent former avec les différents acides ; de sorte que la solubilité ou
l'insolubilité des substances non combinées et
des différentes combinaisons qu'elles donnent,
est la propriété fondamentale qui sert à diriger
les analyses des corps qui n'éprouvent pas de
décomposition dans les opérations auxquelles
on les soumet ; la difficulté est de séparer les
substances qui se rapprochent beaucoup par
les propriétés dont on fait usage, et le soin
qui doit le plus occuper les analystes est de
déterminer avec exactitude les proportions des
éléments des combinaisons qu'ils séparent ou
qu'ils forment.

Si le minéral contient un acide ou une substance volatile, son analyse n'exige à cet égard
rien de particulier.

Ainsi les mêmes moyens chimiques servent à
constater la composition des substances qui paraissent les plus éloignées par leurs propriétés :
tous les procédés tendent à séparer leurs éléments
par l'intervention de leur élasticité naturelle, ou
qui estaccrue par la chaleur, de leur solubilité et
de leur force de cohésion, et à l'aide des mêmes
propriétés que reçoivent les combinaisons qu'ils
forment avec les substances dont on dirige l'action sur eux.

SECTION V.

DES SUBSTANCES MÉTALLIQUES.

361. L ES métaux ont des propriétés qui les distinguent des autres substances, et qui sont si prononcées que personne n'élève de doutes sur celles qui doivent être placées dans la classe des substances métalliques, à moins que l'on ne soit pas encore parvenu à les réduire dans l'état de métal, et qu'on ne soit borné par là à conclure sur la seule considération de leurs composés.

Leurs propriétés distinctives sont principalement dérivées de l'affinité réciproque par laquelle ils peuvent se combiner entre eux, pendant qu'ils ne contractent d'union qu'avec un petit nombre d'autres substances, de leur pesanteur spécifique qui est beaucoup plus grande (celle de l'étain, qui est le plus léger des métaux, est de 7,3, l'eau étant l'unité, et la pesanteur spécifique du sulfate de baryte n'est que 4,5); mais surtout de l'affinité qu'ils ont avec l'oxigène, et du résultat de leur oxidation, qui acquiert des propriétés également distinctes de celles des autres combinaisons.

Les différences de ces propriétés servent à les comparer entre eux ; ainsi la pesanteur spécifique du platine est de plus de 20, pendant que celle de l'étain n'est que de 7,3 ; les uns s'allient en toutes quantités, et d'autres ne peuvent s'unir qu'en certaines proportions : les uns ont une si forte affinité pour l'oxigène, que l'on peut à peine l'en séparer ; d'autres, au contraire, en ont une très-faible : les oxides des uns et des autres se comportent d'une manière très-différente avec les acides et avec les alcalis.

Celle de ces propriétés qui a le plus d'influence sur leurs qualités apparentes et sur celles dont les arts font usage, est la force de cohésion, dont les effets se combinant avec ceux de la figure de leurs molécules, fait varier leur souplesse, leur élasticité, leur ductilité et leur malléabilité, laquelle paraît provenir de ce que « les molécules ont la faculté de céder à la pres- » sion, en glissant les unes sur les autres, de » manière que les points par lesquels elles s'at- » tiraient, quoique réellement déplacés, se » trouvent toujours à des distances assez petites » pour que l'adhérence continue d'avoir lieu (1)».

(1) Traité de Minér. par Hauy, tom. III, p. 348.

Enfin, les métaux diffèrent entre eux par les combinaisons qu'ils peuvent former avec le soufre, le phosphore et le carbone.

L'histoire de toutes les propriétés distinctives des métaux, compose une partie très-étendue de la chimie ; je ne me propose que de comparer leur action chimique avec celle des autres substances, et d'indiquer les causes des phénomènes particuliers qui lui sont dûs.

CHAPITRE PREMIER.

De l'action réciproque des métaux.

362. Deux obstacles s'opposent à l'action que les métaux peuvent exercer sur les autres substances, ainsi qu'à leur action réciproque, et diminuent l'effet de leur affinité ; leur force de cohésion et leur pesanteur spécifique : il faut examiner quelle est leur influence, et évaluer leurs effets ; mais comme le mercure reste liquide jusqu'au 38e degré du thermomètre centigrade, au-dessous de la congélation de l'eau ; le premier obstacle n'existe pas à son égard : c'est donc par la considération des propriétés

du mercure, que l'on peut reconnaître en quoi consiste cette action, indépendamment de la force de cohésion, dont nous observerons les effets dans les autres métaux.

Quoique le mercure soit parfaitement liquide, il ne jouit cependant que d'une très-faible tension à une température ordinaire; de là vient qu'il peut prendre l'état de vapeur élastique dans le vide, et se condenser en globules par un abaissement de température; mais cet effet est beaucoup moins considérable que celui de la plupart des autres liquides.

Comme il arrive aux autres liquides, il doit s'en dissoudre, à une même température, une égale quantité dans un espace donné, soit que cet espace soit vide, soit qu'il soit rempli d'un air plus ou moins comprimé (172); ce qui explique l'observation que Monge et Vandermonde ont faite, de la dissolution du mercure dans l'air atmosphérique (1).

Sa tension s'accroît avec la température, et à 600 degrés du thermomètre de Fahreneith, elle peut le maintenir en vapeurs; de sorte qu'elle équivaut alors au poids de l'atmosphère : comme elle augmente proportionnellement avec la température, on voit que dans les arts où l'on expose le mercure et ses amalgames à une haute chaleur, l'air qui se trouve plus ou moins échauffé,

(1) Mém. de l'Acad. 1786, p. 435.

peut en tenir une quantité notable en dissolution ; cependant la dissolution du mercure par l'air, ne doit se comparer que jusqu'à un certain point avec celle des autres liquides, à cause de la combinaison plus intime que ce métal peut former avec l'oxigène en s'oxidant.

Cette dernière propriété distingue principalement les métaux qui exercent une action énergique sur l'oxigène : quelques-uns, et particulièrement le zinc, ont une tension considérable, dès que la force de cohésion cède à l'action du calorique, de manière qu'ils se volatilisent abondamment, dès qu'ils sont en fusion ; mais cette tension ne produit aucun effet de dissolution avec le contact de l'air, parce qu'une combinaison intime avec l'oxigène succède, ou même précède l'entière liquéfaction ; de sorte que ce principe, qu'une substance qui est devenue gazeuse se trouve en quantité égale, à même température, dans un espace vide ou rempli d'air, ne peut être appliqué à cette circonstance.

On n'apperçoit donc une dissolution par l'air, que dans les métaux qui n'ont qu'une faible action sur l'oxigène ; ainsi l'or exposé au foyer d'une lentille puissante, se réduisait, selon l'observation de Macquer, en vapeur qui dorait des lames d'argent exposées à cette exhalaison.

Si le mercure, à une température basse, n'a qu'une tension fort inférieure à celle des autres liquides, il paraît que cette différence dépend en grande partie de sa pesanteur spécifique, qui est une force opposée à l'élasticité, et qui concourt avec la force de cohésion; car les liquides les plus évaporables sont en général les plus légers; on peut considérer la tension élastique d'une part, la pesanteur spécifique et la force de cohésion de l'autre, comme des forces opposées. Cependant il ne faudrait pas regarder la pesanteur spécifique comme la seule cause de la différence de la tension des métaux en fusion, ou même des autres liquides; mais quel que soit le principe de cette propriété, on ne doit pas la distinguer de la force de cohésion ou de l'action réciproque des molécules qui en représente tous les effets.

Ainsi le mercure doit, par sa pesanteur spécifique, conserver quelques attributs de la force de cohésion, malgré sa liquidité; l'action mutuelle de ses molécules doit produire de plus grands effets que celle des liquides plus évaporables; il doit donc se réduire facilement en globules, et ceux-ci se confondre par leur action mutuelle; mais cette propriété est détruite par l'affinité d'un métal qui peut s'incorporer avec le mercure; elle diminue à mesure que la température devient plus élevée et augmente sa tension.

363. Quelques phénomènes prouvent que le

mercure exerce sur un certain nombre de substances une action plus forte que l'action mutuelle de ses molécules : il paraît, par exemple,
tenir un peu d'eau en dissolution , quoique
Boerrahave n'ait pu s'en appercevoir par quelque changement dans le poids ; mais celui qu'il
employait était probablement déjà saturé d'eau :
le fer qu'on tient plongé dans le mercure s'y
oxide ; ce qu'il ne peut faire qu'au moyen de
l'eau qu'il décompose ; il adhère au verre d'un
baromètre , et prend une surface plane , lorsqu'on a chassé avec beaucoup de soin l'eau qu'il
peut contenir , et celle qui peut adhérer au
verre ; en prenant les mêmes précautions pour
chasser l'eau d'un tube capillaire , il y atteint
le niveau (1).

Cependant l'action du mercure ne se montre
qu'à un faible degré , et sur un petit nombre
de substances non métalliques , si l'on excepte
l'oxigène , le soufre et le phosphore ; les autres
métaux n'en donnent que des indices encore
plus faibles ; Rumford a éprouvé que des
lames d'argent doré n'acquéraient aucun poids,
en les tenant dans l'air le plus humide , pendant
que toutes les autres substances qu'il a soumises
à la même épreuve , en ont pris un plus ou
moins considérable (2). On doit donc regarder

(1) Séances des Ecoles Normales, tom. III, p. 50.
(2) Trans. philos. 1787.

cette propriété d'exercer une action mutuelle plus ou moins forte, et d'être inactifs avec la plupart des autres substances, comme un attribut qui distingue les métaux ; cependant à une haute température, les fondants accélèrent le terme de la liquéfaction des métaux, ce qui annonce qu'ils exercent alors une action efficace sur eux.

364. Le mercure se dilate beaucoup plus par un même nombre de degrés du thermomètre, que les métaux solides ; pendant qu'il passe de la congélation à l'état liquide, un thermomètre d'alcool reste au même terme ; Cavendish a éprouvé que le thermomètre était également stationnaire, pendant la liquéfaction du plomb et de l'étain (1). On ne peut donc douter que le calorique ne suive, avec les métaux, les mêmes lois qu'avec les autres corps, en tant qu'ils sont solides ou liquides, et qu'ils passent d'un état à l'autre. Cette propriété qu'ils ont d'absorber le calorique en se liquéfiant, confirme que la force de cohésion est un obstacle à la combinaison du calorique (107), d'où l'on doit conclure que les métaux doivent éprouver l'effet du calorique, c'est-à-dire se dilater ; d'autant plus que leur force de cohésion diminue, ou qu'ils approchent de l'état de liquéfaction ; et

1) Observ. on M. Hutchins exper. Trans. phil. 1783.

lorsqu'ils sont dans l'état liquide, leur dilatation par les mêmes quantités de calorique doit encore devenir d'autant plus grande, qu'ils sont plus voisins du terme de l'ébullition, comme on l'observe dans les autres liquides (104).

Comme parmi les autres liquides qui passent à l'état solide, il y en a qui subissent une contraction, et d'autres qui se dilatent, il y a des métaux qui se contractent, et d'autres qui éprouvent une expansion ; le mercure est au nombre des premiers, et d'après une expérience de Brawn, Cawendish évalue sa condensation à $\frac{1}{23}$ de son volume.

Réaumur a remarqué depuis long-temps cette différence entre les métaux (1), il a observé que la fonte de fer se dilate en se refroidissant ; de sorte que sa surface devient bombée par cet effet, au lieu que celle des métaux qui se contractent devient concave ; en conséquence la fonte remplit les moules dans lesquels on la coule, et en prend l'empreinte exacte, pendant que celle que prennent les autres métaux éprouve une retraite.

Ce grand observateur compare cette expansion à celle de l'eau qui se congèle ; il remarque qu'elle précède dans le métal fondu, ainsi que dans l'eau, le moment de la congélation ; l'un et

(2) Mém. de l'Acad. 1726.

l'autre commencent par se dilater tranquille-ment, et l'effet devient plus grand lorsqu'ils approchent de la congélation ; de sorte qu'alors il s'élance des jets de leur surface.

Il a soumis les différents métaux connus de son temps, à des épreuves de fusion, et sur-tout en examinant si le métal solide venait sur-nager la partie liquide dont il le couvrait, pour distinguer ceux qui éprouvaient une contraction, de ceux qui se dilataient, en passant à l'état solide, et il a trouvé que la fonte de fer, le bismuth, et avec quelqu'incertitude l'antimoine, étaient les seuls qui eussent la propriété de se dilater ; mais la contraction des autres n'est pas égale entre eux.

Enfin le soufre, le suif, la cire lui ont pré-senté une pesanteur spécifique plus grande dans l'état solide que dans l'état liquide ; ce qui con-firme que la contraction des substances qui passent à l'état solide est le phénomène général, pendant que la dilatation est une exception, mais elle n'appartient pas à l'eau seule, et elle ne peut être attribuée à une autre cause qu'à l'arrangement que prennent les molécules, lors-qu'elles passent à l'état solide, et qui avait déjà été observée par Réaumur.

365. Si le passage de l'état liquide à l'état so-lide est tranquille, les molécules des métaux peuvent prendre un arrangement symétrique,

et ils cristallisent ; mais quoiqu'ils diffèrent entre eux par la disposition à cristalliser, les formes des cristaux varient très-peu, et soit que cette cristallisation puisse s'opérer, soit que la forme des molécules et les rapports de leurs positions soient altérés par la compression, les propriétés distinctives de chaque métal, celles qui dépendent de son action chimique restent intactes : on n'y apperçoit d'autres changements que ceux qui doivent provenir d'un plus grand rapprochement des molécules.

Les effets donc qui paraissent dépendre de la forme et de l'arrangement de leurs molécules, ne sont relatifs qu'à la cristallisation, et à quelques modifications de l'action réciproque, en tant qu'elle produit la dureté, la souplesse, la fragilité et la ductilité ; de là viennent encore les différences que l'on observe relativement à ces propriétés, lorsque l'on expose les métaux à l'action de la chaleur : la malléabilité et la ductilité de quelques-uns augmentent, et quelques autres deviennent plus fragiles ; cette considération doit s'appliquer à l'état du mercure qui vient d'éprouver la congélation ; on lui a trouvé de la flexibilité et de la malléabilité ; mais on ne peut rien conclure des qualités qu'il présente à cet égard, dans un état si voisin de sa liquéfaction, relativement à celles qu'il aurait, lorsqu'il serait à une grande distance de cet état.

366. L'action que le mercure exerce sur les autres métaux, et par conséquent son affinité comparative pour eux, pourraient se mesurer par la quantité qu'il dissoudrait de chacun d'eux, s'ils lui opposaient une égale cohésion ; mais ils diffèrent beaucoup entre eux à cet égard ; cependant on voit qu'il y a une grande différence qui est indépendante de la force de cohésion ; car il dissout facilement et à froid l'or qui a une grande tenacité, pendant qu'il ne peut se combiner avec le fer et avec le cobalt, et qu'il ne dissout que difficilement quelques autres métaux. L'argent est un de ceux qui ont le plus d'affinité pour lui, et par la condensation que sa combinaison éprouve, elle devient plus pesante que le mercure même.

On observe dans cette dissolution des métaux, les mêmes effets que dans celles qui sont opérées par d'autres dissolvants (16) : le métal solide prend d'abord du mercure, jusqu'à ce que la force de cohésion soit assez diminuée pour que le dernier puisse ensuite en opérer la dissolution, et le rendre liquide ; et avant que d'entrer en dissolution, le premier devient d'autant plus fragile, qu'il s'approprie une plus grande quantité de mercure.

La dissolution est d'autant plus prompte et plus facile, que la quantité du dissolvant est plus considérable : la chaleur favorise cette com binaison par la diminution qu'elle produit dans la force de cohésion du métal solide ; elle est même nécessaire pour quelques amalgames ; mais si la chaleur est trop grande, elle devient nuisible par la volatilité qu'elle donne au mercure, et en accroissant cette volatilité jusqu'à un certain point, elle le sépare de toutes ses combinaisons avec les autres métaux.

La chaleur agit encore, en tant qu'elle favorise l'amalgamation, par le mouvement qu'elle introduit en raison des inégalités de température : elle est secondée en cela par la trituration qui rapproche du métal solide les parties du liquide qui en sont moins saturées.

Comme les autres dissolvants, le mercure facilite la combinaison des métaux avec d'autres substances, qui ne pouvaient agir auparavant avec une masse assez considérable pour surmonter la résistance de la cohésion ; de sorte que les métaux qui sont réduits en amalgame, et qui ont pour l'oxigène une affinité plus forte que le mercure, lequel a pu détruire leur cohésion, s'oxident plus facilement que dans l'état d'isolement.

Les combinaisons du mercure avec les métaux tendent à prendre une forme cristalline, et il y en a qui cristallisent en effet, lorsqu'on les abandonne à elles-mêmes, comme on l'a observé sur l'amalgame de l'étain : on trouve ici un effet analogue à celui de la cristallisation des sels dans l'eau : une partie du métal tenu en dissolution reste dans le liquide, pendant qu'une autre partie cristallise avec une autre quantité de mercure, déterminée par la force de cohésion qui appartient à cette combinaison : il se fait un partage du métal solide, et il se forme deux combinaisons, dont l'une a un excès de ce métal, et devient solide, et l'autre avec excès de mercure reste liquide.

Comme les amalgames ont ordinairement une consistance qui s'oppose à cet effet, il se produit plus facilement en tenant la dissolution à un degré de chaleur élevée, et en employant une grande proportion de mercure; c'est ainsi que Sage a opéré la cristallisation de plusieurs amalgames, et il a observé que la cristallisation de la plupart se fesait à la surface du liquide, même celle de l'argent, quoique l'amalgame de l'argent soit devenue plus pesante que le mercure même; mais c'est au fond que l'amalgame d'or cristallise; le premier effet s'explique par la plus grande proportion du métal solide qui entre dans la formation des cristaux, et qui étant plus léger que le mercure, doit donner plus de légéreté à la partie qui cristallise, qu'à celle qui demeure liquide, et dans laquelle le plus pesant domine; de sorte que la pesanteur spécifique de cette amalgame varie selon les proportions : l'or étant le plus pesant, l'effet contraire doit avoir lieu. La figure de ces cristaux n'est pas celle propre à chaque métal ; mais elle appartient à la combinaison.

Les amalgames ont d'autant plus de liquidité que la proportion du mercure y est plus grande, et lorsqu'on en chasse celui-ci par la chaleur, il en exige un degré d'autant plus élevé que sa proportion se trouve plus diminuée ; enfin la pesanteur spécifique de la plupart des amalgames, peut-être même de toutes, est plus grande que celle du métal, et du mercure pris séparément.

367. Les alliages nous présentent des propriétés analogues, à part celles qui dépendent de la liquidité dans une température ordinaire ; en sorte que les amalgames sont un alliage d'un métal naturellement liquide avec des métaux solides.

On n'apperçoit dans les combinaisons des métaux entre eux aucun effet semblable à ceux que l'on remarque dans les combinaisons où les propriétés antagonistes se saturent : il se fait au contraire une distribution de propriétés, en raison de celles que possèdent les éléments et des quantités qui peuvent se réunir : un alliage devient, pour ainsi dire, un métal moyen, avec les modifications qui dépendent de l'action réciproque de ses molécules, mais il conserve tout les qualités distinctives des métaux.

L'action que les métaux exercent les uns sur les autres, varie par l'affinité, et par les rapports de fusibilité et de pesanteur spécifique; de sorte que l'affinité étant égale, les métaux sont d'autant moins disposés à s'allier, qu'ils diffèrent plus par leur fusibilité et par leur pesanteur spécifique, et lorsque leur affinité n'est pas grande, la distance de la fusibilité peut être un obstacle suffisant pour s'opposer à leur union; ainsi le fer qui se soude et s'unit facilement au cuivre, et qui montre par là une affinité assez énergique pour lui, ne peut cependant s'allier qu'en petite proportion avec ce métal, par le moyen de la fusion.

En général, les alliages ont une plus grande dureté que les métaux dont ils sont composés; ce qui est une conséquence de la contraction qu'ils éprouvent; mais cette qualité varie selon la proportion : en augmentant celle du métal le plus ductile, l'alliage devient lui-même moins dur, et au contraire il devient plus dur et plus cassant, par une proportion plus grande du métal le plus dur : il en est de même des autres qualités que chaque métal transmet d'une manière plus ou moins sensible à l'alliage, dans la composition duquel il entre.

Les alliages ont, au contraire, une fusibilité plus grande que celle qui devrait résulter de la fusibilité des métaux pris séparément ; c'est encore un effet qui résulte de l'action réciproque qu'ils exercent, semblable à celui qu'on observe dans l'action mutuelle des alcalis et des terres, et de même que dans les terres, l'action mutuelle de trois métaux produit quelquefois un effet plus grand que celle de deux; c'est ainsi que l'alliage, dont on doit la connaissance à Darcet, et qui est composé de 8 parties de bismuth, de 5 de plomb et de 3 d'étain, acquiert une fusibilité telle, qu'il devient liquide à une température inférieure à celle de l'ébullition de l'eau; ce qui prouve que les métaux exercent une action mutuelle qui détermine leur liquéfaction, même pendant qu'ils sont dans l'état solide, puisqu'à cette température chacun des trois métaux est encore fort éloigné d'entrer par lui-même en liquéfaction; effet encore semblable à celui que l'on observe dans le mélange des terres infusibles par elles-mêmes (357).

Cet effet de l'action mutuelle des métaux s'observe pareillement dans les amalgames : le bismuth a la propriété de former une amalgame liquide, qui passe à travers la peau de chamois : celle du plomb a beaucoup moins de liquidité ; mais si on la mêle avec la première, elle en acquiert une qui lui permet de traverser la peau de chamois.

Le bismuth exerce la même action sur d'autres métaux, particulièrement dans l'amalgame qu'il produit en commun avec l'étain, et l'on s'en sert pour étamer les boules de verre que l'on ne pourrait soumettre au procédé de l'étamage ordinaire.

, Cependant, si l'affinité des métaux qui forment un alliage n'est pas aussi considérable, ils conservent assez de différence dans la fusibilité, pour que le plus fusible entre en liquéfaction avant l'autre, lorsqu'on les soumet à une chaleur graduée, et qu'il puisse même s'écouler pour la plus grande partie, avant que l'autre ait commencé à entrer lui-même en fusion, et si l'alliage est composé de trois métaux, le plus fusible peut entraîner avec lui celui des deux autres, pour lequel il a une plus forte affinité, où dont la fusibilité diffère moins de la sienne.

C'est sur cette propriété qu'est fondée une opération de métallurgie qu'on appelle liqué-faction, et par laquelle on sépare l'argent du cuivre, par l'intermède du plomb. Lors donc qu'on veut faire cette séparation, on ajoute une certaine quantité de plomb au cuivre qui tient de l'argent, et on donne à cet alliage ter-naire une forme aplatie; puis on l'expose à une chaleur qui doit seulement être suffisante pour faire couler le plomb qui entraîne l'ar-gent avec lui; s'il se trouve de l'or dans le même alliage, il reste uni au cuivre, pen-dant que l'argent seul s'écoule avec le plomb;

mais comme l'action est modifiée par les proportions, lorsque celle de l'argent est considérable,
ce métal se partage entre le cuivre et le plomb;
si au contraire la proportion du plomb est trop
grande, son action devient trop forte, et liquéfie
une portion de cuivre.

Par là même que l'alliage accélère la liquéfaction, il favorise l'oxidation à laquelle s'opposait la force de cohésion, comme nous avons
remarqué que les métaux, dissous par le mercure, s'oxident beaucoup plus facilement que
lorsqu'ils jouissent de leur force de cohésion,
mais cet effet doit précéder la liquéfaction effective, et avoir lieu dès que la force de cohésion
est assez diminuée : « lorsque le platine, dit
» Proust, se trouve combiné avec d'autres mé
» taux, il s'oxide plus facilement qu'on ne l'a
» cru jusqu'ici. Le platine a donc cette propriété,
» comme les autres métaux, dans lesquels l'état
» de combinaison favorise toujours l'oxida
» tion (1) ».

368. Lorsque l'affinité d'un métal pour un
autre n'est pas assez considérable pour surmonter
dans toutes les proportions les obstacles qu'oppose l'affinité mutuelle des parties de chaque
métal, la différence de fusibilité et celle de
pesanteur spécifique, il se fait alors un par

____

(1) Ann. de Chim. tom. XXXVIII.

tage, comme nous avons vu que la différence de solubilité en produisait dans l'action réciproque des acides et des alcalis (62, 69). Le métal le plus léger forme un alliage dans lequel il domine, et qui est superposé à un autre alliage, dans lequel le métal le plus pesant se trouve en plus grande proportion. Bergman a analysé ce phénomène dans le mélange du fer et de l'étain (1). Si l'on fond parties égales de fer et d'étain, il se forme deux alliages, dont le supérieur est composé d'une partie d'étain et de $\frac{1}{22}$ de fer, et dont l'inférieur contient une partie de fer et une demi partie d'étain : si donc on liquéfie un mélange dans lequel l'étain ne soit pas au-dessus de la moitié du fer, on n'a qu'un alliage ; il ne s'en forme également qu'un, si le fer ne fait que $\frac{1}{22}$ du poids de l'étain : dans le premier, les propriétés du fer dominent ; dans le second, ce sont celles de l'étain : les quantités intermédiaires entre celles qu'on a désignées, produisent les deux alliages dont les rapports varient selon les quantités. La théorie de Bergman s'applique aux autres métaux qui se séparent en formant deux masses, dont les proportions sont déterminées par la pesanteur spécifique, et par la fusibilité respective.

On observe, selon Guyton (2), ces deux al-

(1) Bergm. *de ferro et stam. igne commix.*
(2) Ann. de Chim. tóm. **XLIII.**

liages à proportions inverses dans la fusion de l'argent et dans celle du plomb avec le fer (1).

Lorsqu'on fond parties égales de plomb et de zinc, il se forme aussi deux alliages, selon l'observation de Baumé : j'ai vérifié que le supérieur contenait du plomb, et l'inférieur du zinc.

Le cobalt et l'argent se séparent également en deux lingots, dans chacun desquels on reconnaît à la seule couleur, selon Gellert, l'existence des deux métaux.

Le même chimiste a observé que lorsqu'on fondait ensemble le cobalt et le plomb, la masse refroidie se trouvait séparée en deux, d'où il a conclu que ces deux métaux ne s'unissaient point ; mais Wasserberg observe (2) que si l'on fond ensuite le cobalt avec du fer, il s'en précipite du plomb.

Le nikel et l'argent donnent encore deux masses séparées, que l'on a prétendu formées chacune d'un métal sans mélange ; il y a apparence qu'on ne les aura pas soumises à un examen assez exact, et que le double alliage est un phénomène général dans les métaux qui ne s'unissent pas en toutes quantités ; mais les proportions qui s'établissent doivent varier dans les différents métaux.

(1) Ann. de Chim. tom. XLIII.

(2) Instit. chim. tom. **I**, p. 395.

La différence de pesanteur spécifique suffit pour en établir une dans les proportions des alliages, même dans ceux où il ne se fait point de séparation par le refroidissement, de sorte que si on laisse long-temps le bain tranquille, on trouve dans la partie inférieure une plus grande proportion du métal le plus pesant; de là vient la nécessité de brasser avec soin les alliages, pour les obtenir dans un état uniforme.

Les alliages ont presque tous une pesanteur spécifique plus grande que les métaux qui les composent, pris séparément; cette différence est quelquefois considérable : Borda a observé que le laiton avait une pesanteur spécifique d'environ un dixième plus grande que celle des deux métaux qui le forment; cependant il y a quelques exceptions : le cuivre et l'argent ont une pesanteur spécifique moins grande lorsqu'ils sont alliés, que lorsqu'ils sont isolés; il en est de même de l'alliage de l'or et de l'étain, de celui de l'or et du fer, et de celui du bismuth et du fer. Cet accroissement de volume doit être attribué à la même cause que celui que l'on observe dans la glace et dans quelques amalgames.

Toutes les propriétés que nous venons de reconnaître dans les métaux, prouvent qu'ils exercent une action mutuelle semblable à celle des autres substances, qui dans leur combinaison ne produisent pas sensiblement une saturation de propriétés antagonistes, mais qui en prennent des moyennes entre celles que chacune possède selon leur énergie, et selon leur quantité respective : il n'y a que les propriétés qui dépendent de l'action réciproque des molécules qui reçoivent une altération causée par le rapprochement de ces molécules, ou de la forme qu'elles prennent : l'action du calorique concourt, avec l'affinité réciproque des métaux, pour détruire les effets de la cohésion qui avait d'abord reçu un accroissement par la condensation due à cette affinité.

<center>~~~~~~~~~~~~~~~~~~~~~~~~~~~~~~~~~~~~~~~</center>

CHAPITRE II.

Des oxides.

369. LE caractère dominant des substances métalliques est leur inflammabilité ou l'affinité qu'elles ont pour l'oxigène ; toutes les autres combinaisons qu'elles peuvent former cèdent à cette affinité, à moins que la force de cohésion n'ait assez d'énergie pour les maintenir ; c'est cette propriété et ses résultats que je vais exa-

miner, en comparant sous ce repport les métaux avec les autres corps simples qui la possèdént, et en tâchant de trouver dans leurs dispositions primitives, la raison des phénomènes qu'ils présentent dans leur oxidation.

L'oxidation des métaux, et les propriétés des oxides qu'ils forment, dépendent de la force de leur affinité pour l'oxigène, de leur force de cohésion, de leur fusibilité, de leur volatilité, des degrés d'oxidation auxquels ils peuvent parvenir, en raison de ces qualités, de la condensation que l'oxigène y éprouve, et de la quantité de calorique qu'il y retient.

Les métaux diffèrent considérablement par l'affinité qu'ils montrent pour l'oxigène : l'or, l'argent et le platine ne peuvent ordinairement se combiner avec lui que par l'intermède d'un acide, qui par son action seconde celle de l'oxigène, lequel doit se trouver dans un état de condensation; cependant il paraît que cette difficulté de se combiner avec l'oxigène, qui est dáns l'état élastique, ne dépend que de la force de cohésion de ces métaux qui exigent un haut degré de température pour qu'ils puissent prendre l'état liquide; or, cette haute température accroît proportionnellement l'effort élastique du gaz oxigène, et augmente par là même l'obstacle à sa fixation; car l'argent et même l'or, lorsqu'ils perdent leur cohésion en formant une amalga ne liquide avec le mercure, peuvent s'oxider même à la température de l'atmosphère.

On pourrait opposer à ce qui vient d'être dit, que l'or et l'argent se sont vitrifiés lorsqu'on les a exposés à la forte chaleur des verres ardents (1); mais si l'on fait attention à la description qui a été donnée de cet effet, on voit manifestement que c'est l'action de quelques parties du support qui a entraîné la vitrification de ces métaux, comme c'est l'action d'un acide qui détermine leur oxidation et leur dissolution; puisque la couleur de la partie vitrifiée variait suivant la nature du support, et puisque celui-ci se vitrifiait lui-même à la partie qui contenait le métal, et qui formait un verre coloré par son oxide

En effet, les oxides de ces métaux, qui n'ont pu se former que par un concours de causes, reprennent facilement l'état métallique; lorsqu'on les expose à l'action de la chaleur, et qu'ils cessent d'être protégés par une affinité résultante : on ne peut supposer que cette même action rendue beaucoup plus énergique, pût produire un effet tout opposé.

Ce qui précède doit s'appliquer à la vitrification que Macquer a vu s'opérer à la surface

____

(1) Macquer, diction. de Chim. au mot *verre ardent.*

des globules d'argent, enfermés dans des boules de pâte de porcelaine : la combustion que les diamants et d'autres substances combustibles éprouvent dans les vases de porcelaine fermés avec le plus de soin, lorsqu'on les expose à une température très-élevée, fait voir que cette substance ne garantit point dans cette circonstance, de l'accès de l'oxigène : l'argent s'est donc trouvé soumis à l'action combinée de la porcelaine et de l'oxigène ; il a été dans le même cas qu'un oxide d'argent, qui, combiné avec les terres, résiste à une haute chaleur : l'effet pourrait dépendre de l'eau qui a pu être retenue dans l'alumine, mais l'explication serait la même.

370. Puisque la force de cohésion est un obstacle à l'oxidation, les métaux doivent résister à l'action de l'oxigène en raison de leur dureté, et l'élévation de la température doit intervenir en raison de leur fusibilité, en supposant que l'affinité soit la même : aussi quelques métaux qui ont une forte affinité pour l'oxigène, tels que le zinc et l'étain, se conservent sans oxidation, ou n'en contractent qu'une légère à leur surface, lorsqu'on les laisse exposés à l'atmosphère ; mais ils s'oxident dès qu'ils deviennent liquides, ou même dès qu'ils approchent de l'état liquide, et que leur force de cohésion se trouve assez affaiblie.

Quoique le mercure ne paraisse avoir qu'une

affinité peu différente de celle de l'or et de l'argent pour l'oxigène, il peut cependant s'oxider à une certaine température ; il paraît que la plus convenable à cet effet, est celle qui approche de son ébullition : s'il n'avait pas la propriété de se vaporiser à une température peu élevée, il ne se combinerait pas plus facilement avec l'oxigène que l'argent et l'or ; puisque lorsqu'il est oxidé, il abandonne l'oxigène à une température qui ne surpasse qu'un peu celle dans laquelle l'oxidation s'est opérée, et que dans la supposition d'une force de cohésion plus considérable, il faudrait, pour en détruire l'obstacle, une chaleur supérieure à celle dans laquelle il peut se maintenir en oxide.

Si donc, l'or et l'argent ne peuvent s'oxider par l'action seule de la chaleur, ce n'est que parce qu'ils exigent, pour se liquéfier, une température plus élevée que celle dans laquelle l'oxide de mercure peut exister. Ce qui prouve que même la force de cohésion dont le mercure jouit encore dans l'état liquide, et dont les effets doivent être confondus avec ceux de la pesanteur spécifique, est un obstacle à sa combinaison avec l'oxigène, c'est que lorsqu'on le tient fortement agité avec l'air atmosphérique ou dans l'eau, on parvient à lui donner un commencement d'oxidation, dans lequel il prend la forme d'une poudre noire, mais il ne peut passer ce premier terme ; de sorte que pour qu'il forme de l'oxide rouge , il faut qu'il soit réduit en état de vapeurs : nous allons voir comment cet état peut influer sur son degré d'oxidation.

371. Une autre propriété qui modifie les résultats de l'affinité des métaux pour l'oxigène, et de la résistance de cohésion , c'est la volatilité qu'ils acquièrent par la chaleur.

Un métal qui se volatilise dès qu'il entre en liquéfaction, comme le zinc, se trouve aussitôt dans l'état le plus favorable à la combinaison (206); il doit donc se combiner immédiatement avec une proportion déterminée d'oxigène , avec cette proportion dans laquelle l'action réciproque produit la plus grande condensation : et celle-ci devient une cause qui limite les proportions d'oxigène qui entrent en combinaison ; alors l'action ultérieure du gaz oxigène ne peut surmonter l'obstacle que lui oppose la condensation , comme nous l'avons observé dans la formation de l'acide sulfureux et de l'acide phosphoreux , qui ne passent à l'état d'acide sulfurique et d'acide phosphorique que sous d'autres conditions, et dans la production de l'eau qui reçoit tout-à-coup des proportions constantes d'hydrogène et d'oxigène. Si les oxides qui se forment ainsi sont exposés à une chaleur supérieure, la fixité qu'ils ont acquise fait qu'il s'en dégage de l'oxigène ; ce qui confirme que la chaleur ne contribue à l'oxidation que parce qu'elle détruit la résistance de la cohésion.

Les observations précédentes s'appliquent à l'oxidation du mercure, et donnent l'explication des deux degrés d'oxidation auxquels il est borné. L'action réciproque de ses parties s'oppose à sa combinaison avec l'oxigène ; si on la diminue par des moyens mécaniques, il passe à un état d'oxidation que l'on peut comparer à l'oxigénation du soufre qui forme l'acide sulfureux : pour produire une combinaison plus intime, il faut qu'il soit réduit en vapeur assez dense ; alors il est en dissolution dans l'air atmosphérique, et les deux fluides élastiques qui exercent une action mutuelle entrent en combinaison dans les proportions qui doivent produire la plus grande condensation : en raison de cette condensation, l'oxide qui vient de se former se précipite, et ses molécules peuvent se grouper comme celles d'une substance saline qui cristallise dans un liquide, ou d'un liquide qui, par un abaissement de température, passe lentement à l'état solide.

372. Cette condensation du métal et de l'oxigène n'est point une hypothèse, mais elle est prouvée par la fixité de l'oxide, qui en est une conséquence ; ainsi l'oxide de mercure est moins volatil que le métal : le zinc qui est

volatil, à un degré de chaleur peu élevé, forme un oxide qui résiste au plus haut degré de chaleur sans se volatiliser : l'oxide d'antimoine est beaucoup moins volatil que le métal : l'oxide d'arsenic l'est moins que l'arsenic; quoique ces oxides aient reçu dans leur composition un élément naturellement très-élastique; mais tout l'effet de la tension de l'oxigène et de celle du métal est détruit par la force de l'affinité, et ce n'est que lorsque cette tension à pris une intensité suffisante, qu'une partie plus ou moins considérable de l'oxigène peut se dégager en gaz.

On voit donc que les oxides doivent parvenir à un terme d'oxidation qu'ils ne peuvent passer dans les circonstances ordinaires, c'est-à-dire lorsque l'affinité de l'oxigène n'est pas aidée par quelque circonstance favorable à son action, et qu'ils doivent sur tout atteindre ce terme, lorsque leur volatilisation leur permet d'exercer sur l'oxigène une action qui n'est point contrariée par la force de cohésion et par la pesanteur spécifique.

373. Plusieurs chimistes frappés de ces termes fixes auxquels sont limitées quelques oxidations, supposent qu'il y a toujours des degrés déterminés auxquels la combinaison de l'oxigène est assujétie; ils prêtent à la nature une balance, qui, soumise à ses décrets, détermine les proportions des combinaisons, sans donner aucune

attention aux circonstances dans lesquelles on peut trouver les causes qui limitent l'action des substances qui tendent à se combiner, et dont il importe à la théorie d'évaluer l'influence.

Un chimiste dont les opinions sont d'un grand poids, Proust a sur-tout cherché à établir cette doctrine, en l'appuyant de plusieurs faits nouveaux et intéressants : comme les explications que je présente sont fondées sur une hypothèse différente, il me paraît convenable d'exposer son opinion en ses propres termes :

« Ces proportions toujours invariables, ces » attributs constants qui caractérisent les vrais » composés de l'art, ou ceux de la nature, en » un mot, *ce pondus naturæ*, si bien vu de » Staahl; tout cela, dis je, n'est pas plus au » pouvoir du chimiste que la loi d'élection qui » préside à toutes les combinaisons (1) ».

Proust applique donc aux oxides un principe qu'il regarde comme général : il admet l'affinité des substances comme élective, et il regarde les proportions qui forment chaque combinaison, comme fixées par une loi invariable. Je ne reviendrai pas sur les discussions dans lesquelles je suis entré relativement aux autres combinaisons; mais il faut constater que les conséquences que j'ai tirées de l'action chimique des autres

____

(1) Ann. de Chim. tom. XXXII, p. 31.

substances , peuvent recevoir des propriétés des oxides, une nouvelle confirmation , et acquérir par-là plus de généralité.

Je dois donc faire voir que les proportions de l'oxigène dans les oxides dépendent des mêmes conditions que celles qui entrent dans les autres combinaisons ; que ces proportions peuvent varier progressivement depuis le terme où la combinaison devient possible , jusqu'à celui où elle atteint le dernier degré , et que lorsque cet effet n'a pas lieu , ce n'est que parce que les conditions que j'ai indiquées deviennent un obstacle à cette action progressive : je vais commencer à donner les preuves de mon opinion qui seront développées dans les chapitres suivants.

374. Si les métaux qui s'oxident en se volatilisant, prennent tout-à-coup des proportions d'oxigène que l'on peut regarder comme constantes , et si les proportions déterminées d'oxigène qu'ils reçoivent , paraissent favorables à l'opinion contre laquelle je réclame, il n'en est pas de même de ceux qui entrent en fusion tranquille , comme l'étain et le plomb : leur oxidation fait des progrès depuis le plus faible degré jusqu'à un terme , qui cependant n'est pas toujours le dernier de l'oxidation qu'ils peuvent recevoir dans d'autres circonstances , et l'on voit se succéder les couleurs et les autres propriétés qui accompagnent chaque degré d'oxidation ; ainsi le plomb

forme un oxide qui commence par être gris ;
puis il passe à différentes nuances de jaune et
il finit par être rouge au moyen d'une circonstance dont il va être question : le fer passe également par différentes nuances, et prend des
propriétés différeutes, à mesure que l'oxidation
fait des progrès : on peut observer des effets semblables dans plusieurs métaux.

Si donc plusieurs métaux parviennent par une
certaine température à un degré d'oxidation dans
lequel les proportions de l'oxigène paraissent
être fixes, ce n'est que parce que les conditions
de l'oxidation sont alors les mêmes, et que
toutes les combinaisons qui se produisent avec
les mêmes conditions doivent être uniformes :
or, c'est principalement lorsque l'oxidation s'o-
père au moment où la tension élastique des
métaux les volatilise, que les conditions de
l'oxidation se trouvent particulièrement déterminées ; mais, soit que le métal jouisse de la
propriété de se volatiliser, soit qu'il s'oxide plus
inégalement par des degrés successifs de chaleur, il est facile de reconnaître que la combinaison de l'oxigène peut y varier et même in-
définiment, depuis que, la force de cohésion
perdant sa prépondérance, l'oxidation devient
possible, jusqu'à l'extrême où elle cesse de l'être,
à moins que l'affinité mutuelle des deux élémens,

24..

ne soit aidée de quelqu'autre affinité qui porte plus loin le terme de l'oxidation.

Si l'on oblige les oxides qui sont devenus fixes par la condensation qui s'est produite, à supporter un degré de chaleur supérieur à celui qui a présidé à leur oxidation, ils abandonnent une partie de leur oxigène et restent dans un autre état.

Ainsi l'oxide d'antimoine que l'on obtient par la sublimation, contient, suivant Thénard (1) 20 d'oxigène sur 100 : cet oxide exposé à une chaleur graduelle, lui a donné quatre autres degrés d'oxidation qui contenaient depuis 16 jusqu'à 20 parties d'oxigène ; quoique l'on ne puisse regarder comme rigoureuse la précision de ceux de ces résultats qui ne diffèrent entre eux que de quelque centièmes, les qualités que ces oxides présentent ne permettent pas de douter qu'ils n'eussent réellement des proportions différentes d'oxigène. Le même chimiste conclut des expériences intéressantes qu'il a faites sur le cobalt, qu'il existe au moins quatre espèces d'oxide de cobalt, l'oxide bleu, l'oxide olive, l'oxide puce, l'oxide noir, qui ont des proportions différentes d'oxigène.

Clément et Désorme ont trouvé que l'oxide de zinc sublimé, contenait à-peu-près 0,18 d'oxi-

______

(1) Ann. de Chim. tom. XXXII.

gène; mais l'ayant poussé à une forte chaleur, il a pris une couleur jaune, et ils n'ont évalué celui qu'il avait retenu qu'à 11,64 (1). Ils ajoutent avec raison, qu'il est probable qu'en chauffant plus fortement l'oxide blanc, on lui ferait perdre encore de l'oxigène. Il faut remarquer que, selon Vauquelin dont on connaît l'exactitude, l'oxide du sulfate et du nitrate de zinc, contient 0,31 (2).

Cette désoxidation par la force de la chaleur, se remarque sur-tout dans les oxides qui se forment sans que le métal se volatilise, et qui parviennent plus facilement à différents degrés d'oxidation : il y a pour tous un terme dans la température qui est le plus favorable à la combinaison de la plus grande quantité d'oxigène ; passé ce terme, ils perdent par la chaleur une partie plus ou moins grande d'oxigène, selon la température et selon la force avec laquelle ils le retiennent.

Lorsque l'on expose à une forte chaleur l'oxide rouge de plomb, on en chasse une partie de l'oxigène et on l'amène à l'état d'oxide jaune ; l'oxide de plomb ne peut donc parvenir à la proportion d'oxigène qui lui donne une couleur rouge, si on le tient au même degré de chaleur qui lui a été nécessaire ou que du moins il a pu sup-

(1) Ann. de Chim. tom. XLII.
(2) *Ibid*, tom. XXVIII.

porter pour prendre la nuance jaune, de sorte qu'en exposant l'oxide rouge à cette même chaleur, il revient à la couleur jaune, en abandonnant la portion d'oxigène qui fait la différence des deux oxides ; ce qui explique pourquoi dans la fabrication du minium, on finit par tenir quelque temps l'oxide à une chaleur plus modérée que celle qu'il a supportée jusque là, et pour cet objet on intercepte la communication avec l'air, nécessaire à l'entretien du feu.

L'oxide de manganèse exposé à l'action du feu, abandonne une proportion d'oxigène d'autant plus grande que la chaleur est plus élevée et on peut l'amener par là près de l'état d'oxide blanc ; mais la chaleur doit être progressivement augmentée, de sorte que celle qui peut en dégager une partie, ne suffit plus pour volatiliser celle qui lui succède : si l'oxide noir n'était qu'un mélange du métal le plus oxidé avec celui qui l'est le moins, comme il faut le supposer dans l'opinion que je discute et s'il n'y avait pas de degrés intermédiaires d'oxidation, la même température devrait suffire pour faire passer tout l'oxide d'un état à l'autre ; mais l'observation prouve que conformément aux autres combinaisons, l'oxide oppose une résistance croissante, à mesure que la quantité d'oxigène diminue.

L'oxide de fer se conduit de même ; car si l'on expose l'oxide rouge à l'action du feu, il prend peu-à-peu une couleur pourprée , qui se fonce de plus en plus; il se rapproche par là de l'oxide noir.

Lorsque l'on opère l'oxidation de fer par une chaleur très-haute, ce n'est pas, par la même raison, l'oxide rouge qui se forme, mais un oxide noir. C'est dans cet état que se trouvent les écailles qui se détachent du fer que l'on forge et qui ont servi à plusieurs expériences de Priestley, sous le nom de *finery cinder*.

375. Si l'action de quelque substance seconde celle de la chaleur, l'oxide abandonne plus facilement son oxigène, du moins jusqu'au point qui convient à la combinaison qui se forme ; lorsque au contraire cette substance peut se combiner avec l'oxide, elle maintient le degré d'oxidation par toute la force de la combinaison qu'elle peut former avec lui, jusqu'à ce que l'expansion que l'oxigène tend à prendre, l'emporte sur cet effet.

L'oxide d'or et celui d'argent, par exemple, peuvent se fondre avec les substances vitrifiables qui entrent en combinaison avec eux ; ils soutiennent alors un degré de chaleur fort supérieur à celui qui suffirait pour réduire ces métaux ; de là vient que l'oxide d'argent qui entre en vitrification avec la terre qu'il dissout dans un creuset d'argile ne peut se réduire , selon l'observation de Sage (1),

____

(1) Mém. de l'Acad. des Sciences , 1786.

que par l'intervention des substances inflammables.

Les substances qui ont ainsi la propriété de
se combiner avec les oxides , favorisent par là
même l'oxidation des métaux , comme nous
l'avons vu pour l'or et l'argent que l'on expose
à une forte chaleur, sur un support qui peut
entrer en vitrification avec leur oxide (369).
C'est ainsi que la coupelle formée de phosphate
de chaux favorise la formation des oxides avec
lesquels elle peut entrer en combinaison , et
non, comme on le pense , parce qu'elle peut loger
dans ses interstices les oxides liquéfiés.

On trouve dans cette propriété de l'affinité
résultante , la raison des effets différents que
les acides et les alcalis produisent sur les oxides
et sur les métaux : en général, les acides ont
une plus forte action sur les métaux peu oxidés,
que sur ceux qui le sont beaucoup ; aussi favo-
risent-ils le dégagement de l'oxigène jusqu'au
terme d'oxidation qui convient à leur combinaison : l'acide sulfurique chasse la partie de
l'oxigène qui fait la différence de l'oxide noir
à l'oxide blanc de manganèse , à une chaleur
fort inférieure au degré qui serait nécessaire
pour en produire le dégagement , si l'on n'employait que la chaleur.

Les alcalis , au contraire, qui paraissent avoir
une plus forte disposition à s'unir avec les métaux

très-oxidés, retardent le dégagement de l'oxigène par la chaleur : j'ai fondu de la potasse avec l'oxide noir de manganèse, qui forme cette combinaison décrite par Schéele, et remarquable par les variations de couleur qu'éprouve sa dissolution : il a fallu une chaleur qui aurait suffi pour chasser une partie de l'oxigène de l'oxide seul, et il ne s'en est point dégagé : l'oxide rouge de plomb a pu également se fondre avec l'alcali, sans qu'il se soit dégagé du gaz oxigène.

376. Une substance peut encore changer l'état de l'oxide par l'action qu'elle exerce sur l'oxigène seul ; c'est ainsi que l'oxide rouge de mercure, broyé avec du mercure, partage son oxigène avec une quantité indéfinie de celui-ci, et forme un oxide qui varie selon les proportions, et qui prend différentes nuances de jaune gris : Vauquelin a obtenu, sans qu'il se dégageât aucun gaz, en chauffant parties égales de fer en limaille, et d'oxide rouge de fer, un total d'oxide noir qui n'avait plus que 0,25 d'oxigène (1), tandis que l'oxide rouge en contenait auparavant 0,40, à 0,49 ; mais on ne peut douter qu'en variant les proportions, on n'obtienne par ce moyen des oxides dans lesquels l'oxigène pourrait se trouver en proportions très-différentes de celles de l'oxide noir : une expérience de Chenevix prouve que l'on

____

(1) Syst. des Conn. Chim. tom. VI, p. 161.

peut abaisser, par un moyen semblable, un oxide fort au-dessous du terme d'oxidation que l'on regarde comme le *minimum*. Il a produit un oxide de cuivre qui ne contenait que $11\frac{1}{2}$ pour cent d'oxigène, en fondant un oxide qui en contenait 20, avec le métal même (1). Cet oxide a une couleur qui approche de celle du cuivre, il la conserve en le fesant entrer avec précaution dans les émaux auxquels il donne une nuance qui est recherchée, mais qui est difficile à obtenir.

Cette action que des substances exercent sur l'oxigène, forme aussi des combinaisons qui se séparent, et l'on fait revenir par là les métaux à différents degrés d'oxidation, jusqu'à l'entière réduction, à une chaleur moins considérable que celle qui aurait produit cet effet par elle-même : j'ai ramené l'oxide blanc de zinc à l'état d'oxide jaune, en fesant passer sur lui un courant de gaz hydrogène dans un tube incandescent, mais à une chaleur fort inférieure à celle qui eût été nécessaire pour donner ce résultat sans hydrogène : de là dépendent les effets de la décomposition de l'ammoniaque par les oxides. Thénard a observé que l'antimoine, précipité de ses dissolutions par le fer et lezinc, avait une couleur noire, et ne retenait que 0,02 d'oxigène.

(1) Trans. philos. 1802.

377. Ce qui confirme que le calorique n'est favorable à l'oxidation que comme force opposée à la cohésion (209), et que lui - même devient un obstacle à une oxidation plus avancée, c'est que lorsque l'on est parvenu au dernier terme d'oxidation que l'on obtient par le degré le plus convenable de température, on est encore éloigné, pour plusieurs métaux, de celui auquel on peut parvenir, en fesant agir l'oxigène condensé et faiblement retenu dans une autre combinaison ; ainsi l'on donne encore de l'oxigène à l'oxide rouge de plomb, par le moyen de l'acide muriatique oxigéné, et de l'acide nitrique, comme Schéele l'avait déjà observé, et comme Proust l'a fait voir plus particulièrement : cet oxide prend par là une couleur brune, et il abandonne facilement par la chaleur l'excès d'oxigène qu'il avait reçu. Chenevix paraît avoir produit une suroxidation pareille même dans l'oxide de mercure. Thénard. a observé que l'antimoine, qui ne parvient par l'action du feu qu'à 0,20 d'oxigène, pouvait en recevoir jusqu'à 0,32 par des moyens semblables. L'oxide d'arsenic passe par les mêmes circonstances à l'état d'acide, en se combinant avec une quantité nouvelle d'oxigène.

Les effets que j'ai attribués à la plus grande condensation qui est produite par l'action réciproque de l'oxigène et d'un métal, dans des proportions déterminées, disparaît contre l'ac-

tion de la chaleur qui les détruit par la dilatation, comme on l'observe dans la décomposition du nitrate de potasse, et dans toutes les
circonstances pareilles (184) : alors la dernière portion d'oxigène qui augmentait la condensation,
cède à l'action expansive, et l'oxigène n'est plus
retenu qu'en raison de la quantité du métal qui
agit sur lui ; de sorte que la force de la chaleur
nécessaire doit s'accroître d'autant plus que la
quantité de l'oxigène diminue : si l'on n'observe
pas cet effet dans la réduction du mercure,
c'est parce que ce métal est très-volatil, et que
l'expansion qu'il acquiert nuit à l'action qu'il
exerce sur l'oxigène.

On a cru que les métaux qui sont très-oxidés
étaient beaucoup plus difficiles à réduire, que
lorsqu'ils le sont moins : cela paraît vrai pour
l'oxide noir de mercure, dans lequel l'oxigène
est moins condensé que dans l'oxide rouge : on
peut conjecturer que l'oxide d'antimoine dans
lequel Thénard n'a trouvé que 0,02 d'oxigène,
est dans le même cas ; mais dans les autres
oxides on n'observe pas de différence sensible ;
ce qui doit être, puisque par la chaleur on
peut chasser une partie de l'oxigène, et faire
disparaître par là les différences de condensation
qui dépendent de ses proportions : j'ai comparé
la réduction de l'oxide d'étain fortement oxidé
par l'action de l'acide nitrique, avec celle d'un

étain qui n'était qu'au premier degré d'oxidation, et je n'ai pas observé de différence dans
le degré de chaleur qui a été nécessaire pour
l'une et pour l'autre réduction.

Thénard dit, à la vérité, que l'oxide d'antimoine précipité par les acides de la dissolution
alcaline de l'antimoine oxidé par le nitre, exige
pour sa réduction un plus grand coup de feu
que les autres; mais on peut conjecturer qu'il
doit cette différence à une petite portion d'alcali qu'il aura retenue; car j'ai fait voir (1) que
l'antimoine, oxidé par le nitre, était une combinaison de l'oxide avec la potasse, et Thénard
a déterminé les proportions de cette combinaison.

378. Par une raison semblable, l'oxidation
doit parcourir ses différents degrés beaucoup
plus facilement lorsque la force de cohésion
se trouve détruite, et c'est ce que l'on observe
dans les métaux qui ont acquis la liquidité par
leur combinaison avec le mercure, et sur-tout
par celle qu'ils forment avec les acides : s'ils
se trouvent dans leurs dissolutions au plus
bas degré d'oxidation, ils peuvent, par l'exposition à l'air, passer insensiblement à un degré
beaucoup plus élevé; mais cette observation ne
doit s'appliquer qu'aux métaux qui exercent

____

(1) Mém. de l'Acad. des Sciences, 1788.

une action énergique sur l'oxigène ; dans les autres, l'effet peut être restreint par l'affinité résultante de l'acide.

Pareillement les oxides précipités des dissolutions métalliques dans lesquelles ils se trouvaient avoir une faible oxidation, absorbent, dans l'état d'incohérence où ils se trouvent, et malgré la saturation qu'ils ont déjà acquise, des quantités successives d'oxigène , et parviennent à un degré d'oxidation plus grand que celui que l'on peut donner par la chaleur seule , en passant par différentes nuances ; mais il faut remarquer que les couleurs des précipités métalliques ne dépendent pas seulement du degré d'oxidation.

379. L'oxigène conserve une quantité plus ou moins grande de calorique dans sa combinaison avec les métaux, de même que dans celles qu'il forme avec les autres substances ; de là dépend une partie des propriétés qui distinguant les oxides dans leurs rapports avec les substances combustibles : ceux d'or, d'argent, de mercure, en retiennent beaucoup ; d'où vient que leur combinaison avec l'ammoniaque détone, ou par une faible élévation de température, ou même par la compression (*Note XX , XXI*) ; l'oxide de cuivre qui peut aussi décomposer l'ammoniaque par une élévation de température , ne produit cependant point de détonation ; ce qui

fait voir que l'oxigène y est beaucoup plus dépourvu de calorique : l'oxide d'argent fait une
détonation plus vive que celui d'or ou de mercure ; de sorte que l'oxigène paraît conserver
plus de calorique dans le premier que dans les
derniers.

380. L'affinité des métaux pour l'oxigène ne
peut pas être soumise à une mesure exacte,
parce que les degrés de saturation auxquels parviennent leurs propriétés et celles de l'oxigène,
ne peuvent être comparés, et que les limites de
l'oxidation ne dépendent pas seulement de l'affinité des métaux pour l'oxigène, mais encore
de leur force de cohésion, et même de celle
des oxides qu'ils forment. Cependant on peut
distinguer les métaux en ceux qui peuvent abandonner l'oxigène par la seule action de la chaleur, en ceux auxquels l'hydrogène peut l'enlever, en ceux qui ont besoin de moyens plus
efficaces pour pouvoir l'en dégager, et enfin
en ceux qui n'éprouvent qu'une réduction imparfaite ou douteuse : les métaux de la première
espèce sont l'or, l'argent, le platine et le mercure : il paraît que le plomb a la même propriété ; car lorsqu'on expose un oxide de plomb
à un grand feu dans un creuset, il s'en sublime
des globules dans l'état métallique, et si le reste
ne le fait pas, ce n'est probablement qu'à cause
de la grande action que cet oxide exerce sur la

terre du creuset ; en sorte qu'il se vitrifie avec cette terre, et que par là il est maintenu dans son état d'oxide.

Le cuivre se trouve dans la seconde classe ; car son oxide se réduit en métal par l'action de l'hydrogène de l'ammoniaque, ou lorsqu'on fait passer sur lui du gaz hydrogène à une haute température. Il n'est pas surprenant, d'après ce que j'ai dit ci-dessus, relativement au plomb, que l'oxide de plomb puisse être réduit à une température élevée par le gaz hydrogène, ainsi que l'a fait voir Priestley, et plus particulièrement Guyton, qui a prouvé qu'il se formait par là une quantité d'eau relative à celle de l'oxigène qui se sépare du métal, et à celle de l'hydrogène qui est absorbé. L'acide arsenique abandonne aussi l'oxigène à l'hydrogène, et par là reprend l'état métallique, selon l'observation de Pelletier : le bismuth serait probablement dans le même cas.

Les oxides qui ne peuvent être réduits entièrement par l'hydrogène, doivent tous avoir la propriété de décomposer l'eau : lorsque l'hydrogène a produit tout son effet de réduction sur les oxides dans la même température, ce qui leur reste d'action sur l'oxigène non combiné doit être une force égale ; mais les quantités d'oxigène que chaque métal peut retenir dans cet état, sont différentes.

Quelques métaux peuvent être réduits facilement par le moyen du charbon, et d'autres, résistent tellement, qu'on ne peut en obtenir que des réductions douteuses ; cependant il ne faut pas juger de l'affinité d'un métal pour l'oxigène, par la difficulté seule de sa réduction ; la fusibilité du métal, la condensation de l'oxide influent sur la réduction, de sorte que par là même qu'un métal est d'une fusion très-difficile, sa réduction le devient.

Ceux des métaux qui ont une plus forte affinité pour l'oxigène, peuvent l'enlever à ceux qui en ont moins ; ainsi le fer peut réduire l'oxide de mercure, et l'étain produit le même effet sur l'oxide de cuivre, propriété sur laquelle est fondée l'épuration du bronze, que l'on obtient en introduisant dans le bain métallique de l'oxide de cuivre qui cède l'oxigène à l'étain ; mais l'action des oxides entre eux et des métaux, est cause que cette désoxidation n'a lieu que dans un petit nombre de cas.

La réduction des métaux par le charbon présente des phénomènes différents, selon la force avec laquelle l'oxigène est retenu par le métal ; plus fortement l'oxigène est combiné, plus la température nécessaire pour affaiblir cette union, doit être élevée ; de sorte que ce n'est qu'à la plus haute température qu'on peut obtenir celle du platine, et qu'on peut à peine opérer celle

2.   25

du tunstène et du molybdène. Les effets varient aussi, relativement aux gaz qui se dégagent, selon la température et selon la fixité de l'oxigène : si le métal l'abandonne facilement, le charbon donne de son côté une proportion de carbone et d'hydrogène qui peuvent former immédiatement de l'acide carbonique, et de l'eau qui se met en dissolution dans cet acide ; mais si la température est très-élevée, d'un côté le charbon tend à donner plus d'hydrogène, d'un autre côté le métal ne cède que trop peu d'oxigène pour compléter les deux combinaisons qui pourraient se former (287) : alors se produit cette combinaison ternaire que j'ai appelée hydrogène oxi-carburé : de là vient que, selon l'opinion de Cruicshank, plus les métaux exigent de chaleur dans les réductions, plus il se produit de ce gaz ; mais ceux qui sont très-réductibles donnent plus facilement les premières portions de leur oxigène que les dernières ; de sorte que, comme l'ont observé Priestley et Voodhouse, on retire au commencement de la réduction de ces métaux par le charbon, beaucoup d'acide carbonique, et peu de gaz oxi-carburé ; la proportion de celui-ci va en augmentant, et sur la fin, c'est presque lui seul qu'on obtient.

381. Les oxides ont plus ou moins la propriété de se combiner avec les alcalis, elle paraît en gé-

néral s'accroître à mesure que l'oxidation est plus avancée, de sorte que l'action des alcalis peut empêcher le dégagement de l'oxigène, qui serait produit par la chaleur (375), et qu'elle favorise manifestement les progrès de l'oxidation avec quelques métaux, particulièrement avec l'étain.

Si quelques oxides, tels que l'oxide de fer, paraissent se refuser à cette combinaison, on est fondé à conjecturer que cette différence ne dépend que de la force de cohésion qui appartient à l'oxide; car lorsque le fer est très-oxidé, il entre plus facilement en vitrification avec les terres alcalines, que lorsqu'il l'est peu.

Ceux des oxides qui, par leurs dispositions naturelles peuvent recevoir une grande proportion d'oxigène, passent enfin à l'état décidément acide, et forment des acides particuliers.

C'est l'arsenic qui possède cette propriété au plus haut degré : 100 parties du métal se combinent d'abord, selon l'évaluation de Proust (1), avec 33 parties d'oxigène. Dans cet état, il a des propriétés analogues à celles des métaux très-oxidés : il se dissout assez facilement dans les alcalis, et très-peu dans les acides; il a acquis une fixité plus grande que celle qui lui est naturelle; mais il se trouve sur les limites

(1) Journ. de Phys. tom. LI.

de la proportion d'oxigène qu'il peut recevoir
par le secours de la chaleur; cependant il en
prend une plus grande proportion, lorsqu'on
le traite avec des substances qui contiennent
l'oxigène condensé et qui le retiennent faiblement, telles que l'acide nitrique ou les nitrates : en devenant acide par cette nouvelle
proportion d'oxigène, il acquiert beaucoup plus
de fixité; de sorte que les proportions dont il
est composé produisent une plus grande condensation mutuelle que dans l'oxide; si l'on
détruit l'effet de cette condensation par la chaleur, la portion d'oxigène qui le rendait fixe
se dégage en gaz, il repasse à l'état d'oxide, et
la volatilité qu'il acquiert le fait échapper à
l'action de la chaleur, qui tend à dégager le
reste de son oxigène.

Cet acide fixe passe facilement à l'état solide,
et sans doute on pourrait le faire cristalliser :
il tient de cette disposition à la solidité la propriété de former des sels acidules avec les bases
alcalines qui en ont moins, comme on le voit
dans le sel dont la découverte est due à Macquer, et de produire des sels insolubles avec
les bases alcalines terreuses (199).

L'oxide d'arsenic acquiert en passant à l'état
d'acide, 20 parties pondérales d'oxigène qui s'a-
joutent aux 33 qu'il avait déjà; de sorte que
100 parties du métal produisent 153 d'acide :

c'est à-peu-près la quantité d'oxigène que prend le fer, lorsqu'il passe à l'état de la plus grande oxidation ; mais une même quantité d'oxigène produit avec ces deux métaux un effet différent, qui dépend de l'affinité que l'un et l'autre ont pour l'oxigène : le fer très-oxidé n'a point sensiblement des propriétés acides, et l'acide arsenique en a de très-énergiques : le fer, par l'action plus forte qu'il exerce, sature les propriétés de l'oxigène avec lequel il peut se combiner, et les rend latentes pour la plus grande partie : l'arsenic produit le même effet sur les 33 parties avec lesquelles il se combine d'abord ; mais il conserve beaucoup de ses propriétés naturelles dans les 20 parties qui sont ajoutées.

L'oxide d'arsenic peut être comparé au soufre et au phosphore oxigéné, et encore mieux au gaz nitreux qui n'ayant aucune propriété acide acquiert l'acidité par l'oxigène qui se combine avec lui.

Fourcroy a désigné l'oxide d'arsenic par la dénomination d'acide arsénieux, en le comparant à l'acide sulfureux et à l'acide phosphoreux, dans leur rapport avec l'acide sulfurique et le phosphorique ; mais l'oxide d'arsenic n'exerce pas sur les alcalis une action plus forte que les autres oxides, et même plusieurs ont, en cela une supériorité sur lui ; les acides, il est vrai, se combinent faiblement avec lui ; mais il est à cet égard dans le cas des métaux très-oxidés, et l'acide muriatique agit également sur lui plus que les autres ; il me paraît donc qu'il conserve beaucoup plus d'analogie avec les autres oxides qu'avec les acides sulfureux et phosphoreux, et qu'on indique beaucoup mieux ses propriétés, en le classant par : les oxides que parmi les acides, sans parler de l'inconvénient de faire des innovations inutiles dans une nomenclature dont Fourcroy a été un si utile coopérateur. Cependant on peut conserver son analogie avec l'acide sulfureux, lorsqu'il se combine avec les alcalis ; parce qu'alors il remplit les fonctions d'un acide.

L'acide tunstique a une acidité peu marquée, et il paraît différer peu des oxides proprement dits, qui peuvent abandonner une partie de leur oxigène.

L'acide molybdique a une acidité plus prononcée ; mais il ne retient que faiblement la partie d'oxigène à laquelle il doit les propriétés acides ; de sorte qu'il reprend facilement l'état d'oxide par l'action des substances inflammables, et alors il passe du blanc à la couleur bleue.

L'acide cromique, dont la découverte importante est due à Vauquelin, paraît avoir également ment des propriétés décidément acides, autant que les expériences que l'on a pu faire sur les petites quantités qu'on en a obtenues, permettent de le conclure.

L'acide cromique est remarquable par la couleur rouge qu'il a dans cet état, et qu'il communique au plomb rouge de Sibérie et au rubis spinelle; dans l'état d'oxide, il a d'autres couleurs qui paraissent varier selon l'état d'oxidation; c'est ainsi qu'il donne une couleur verte à l'émeraude.

382. Il me paraît résulter des observations précédentes; 1°. que les métaux, ainsi que les autres substances qui forment des combinaisons, prennent une proportion d'oxigène qui n'est pas seulement en rapport avec leur affinité, mais avec toutes les conditions qui sont favorables ou contraires à son action sur l'oxigène;

2°. Que celle de ces conditions qui a le plus d'influence sur les différents degrés d'oxidation d'un même métal, c'est la température; mais il y a un certain terme de température qui est le plus convenable par l'effet qu'il produit sur la force de cohésion du métal, sans trop accroître l'élasticité de l'oxigène; en sorte qu'un degré inférieur laisse trop dominer la résistance de la cohésion, et qu'un degré plus élevé donne trop d'énergie à l'élasticité, et dégage une partie de l'oxigène qui avait pu se combiner à une température inférieure;

3º. Que la volatilité d'un métal qui s'oxide lui donne un degré fixe d'oxidation ;

4º. Que dans ses effets favorables à l'oxidation, la chaleur n'agit que comme force opposée à la cohésion, puisque lorsque l'on enlève cet obstacle par d'autres moyens, l'oxidation a lieu sans élévation de température ;

5º. Que lorsque la chaleur cesse de produire l'oxidation à cause de son intensité, on peut obtenir d'autres degrés d'oxidation par le moyen de l'oxigène condensé, et des circonstances qui favorisent sa combinaison ;

6º. Que les oxides montrent dans leur action réciproque avec les autres corps tous les effets de l'affinité résultante ;

7º Que dans ces effets on retrouve les propriétés de l'oxigène, d'autant plus que l'oxidation est plus avancée, et qu'enfin lorsque les qualités de l'oxide lui permettent de se combiner avec une proportion d'oxigène, supérieure à celle qui lui donne les propriétés communes aux oxides, il acquiert celles qui caractérisent les acides.

CHAPITRE III.

Des dissolutions et des précipités métalliques.

383. Les métaux ne se dissolvent dans les acides que lorsqu'ils sont dans l'état d'oxide, comme Lavoisier l'a découvert ; ces dissolutions donnent lieu à un grand nombre de combinaisons, selon les circonstances où elles se forment, selon les proportions qui entrent dans leur composition, et selon le degré d'oxidation : les sels insolubles et les précipités qui proviennent de ces dissolutions offrent aussi beaucoup de variétés : les oxides ont encore la propriété de former des combinaisons avec les bases alcalines, de produire des combinaisons triples avec ces bases et avec ces acides, et même de se combiner ensemble : je me bornerai à indiquer ici les rapports que l'on peut trouver entre les substances métalliques et les autres substances dans leur action mutuelle avec les acides et avec les alcalis, et les causes générales des propriétés diverses qu'offrent les dissolutions et les précipités métalliques : je n'insisterai que sur quelques objets sur lesquels les

chimistes ne sont pas encore d'accord, et dont j'ai commencé la discussion dans le chapitre précédent.

Un métal s'oxide en se combinant avec un acide, ou par le moyen de l'oxigène qu'il enlève à l'air atmosphérique, ou par la décomposition de l'eau, ou en prenant l'oxigène condensé dans une partie de l'acide même.

Ces trois moyens de s'oxider appartiennent aux métaux qui ont une forte affinité pour l'oxigène; mais le premier est le seul qui puisse produire l'oxidation d'un métal qui n'a qu'une faible action sur l'oxigène, lorsqu'il se trouve en présence d'un acide, dont, en même temps, l'action a peu d'énergie; ainsi le cuivre ou le plomb, placés dans l'acide acétique sans le contact de l'air, ne forment point de dissolution; mais si le mélange est exposé à l'air, il se fait une absorption d'oxigène, et la dissolution a lieu.

Si l'action de l'acide est plus puissante, et si elle est favorisée par l'action de la chaleur, le même métal qui ne pouvait se dissoudre que par l'accession de l'oxigène de l'atmosphère, acquiert par le concours de l'acide plus énergique, la propriété de décomposer l'eau, quoiqu'il ne l'ait pas par lui-même, et qu'au contraire son oxide puisse être réduit par le gaz hydrogène; c'est ce que l'on observe dans le cuivre, qui peut se dissoudre dans l'acide muriatique, en donnant du gaz hydrogène ; l'arsénic qui ne peut pas décomposer l'eau par lui-même, présente la même propriété.

Les métaux dont l'action sur l'oxigène est très-faible, ne peuvent s'oxider ainsi : il faut qu'ils trouvent l'oxigène dans un acide qui puisse le céder plus facilement que l'eau : une partie de l'acide sulfurique passe par là à l'état d'acide sulfureux, pendant qu'une autre partie dissout l'oxide qui s'est formé, sans éprouver de décomposition : une partie de l'acide nitrique se réduit de même en gaz nitreux ou en oxide gazeux d'azote, selon l'énergie de l'affinité du métal pour l'oxigène : enfin dans les dissolutions de l'or et du platine, qui ne peuvent se faire que par l'acide nitro-muriatique, parce qu'ils ont une trop faible action, soit sur l'oxigène, soit sur les acides, on réunit à la propriété qu'a l'acide nitrique de céder facilement de l'oxigène condensé, l'action de l'acide muriatique, qui est beaucoup plus forte que celle du premier.

Dans ces dissolutions, les effets ne dépendent pas seulement de l'affinité, soit pour l'oxigène, soit pour le métal ; mais aussi de la force de cohésion qui forme une résistance.

384. Un métal oxidé qui se dissout dans un acide, en fait disparaître les propriétés exactement comme un alcali, et il sature des quantités corres-

pondantes des différents acides , comme je l'ai remarqué pour les bases alcalines.

J'ai constaté cette propriété depuis mes recherches sur l'affinité , en mêlant ensemble différentes dissolutions métalliques qui étaient à l'état neutre ou à-peu-près , en choisissant celles dans lesquelles le mélange devait produire une combinaison qui se précipitait , ou dans lequel les deux métaux devaient se précipiter , et en fesant de pareils mélanges de dissolutions métalliques avec les solutions de sels neutres qui devaient produire un précipité par le moyen de leur acide : dans ces expériences , je n'ai rencontré que le nitrate d'argent et le muriate oxigéné de mercure , dont le mélange a produit un changement dans l'état de neutralité : la partie liquide est devenue acide.

On peut donc regarder le principe que je viens d'établir comme général , à un très-petit nombre d'exceptions près , et l'on peut sur ce fondement , comparer la capacité de saturation des substances métalliques avec celle des bases alcalines (47); ainsi , selon l'évaluation de Proust, 100 parties d'oxide d'argent prennent à-peu-près 29 d'acide muriatique pour former le muriate d'argent ; mais 100 parties d'ammoniaque saturent 200 parties du même acide : les capacités de saturation de ces deux bases doivent donc être dans le rapport de 29 à 200 : le muriate d'argent doit être regardé comme étant dans le même état que le muriate d'ammoniaque, lorsque celui-ci est exactement neutre ; car si on le forme par le mélange du nitrate d'argent, qui est neutre, avec le muriate de soude, par exemple, le liquide qui surnage fait voir que l'état neutre n'a pas été altéré par l'échange de base ; mais la capacité de saturation varie selon l'état d'oxidation, et il faut pour cette comparaison employer des dissolutions qui puissent produire l'état neutre ou à-peu-près.

Tous les métaux ne peuvent pas parvenir à produire une dissolution neutre ; mais quelques-uns exigent nécessairement un excès d'acide, sans lequel leur oxide se sépare en formant un sel insoluble, et il ne retient avec lui qu'une portion plus ou moins grande d'acide, selon l'effet de sa force de cohésion à un certain degré d'oxidation, celui de l'action de l'eau sur l'acide, qui varie selon sa quantité, selon la température, et selon l'énergie de l'acide.

384. L'on n'eut, jusqu'à Rouelle, que des idées confuses sur le caractère des sels, et sur leurs différences : ce célèbre chimiste répandit beaucoup de lumière sur cet objet qui embrasse une grande partie de la chimie, et qui l'intéresse dans toutes ses considérations : il distingua les sels qui peuvent se séparer, en sels solubles et avec excès d'acide, et en sels insolubles, et avec le

moins d'acide possible, qu'il regarda comme neutres : cependant il fit une autre classe des sels parfaitement neutres, et d'une solubilité moyenne (1).

Il fit voir de plus, que les précipités que l'on obtient par le moyen des alcalis, contenaient une portion de l'acide, que par là ils étaient analogues aux sels avec le moins d'acide; mais qu'ils conservaient aussi une partie de la substance qui a servi à les précipiter ; ce qui cependant n'a pas toujours lieu.

Enfin, il distingua des précipités précédents, ceux que l'on obtient d'une dissolution métallique par le moyen d'un acide, et il fit voir que ces précipités étaient des sels avec le moins d'acide.

Il n'y a peut-être pas de recherche qui ait jeté un plus grand jour sur une multitude de combinaisons que le défaut de méthode laissait confondues, et qui ait assigné des rapports plus exacts entre toutes celles que la chimie devait produire ; cependant plusieurs chimistes ont négligé les observations de Rouelle, particulièrement lorsqu'ils ont voulu classer les affinités électives ; d'autres, au contraire, leur ont supposé une trop grande précision.

386. Au terme où Rouelle s'était arrêté, il convenait d'examiner, si les proportions qui for-

____

(1) Mém. de l'Acad. 1754.

maient les sels avec excès d'acide étaient constantes, de manière qu'il ne pût y avoir que
deux combinaisons, celles avec excès d'acide,
et celles avec le moins d'acide, s'il ne pouvait
exister des combinaisons à proportions intermédiaires, et si ces proportions dépendaient de
quelques circonstances qui peuvent modifier
l'action réciproque de l'oxide métallique, et de
l'acide, mais qui ne doivent être regardées que
comme un obstacle qui peut être surmonté dans
d'autres circonstances : il faut remarquer que
Rouelle eut la circonspection de ne point assigner les causes des séparations qu'il observa,
et qui étaient alors enveloppées de trop d'obscurité que les travaux ultérieurs devaient dissiper.

Plusieurs chimistes regardent donc comme un
principe qui ne doit plus être soumis à aucun
examen, que les combinaisons se forment
avec des proportions déterminées, et si l'on
reconnaît des proportions qui s'en éloignent,
comme on est obligé de le faire dans plusieurs
cas, on ne suppose qu'un mélange des combinaisons, dont l'une est avec un excès limité,
et l'autre avec la plus petite quantité possible
d'acide : s'il se trouve une surabondance d'acide,
elle ne sera pas en combinaison.

J'ai combattu cette opinion dans mes recherches sur les lois de l'affinité, et j'ai tâché de

faire voir qu'un acide peut se trouver combiné avec un oxide, en différentes proportions qui s'établissent selon les circonstances qui peuvent augmenter ou modérer l'action réciproque des deux substances; et selon les propriétés des combinaisons qui se forment : j'ai appliqué mes observations et à la combinaison des oxides avec les acides, et à l'oxidation des métaux : l'état de ces deux espèces de combinaisons dépend des mêmes causes.

387. Si l'on remonte aux observations de Rouelle, desquelles est dérivée l'opinion que je discute, on voit que lorsqu'on distille, à un feu suffisant, du mercure et de l'acide sulfurique, il reste une masse blanche et sèche, qui a supporté un feu supérieur à celui qui ferait distiller l'acide libre, et qui placée dans un lieu humide tombe en déliquescence, et devient liquide et transparente, sans qu'il se fasse aucune séparation; si au contraire on ajoute beaucoup d'eau chaude à la masse blanche, ou au liquide transparent que l'on en a obtenu, il se forme un dépôt jaune qui est le sel avec le moins d'acide; le liquide évaporé après cette séparation, donne des cristaux qui sont un sel avec excès d'acide.

Nous avons déjà trois combinaisons, celle qui est devenue liquide par la déliquescence, et qui contient tout le mercure et tout l'acide, celle que l'on fait cristalliser avec excès d'acide, et celle qui a le moins d'acide; si on lave la dernière, on continue d'en séparer un sel qui relativement a plus d'acide; de sorte que celui qui reste contient de plus en plus un excès d'oxide; d'où il résulte également que dans la première séparation, le précipité retient d'autant moins d'acide, que la quantité d'eau que l'on met en action est plus grande, jusqu'à ce que le sel insoluble soit parvenu au point de résister complétement à l'action de l'eau.

Mais, dira-t-on, le liquide qui s'est formé par la déliquescence contient les deux sels, et leur action réciproque rend soluble celui qui ne l'est pas naturellement : il faudra donc admettre que le sel avec le moins d'acide, qui se sépare d'abord, est encore un composé des deux sels, et que ce n'est qu'à un terme indéterminé qu'il se trouvera enfin délivré de celui qui est avec excès d'acide.

On supposera donc que le sel soluble, et celui qui est insoluble, exercent une action réciproque, telle que le premier peut vaincre entièrement l'insolubilité du dernier; mais une force capable de cet effet, n'est-elle pas parfaitement égale à celle qui produit les combinaisons? quelle distinction idéale voudra-t-on établir, pour ne pas conclure de l'observation, que l'acide sulfurique partage son action entre l'oxide et l'eau, que ces substances agissent en raison de leur quantité, en sorte que lorsque l'eau vient à prédominer, elle sépare une portion de l'acide sulfurique, qui ne retient plus qu'une certaine quantité de l'oxide, dont le reste est insoluble et retient une autre partie de l'acide et que ces partages se font selon l'état des forces opposées: remarquons que dans l'opinion contraire, on est obligé d'admettre l'action chimique de l'eau, en fesant une distinction entre l'affinité qu'elle exerce, et celle des deux éléments de la combinaison.

Je ne vois de différence entre l'action d'un alcali qui produit des précipités métalliques et l'action de l'eau, que celle qui dépend de l'énergie qui est plus grande dans l'alcali, et qui laisse moins d'acide dans le précipité, à part la quantité très-variable du précipitant, qui peut entrer dans la composition du précipité, en raison de l'affinité qu'il a, soit pour l'acide, soit pour l'oxide. Les alcalis diffèrent encore entre eux, selon la force de leur alcalinité, leur concentration et les autres circonstances qui accompagnent leur action.

On peut appliquer les mêmes observations aux propriétés que Rouelle a trouvées dans le nitrate de bismuth et le muriate oxigéné d'antimoine. Je pourrais accumuler ici les faits qui prouvent que, soit dans ces produits de la chimie, soit dans les combinaisons naturelles, on rencontre une grande variété de proportions intermédiaires entre les sels avec excès d'acide, et les sels avec excès d'oxide : je me borne à renvoyer à ceux qui sont exposés dans le mémoire que je joins en note (*Note XXII*), et qui a été présenté à l'institut par A. B. Berthollet (mon fils); je n'ajouterai qu'un exemple tiré de l'analyse des arséniates de cuivre : Chenevix, auquel on doit cette analyse, en décrit six espèces, dans lesquelles les proportions d'oxide et d'acide sont différentes: il a formé un arseniate artificiel, dans lequel l'acide était en plus petite quantité que dans aucune de ces espèces ; n'est-il pas vraisemblable que chacune de ces espèces n'a pas des proportions constantes, et que celles qui sont intermédiaires peuvent exister ?

Cependant nous avons remarqué que plusieurs combinaisons se formaient dans certaines proportions par le degré de condensation que les éléments éprouvaient dans ces proportions ; que cette cause pouvait même limiter la combinaison de deux éléments à une ou deux proportions déterminées, ainsi que nous l'ayons observé dans l'oxidation du mercure (371).

388. Il en est de même de l'état d'oxidation des métaux, et de leurs proportions dans les combinaisons qu'ils forment avec les acides : un acide peut ordinairement se combiner

avec un métal dans une certaine latitude d'oxidation ; mais la saturation varie par les différents degrés d'oxidation , la quantité étant la
même où la proportion de l'acide doit être différente ; la cohésion qui appartient aux combinaisons détermine quelquefois une séparation
en deux combinaisons , dont l'une est soluble
et l'autre insoluble ; le rapport de ces deux
combinaisons varie selon les circonstances ,
comme nous l'avons vu pour le sulfate de mercure ; mais il peut y avoir des proportions
fixes , sur-tout lorsque l'action de l'acide est
énergique , comme celle de l'acide muriatique;
de sorte qu'il peut exister des combinaisons qui
sont constantes et pour la proportion de l'acide
et pour le degré d'oxidation , et en cela cette
espèce de combinaison n'a rien de particulier.

Tel est le cas du muriate de mercure , non-
seulement pour l'oxidation ; mais même pour les
proportions d'acide avec lesquelles il peut s'isoler : il me paraît qu'on ne peut l'obtenir, formant avec l'acide muriatique seul , une combinaison qui se sépare par son insolubilité , ou
qui cristallise, que dans deux états, ou dans celui
de muriate oxigéné de mercure , ou dans celui
de muriate de mercure ou mercure doux : j'ai
supposé le contraire dans mes recherches sur
l'affinité; mais dans des expériences postérieures,
si ce n'est dans une dont je parlerai ci-après,

je n'ai pas obtenu de différence sensible sous le rapport de l'oxidation et des autres propriétés, entre les préparations que l'on fait subir au muriate insoluble par différentes sublimations : celui même que les précipités de mercure laissent sublimer par le procédé de Bayen, ne m'a pas paru différer du mercure doux ordinaire; mais ces précipités donnent plus ou moins de sublimé salin, selon les circonstances de la précipitation, et si l'on emploie un excès d'alcali, on n'en obtient presque pas; de sorte que la proportion de l'acide qui est éliminé par l'alcali, et de celui qui est retenu par l'oxide, peuvent beaucoup varier.

Cette division en deux oxides, qui ont chacun un degré déterminé d'oxidation, que l'on observe dans les muriates de mercure, ainsi que celle de deux proportions fixes d'acide et d'oxide, qui a lieu dans quelques combinaisons métalliques, ne peut être considérée comme le fait le plus général; ce que me paraissent prouver les observations suivantes, quoiqu'il y ait quelques circonstances où il est difficile de prononcer, s'il ne s'est établi qu'un degré d'oxidation, ou si deux états distincts existent en même temps.

389. Les oxides cèdent facilement une portion de leur oxigène, ou même le tout, au même métal, qui n'en a pas la quantité suffisante pour se dissoudre dans un acide, et par là un oxide

peut se réduire en partie, pour qu'une autre portion soit plus oxidée.

Chenevix ayant mis de l'oxide de cuivre qui n'avait que 11 $\frac{1}{4}$ d'oxigène, dans l'acide phosphorique, celui-ci en opéra la dissolution ; mais pour cela une partie du cuivre donna tout son oxigène à celle qui entra en dissolution, et reprit l'état métallique.

Proust rapporte que le mercure, laissé dans une dissolution de muriate oxigéné de mercure, se change en muriate doux, et Fourcroy a fait une observation semblable sur le sulfate de mercure très-oxidé.

La plus grande affinité pour l'oxigène d'un métal qui est peu oxidé dans une combinaison, lui donne la propriété de l'enlever à un autre métal qui est aussi en dissolution, et qui se trouve avoir une oxidation plus avancée ; c'est ainsi que le muriate d'étain peu oxidé s'empare de l'oxigène du sulfate de cuivre, et réduit celui-ci à une faible oxidation, comme le font voir les belles expériences que Proust a faites sur cet objet.

L'étain, dans ce changement d'oxidation, passe-t-il, d'un saut, de l'état le moins oxidé au plus oxidé? Si on laisse sa dissolution exposée à l'air, il en attire peu-à-peu l'oxigène, comme l'a fait voir Pelletier : il en est de même du muriate de cuivre, et en général de tous les métaux qui ont quelqu'énergie pour se combiner avec l'oxigène ; lorsqu'ils sont en dissolution, et dans un état peu oxidé, ils s'oxident de plus en plus jusqu'à ce qu'ils passent à l'état le plus oxidé auquel leur dissolution puisse parvenir ; alors il arrive ordinairement qu'une partie devient insoluble, et se sépare en retenant une certaine quantité d'acide. N'y a-t-il pas une grande vraisemblance, qu'alors l'oxidation marche d'un pas progressif, et qu'il n'y a d'exception que pour les cas rares, où la combinaison passant tout-à-coup à l'état insoluble, conserve très-peu d'action sur l'oxigène, comme nous l'avons vu pour les muriates de mercure?

Proust a fait voir que lorsqu'on mettait du fer dans une solution de sulfate très-oxidé, lequel est toujours avec un grand excès d'acide, le sulfate passait à l'état le moins oxidé ; le fer peut donc prendre une partie de l'oxigène de celui qui est très-oxidé, pour se dissoudre avec lui dans un état uniforme; cependant ce fait ne donne pas un résultat qui soit simple : il se dégage pendant cette action du gaz hydrogène, et il se forme un précipité jaune qui est dû au fer très-oxidé, lequel retient une portion d'acide ; mais dans ce précipité dont l'oxide est déjà rouge, comme le prouve l'action des alcalis, le fer est à un degré plus bas d'oxidation, que celui du sulfate qui a été bien calciné ; car l'eau peut séparer tout l'acide de celui-ci, ce qu'elle ne peut faire avec le premier.

J'ai mêlé une dissolution de sulfate de fer le moins oxidé, avec une dissolution du plus oxidé, le mélange s'est conservé plusieurs jours à une température d'hiver, sans se troubler; mais en été, un pareil mélange s'est troublé après environ 24 heures, et il s'est fait un précipité jaune : si on l'expose à la chaleur, il se trouble dès qu'il commence à s'échauffer, et il se forme un dépôt; il se fait donc, du moins à une certaine température, un partage de l'oxigène, et l'acide ne peut plus tenir en dissolution tout le métal qui a pris une oxidation moyenne.

Si l'on fait évaporer le liquide sans communication avec l'air, lorsque le dépôt dont je viens de parler s'est fait, il se forme des cristaux de sulfate peu oxidé, et il reste en dissolution du sulfate beaucoup plus oxidé, de sorte qu'il se fait un nouveau partage de l'oxigène, lorsqu'il peut s'établir une cristallisation.

Lors même qu'il se fait une séparation, le sel qui cristallise peut n'être pas constant dans sa composition : dans la fabrication du sulfate de fer, et sur-tout lorsque l'on a dissous immédiatement le fer dans l'acide sulfurique, les premiers cristaux que l'on obtient sont presque sans couleur, ceux qui succèdent dans les cristallisations qui suivent, prennent de plus en plus de la couleur jusqu'au vert foncé, et enfin l'on a un liquide incristallisable qui est dans l'état de sulfate rouge.

On voit par là qu'il s'est fait un partage de l'oxigène dans le courant de la cristallisation, et que le sulfate de fer qui cristallise n'a pas lui-même des proportions fixes d'oxigène, comme les sels mercuriels; il peut être plus ou moins oxidé, et il passe par des nuances insensibles d'un état à l'autre.

Cette variété, non-seulement dans les proportions de l'acide et de l'oxide, mais encore dans le degré d'oxidation, se remarque sur-tout dans les précipités que l'on obtient, ainsi qu'on le voit dans les exemples donnés dans la note.

Le mercure lui-même ne paraît prendre deux états constants de composition, qu'au moment où il peut se séparer en deux combinaisons : lorsque l'on dissout ce métal, par l'acide nitrique, à l'aide de la chaleur, il se dégage beaucoup de gaz nitreux, et il se forme du nitrate le plus oxidé; mais lorsque celui-ci est produit, il dissout du nouveau mercure, sans qu'il y ait dégagement de gaz nitreux, ainsi que l'avait déjà observé Bergman. Le mercure dissous en premier, cède donc de l'oxigène à celui qui entre en dissolution sans dégagement de gaz nitreux; il n'est pas probable, d'après les observations précédentes, qu'il se fasse un passage non interrompu du nitrate le plus oxidé au moins oxidé; mais la combinaison doit être progressive, et les deux combinaisons extrêmes ne doivent se former, lorsqu'on y mêle de l'acide muriatique, qu'au moment où la séparation du sel soluble ou du sel insoluble à l'eau est décidée par l'action de cet acide.

390. L'observation suivante fait voir avec quelle facilité ce transport d'oxigène a lieu : si l'on mêle du nitrate de mercure d'une oxidation moyenne, et qui n'ait pas d'excès d'acide, avec du muriate de soude, on obtient un précipité abondant de muriate peu oxidé; mais si la dissolution de mercure a un excès d'acide, il ne se fait que très-peu de précipité, et presque tout le mercure est réduit en muriate oxigéné; en même temps il se dégage du gaz nitreux, de sorte que le mercure ne prend l'oxigène qui lui manque pour former la combinaison soluble, qu'au moment où l'action de l'acide muriatique détermine cette oxidation : ce changement facile d'état doit rendre circonspect sur les conséquences que l'on tire des combinaisons métalliques que l'on forme au moyen d'une substance qui les sépare par précipitation.

Dans la circonstance que je viens de citer, l'acide nitrique contribue, par son excès, à la production du muriate oxigéné, au lieu du muriate insoluble qui se serait formé sans cela, d'une part, parce qu'il peut céder de l'oxigène, et d'un autre côté, parce qu'il fait un partage de l'oxide, comme on le voit clairement, lorsque cet acide agit sur le mercure doux qui est tout formé.

Si donc l'on traite du mercure doux avec l'acide nitrique, celui-ci le dissout en donnant beaucoup de gaz nitreux : on obtient par l'évaporation des cristaux de muriate oxigéné de mercure; le résidu est du nitrate de mercure, qui par l'évaporation et la dessication donne de l'oxide rouge : une partie de l'acide nitrique a donc pris sa part du mercure, pendant que l'autre a cédé de l'oxigène (1).

Les considérations précédentes me paraissent établir que les combinaisons des oxides avec les acides n'ont aucune propriété qui les distingue de celles des substances alcalines, si ce n'est la force variable de la combinaison qui dépend du degré d'oxidation, que d'ailleurs il y a dans ces combinaisons des termes de saturation où elles se séparent par la force de cohésion qui appartient aux proportions, comparativement à l'action que l'acide peut exercer; mais que presque toujours cet obstacle n'exige qu'une addition de force plus ou moins grande dans l'acide, pour que le sel qui s'est séparé se redissolve et reçoive dans l'état liquide des proportions très-

(1) Mém. de l'Acad. 1780.

différentes, dans lesquelles les éléments agissent en raison de leur affinité et de leur quantité (210).

Comme l'affinité des oxides pour les acides est en général fort inférieure à celle des bases alcalines, l'eau peut y produire plus facilement des séparations par l'action qu'elle exerce sur l'acide; alors il se fait une séparation d'une combinaison liquide et d'une combinaison insoluble; les proportions de l'une et de l'autre dépendent des forces qui sont opposées.

Les alcalis produisent une séparation semblable, mais avec plus d'énergie; les précipités retiennent donc ordinairement une portion d'acide, mais qui varie par l'énergie de l'alcali et par l'affinité de l'oxide pour l'acide.

391. A l'égard de l'oxidation, ces dissolutions métalliques présentent peu de différence avec les autres moyens par lesquels on peut l'opérer, et qui ont été examinés dans le chapitre précédent : il paraît qu'en général les métaux peuvent se dissoudre depuis un terme d'oxidation, jusqu'à celui où elle cesse d'être possible; mais il y a quelques métaux, qui le plus ordinairement passent dans leur combinaison d'un extrême de l'oxidation à un autre, comme nous l'avons remarqué pour l'oxidation simple; il est difficile de déterminer dans quelques circonstances, si un oxide prend un état uniforme

d'oxidation, ou si l'oxigène se partage inégale-ment entre les différentes parties.

Si un métal a une forte affinité pour l'oxi-gène, cette affinité continue d'avoir son effet, lorsque ce métal est en dissolution, ou même lorsque la combinaison est cristallisée, de sorte que l'état de l'oxide, et par là celui de la com-binaison, éprouvent un changement qui n'a pour limite que la plus grande oxidation.

Au contraire, les métaux qui n'ont qu'une faible affinité pour l'oxigène, forment des dis-solutions et des sels qui ne changent pas d'état à l'air, telles sont les dissolutions et les sels de mercure, d'argent et d'or. Les acides paraissent en général avoir beaucoup plus d'action sur les métaux peu oxidés, que sur ceux qui le sont beaucoup, lorsque ces métaux sont susceptibles de passer facilement à différents degrés d'oxi-dation : le fer, par exemple, doit avoir un excès plus ou moins grand d'acide lorsqu'il est très-oxidé, pour que l'oxide puisse être retenu en dissolution : conséquemment, si on laisse une dissolution de sulfate de fer à l'air, le métal, malgré l'action de l'acide qui tend à le main-tenir dans l'état où il exerce la plus forte action sur lui, continue à s'oxider ; mais la puissance de l'acide diminuant en même proportion, une portion de l'oxide se précipite en formant une combinaison très-oxidée avec le moins d'acide ;

ce qui reste en dissolution est maintenu par la quantité excédente d'acide ; de sorte que la combinaison s'éloigne de plus en plus de l'état neutre : enfin, l'action de l'oxigène sur le métal se trouve balancée par celle de l'acide ; de sorte que le liquide parvient à un état d'équilibre.

Les oxides deviennent par là d'autant plus insolubles, que leur oxidation a fait plus de progrès ; de là vient qu'ils refusent de se dissoudre, lorsqu'ils peuvent parvenir à un haut degré d'oxidation, et comme l'acide nitrique peut facilement leur procurer cette forte oxidation, il arrive que quelques métaux ne restent pas en dissolution avec lui, à moins que l'on n'affaiblisse beaucoup son action.

392. L'acide muriatique qui exerce une action plus forte que les autres acides, retient par cette raison les métaux très-oxidés plus fortement qu'eux, et il dissout les oxides lorsqu'ils cessent de le pouvoir ; une circonstance favorise encore cette dissolution ; comme il a la propriété de se combiner lui-même avec l'oxigène, son action se partage lorsqu'il se trouve avec un métal trop oxidé ; une partie prend l'excès d'oxigène, et forme de l'acide muriatique oxigéné ; une autre opère la dissolution du métal, ramené à une moindre oxidation ; c'est sur cette double action qu'est fondée la formation de l'acide mu-

riatique oxigéné par l'oxide de manganèse ; mais si l'on verse l'acide muriatique oxigéné sur la dissolution de muriate de manganèse , l'oxide reprend l'oxigène et se précipite , de sorte que ce n'est qu'au moyen de la chaleur que la séparation a pu s'opérer.

L'acide muriatique oxigéné cède ordinairement de cette manière son oxigène aux métaux , de sorte que les oxides agissent ensuite sur l'acide muriatique par une affinité résultante, et que l'alcali qui les sépare ne retient que l'acide muriatique simple (319); cependant il peut tp roduire une combinaison sur-oxigénée lorsqu'on lui présente un métal très-oxidé : on doit à Chenevix la connaissance nouvelle de ces combinaisons, qu'il a formées principalement avec l'oxide de mercure et celui d'argent : dans la formation de ces sels qui méritent, comme il l'observe , le nom de sur-oxigénés , ou d'hyper-oxigénés , il paraît que l'acide muriatique oxigéné se divise en deux parties, dont l'une est réduite à l'état d'acide muriatique , et l'autre se surcharge d'oxigène , comme il fait avec les bases alcalines (1).

L'acide sulfureux agit diversement sur les métaux , quelques-uns le décomposent en partie pour se dissoudre dans l'autre; tels sont le fer et l'étain : une portion du soufre se combine

____

(1) Trans. philos. 1802. Journ. de Phys. tom. LV.

avec une certaine quantité du métal, mais une autre partie reste en dissolution , et forme un sulfite sulfuré : les oxides agissent différemment ; par exemple , l'oxide de manganèse cède la partie superflue de son oxigène , et passe avec l'acide à l'état de sulfate; il en est même qui peuvent être réduits à l'état métallique, en cédant tout l'oxigène; c'est ce qui arrive à l'or dont on mêle la dissolution avec du sulfite de soude (1). On pourrait obtenir ainsi une grande variété de résultats selon les métaux , selon leur affinité pour l'oxigène, selon l'état de leur oxidation , et selon les circonstances qui peuvent changer l'action réciproque du métal et de l'oxigène combiné avec le métal, et de celui qui est combiné avec le soufre.

393. J'avais conjecturé (*Recherches sur les lois de l'affinité*) que l'affinité de l'acide muriatique n'éprouvait pas une diminution d'action par les progrès de l'oxidation ; mais il me paraît que la différence que l'on observe à cet égard ne dépend que de l'affinité plus forte que l'acide muriatique exerce relativement à celle de l'acide sulfurique et de l'acide nitrique : je me fonde sur les expériences suivantes.

Proust a observé que le mercure, tenu dans

____

(1) Ann. de Chim. tom. II, Fourcroy et Vauquelin. Journ. de l'Ecole Polytech. cahier VI. Ann. de Chim. tom. XXIV.

une dissolution de muriate oxigéné, se change en mercure doux; il remarque encore que ce métal forme du mercure doux lorsqu'on le tient dans le muriate rouge de fer, tandis qu'il reste inaltérable dans le muriate vert : Boullai a exposé à la lumière une dissolution de muriate oxigéné de mercure, il s'est dégagé du gaz oxigène; une certaine quantité de muriate doux s'est précipitée, et le liquide a rougi la teinture de tournesol (1); de sorte que l'action de la lumière suffit pour décomposer le muriate oxigéné de mercure; mais lorsqu'il est amené à l'état de mercure doux, elle n'agit plus sur lui. Il faut remarquer que dans cette expérience la lumière a dégagé du gaz oxigène et de l'acide muriatique, pendant qu'elle ne sépare que de l'acide muriatique avec le muriate d'argent (128).

Gay Lussac a mêlé dans une cornue du muriate mercuriel corrosif avec de l'oxide rouge de mercure, le premier s'est d'abord sublimé sans éprouver d'altération; ensuite la chaleur ayant été augmentée, l'oxide s'est réduit, et il a formé du mercure doux en se volatilisant : ayant distillé à un feu ménagé du précipité du muriate mercuriel corrosif, il s'est d'abord élevé du muriate mercuriel corrosif, mais par l'aug-

_____

(1) Ann. de chim. tom. XLIV.

2. 27

mentation de la chaleur, l'oxide s'est réduit et il a changé le sublimé en mercure doux.

Adet a fait voir que le muriate oxigéné d'étain pouvait dissoudre du nouveau métal, sans qu'il y eût dégagement de gaz hydrogène, et qu'il formait par là une combinaison analogue au mercure doux : il faut donc que l'acide muriatique ait aussi une plus forte tendance à se combiner avec l'étain peu oxidé qu'avec celui qui l'est beaucoup : il doit en éprouver une saturation plus grande de ses propriétés, et il doit y être retenu plus fortement (1).

Le même chimiste a fait une observation qui mérite d'être remarquée : le muriate fumant d'étain prend l'état solide en se combinant avec l'eau, dans le rapport de 22:7; cet effet est accompagné d'un dégagement de chaleur : l'eau exerce donc ici une action puissante, et par là elle augmente l'affinité réciproque des parties intégrantes de la combinaison; elle est le principe de la solidité qu'elles acquièrent, pendant que dans la plupart des autres circonstances, elle produit une dissolution ou la séparation d'une combinaison liquide, et d'une combinaison solide.

394. Les précipités métalliques doivent leurs différences à la quantité plus ou moins grande

_____
(1) Ann. de Chim. tom. I.

de l'acide qu'ils retiennent peut-être toujours, lorsqu'on n'emploie pas un excès d'alcali, selon leur degré d'oxidation qui fait varier leur affinité pour l'acide, selon la concentration de l'alcali que l'on emploie, selon l'espèce de l'alcali, et enfin selon toutes les circonstances qui peuvent changer l'état des forces qui sont en action : ils retiennent quelquefois une portion de l'alcali : le précipité du muriate oxigéné de mercure par la chaux, contient, selon Proust, 0,01 de son poids de chaux; celui que la potasse et la soude ont produit, ne m'en a montré aucun indice; mais l'ammoniaque entre en quantité considérable dans le précipité qu'elle forme, comme l'a observé Bayen, et ce précipité contient assez d'acide pour se réduire par la sublimation, en grande partie en mercure doux; si l'on a fait par le mélange de muriate oxigéné de mercure et de muriate d'ammoniaque, le sel qui était connu sous le nom *d'alembroth*, la potasse et la soude y produisent un précipité blanc qui se sublime en entier en mercure doux. La potasse et la soude agissent donc dans cette circonstance, de la même manière que lorsqu'elles précipitent la dissolution du phosphate de chaux par un acide (66). Il ne faut pas confondre ces précipités blancs, relativement à l'oxidation, avec les autres muriates insolubles : ils peuvent se dissoudre dans l'acide nitrique sans aucun dégagement de gaz nitreux ; de sorte que le mercure y est très-oxidé : par la sublimation, ils passent à l'état de mercure doux ; mais c'est par la décomposition de l'ammoniaque que ce changement s'opère, et il se dégage du gaz azote : au commencement de l'opération, il se sublime un peu de muriate d'ammoniaque.

Le mercure doux que l'on obtient dans cette opération, est jaunâtre, sur-tout celui qui s'est le moins élevé, et il est attaqué difficilement par l'acide nitrique qui donne une grande quantité de gaz nitreux : il me paraît donner des indices d'une plus petite proportion d'oxigène, et peut-être d'acide, que dans le mercure doux le plus ordinaire (388).

Les alcalis peuvent enlever aux oxides l'acide que ceux-ci avaient retenu, pourvu qu'ils ne les dissolvent pas eux-mêmes, et alors ils font disparaître la couleur que le précipité devait à l'acide, et qui pouvait tellement changer celle qui leur est propre, que le précipité que donne le muriate oxigéné de mercure par l'ammoniaque est blanc, quoique l'oxide qu'il contient soit rouge : le sublimé que l'on obtient de ce précipité est encore blanc, quoique son oxide soit passé à l'état d'oxide noir.

La dissolution d'un métal peu oxidé prend de l'oxigène à une autre qui est dans un degré plus avancé d'oxidation, comme le fait voir particulièrement la dissolution d'étain avec celle de cuivre et avec celle de mercure (389): un métal partage aussi l'oxigène et l'acide avec une dissolution métallique ; mais il arrive quelquefois qu'il est précipité par un autre , dans l'état métallique , de sorte qu'alors il ne se fait une distribution ni de l'acide, ni de l'oxigène ; mais que tous les deux abandonnent en entier un métal pour se combiner avec l'autre.

395. Depuis que la chimie a établi ses explications sur l'action positive des substances , on a attribué ces dernières précipitations à la différence de l'affinité des métaux pour l'oxigène ; mais si cette cause, qui entre indubitablement pour beaucoup dans le phénomène , était la seule qui agît, un métal ne prendrait qu'une partie plus ou moins considérable de l'oxigène avec lequel un autre se trouve combiné, et celui-ci parvenu à un certain degré d'oxidation, se séparerait dans cet état; de plus, l'effet correspondrait exactement à la différence des affinités, ce qui n'a pas lieu; par exemple, le cuivre précipite au simple contact les dissolutions de mercure; mais le fer ne le fait que lentement, et c'est en mercure doux qu'il précipite presque entièrement la dissolution du muriate oxigéné de mercure; cependant le fer a pour l'oxigène une affinité beaucoup plus grande que le cuivre; il faut donc faire concourir à l'effet

une autre cause, et même une cause déterminante.

Vauquelin a remarqué qu'il fallait faire entrer dans l'explication de ces précipitations, l'affinité de l'acide pour l'un et l'autre oxide (1) ; mais cette cause, ainsi que la précédente, ne pourrait occasionner qu'un partage inégal.

J'ai observé dans mes recherches sur les lois de l'affinité, que l'affinité réciproque par laquelle deux métaux tendent à se combiner, ou même l'affinité réciproque des molécules d'un même métal, étant au nombre des forces qui existent dans le phénomène, il ne fallait pas plus les perdre de vue dans l'explication que l'on doit en donner, que dans les autres circonstances dans lesquelles j'ai fait voir qu'elle était souvent la cause déterminante des séparations qui s'établissent.

En effet, si cette force agit entre deux métaux, on doit retrouver la combinaison qu'elle doit former, et si l'on retrouve cette combinaison, il faut reconnaître l'effet de la force qui l'a produite.

Or, lorsqu'on précipite le mercure par une lame de cuivre, ce n'est pas à distance du cuivre, que le mercure se dépose, on le trouve immédiatement combiné avec lui.

Si l'on mettait de la chaux dans une disso-

(1) Ann. de Chim. tom. XXVIII.

lation, et que l'on trouvât qu'elle fût changée en sulfate, ne dirait-on pas que son affinité a déterminé la combinaison qui s'est formée?

Lorsque l'on précipite l'argent par le cuivre, ce n'est pas de l'argent pur que l'on trouve dans le précipité, même lorsqu'il n'adhère pas au cuivre ; mais l'argent précipité contient une certaine proportion de cuivre, qu'il a dû séparer de la dissolution en se réduisant réciproquement ; il en est de même de l'or ; le précipité que le cuivre produit dans sa dissolution, est d'une forte couleur rougeâtre, ce qui ne peut être attribué qu'au cuivre qu'il retient avec lui : l'a-cétate de cuivre y produit aussi un précipité de haute couleur, et qui contient un peu de cuivre, selon le témoignage de Wasserberg. Si l'on frotte du cuivre avec du muriate d'argent, le premier s'argente, ou l'argent s'incorpore avec lui par l'action de l'affinité mutuelle ; les pro-cédés par lesquels on dore et on argente con-sistent à séparer ainsi l'or ou l'argent contenu dans une amalgame ou dans une dissolution, par l'affinité du métal qui le retient en combi-naison à sa surface. Vauquelin ayant précipité du nitrate de zinc par le plomb, trouva que 5o parties du premier métal formaient un pré-cipité de 138 parties, lequel était composé des deux métaux (1).

(1) Ann. de Chim. tom. XXVIII.

Il me paraît donc que dans ces précipitations, c'est l'affinité d'un métal pour l'autre qui détermine sa désoxidation, que pendant qu'une partie du métal se combine avec celui qui se précipite, une autre agit par son affinité sur l'oxigène et sur l'acide; mais que ce dernier effet serait ordinairement borné à un partage plus ou moins inégal, soit de l'oxigène, soit de l'acide, sans le concours de l'action réciproque des deux métaux.

Dans l'exemple que je viens d'emprunter de Vauquelin, le plomb a pu précipiter le zinc; cependant celui-ci a une affinité beaucoup plus forte pour l'oxigène : tout ce qu'on peut dire sur la différence de l'affinité des oxides pour l'acide est vague, jusqu'à ce que l'on ait comparé leur capacité de saturation, et encore cette capacité varie par les degrés d'oxidation.

Ce que je viens de dire de l'affinité de deux métaux, doit s'appliquer à l'affinité réciproque des molécules d'un même métal; ainsi lorsque le cuivre s'est appliqué à la surface du fer, il continue à être décidé à se précipiter par l'action de la couche de cuivre qui s'est formée, comme un sel qui est en dissolution est appelé à se déposer sur un cristal; mais ce dernier effet est très-limité, parce que l'action de l'eau acquiert de la puissance à mesure qu'il se dépose du sel, à moins que l'évaporation ne supprime l'eau qui est devenue surabondante ; mais dans la précipitation d'un métal, pendant qu'il s'en sépare, il se dissout du métal précipitant, de sorte que les circonstances favorables à la précipitation ne changent pas.

396. Dans leur action sur les acides que nous avons examinée jusqu'ici, les oxides nous ont présenté des propriétés analogues à celles des alcalis, si ce n'est que leur tendance à la combinaison varie selon les degrés d'oxidation ; mais ils ont un autre caractère qui les distingue, c'est qu'ils peuvent aussi se combiner avec les alcalis, et former quelquefois avec eux des combinaisons, même plus énergiques qu'avec les acides, de sorte qu'ils peuvent exercer les fonctions des alcalis et celles des acides (1). En cela ils ont un rapport avec l'alumine et la silice (349, 352), et ils s'éloignent des alcalis qui montrent peu d'action réciproque ; il faut examiner les différences qu'ils présentent à cet égard, et tâcher de reconnaître les causes de ces différences autant que le permet l'état de nos connaissances, peu avancé sur cet objet.

Quelques oxides se dissolvent dans un alcali, et non dans l'autre : en général l'ammoniaque dissout plus facilement et plus abondamment les oxides que les autres alcalis ; ainsi elle dis-

____

(1) Mém. de l'Acad. 1788.

sout l'oxide de cuivre, et forme avec lui des cristaux décrits par Sage, et la potasse ne dissout pas cet oxide, selon l'observation de Vauquelin, ou du moins elle n'en prend qu'une très-petite quantité ; l'ammoniaque dissout facilement les oxides de zinc, de cobalt, de nikel et de crôme.

Cependant il y a des oxides qui peuvent être dissous par les alcalis fixes et non par l'ammoniaque, tel est l'oxide de manganèse ; mais il est naturel d'attribuer cette différence à la force de cohésion qui doit être diminuée par l'action de la chaleur, pour que la combinaison avec un alcali puisse s'opérer, et l'ammoniaque est volatilisée par là ; puisque lorsque cette raison n'existe pas, elle montre sur les autres alcalis la même supériorité que dans l'action qu'elle exerce sur les acides. La décomposition de l'ammoniaque et la désoxidation du métal, qui diminuent son action sur l'alcali, peuvent intervenir dans cet effet, comme on le verra.

On peut se servir de cette propriété pour former avec les différents alcalis et les oxides qui se dissolvent facilement, un grand nombre de combinaisons encore ignorées ; ainsi l'oxide de plomb qui se dissout dans l'ammoniaque et dans l'alcali fixe, peut former une combinaison avec la chaux ; et il en formerait probablement une avec la strontiane et la baryte ; mais ces dernières combinaisons doivent en général être insolubles, parce que leurs deux éléments ont une grande disposition à la solidité.

La différence de l'action des alcalis sur les oxides, doit être observée avec soin, parce qu'elle est très-utile aux analystes pour séparer les différents oxides ; ainsi Vauquelin s'est servi avec succès pour l'analyse du laiton, de la propriété qu'a la potasse de dissoudre l'oxide de zinc, et non celui de cuivre.

397. Quelques oxides, et particulièrement celui d'or, ont une telle action sur l'ammoniaque, que lorsqu'on précipite la dissolution du dernier par l'ammoniaque, il en prend une proportion fixe ; la combinaison qui s'est formée résiste même à l'action de l'acide sulfurique étendu d'une certaine quantité d'eau et de l'acide nitrique ; si l'acide muriatique peut le dissoudre, on n'a qu'à former un nouveau précipité avec l'alcali fixe, et ce précipité est encore la combinaison de l'oxide avec l'ammoniaque : bien plus, l'oxide d'or peut enlever une portion de l'ammoniaque aux sels neutres ammoniacaux, et devenir détonant (1).

Lorsque l'ammoniaque s'est combinée avec un oxide, elle peut être décomposée par la combinaison de son hydrogène avec l'oxigène

______

(1) *De calce auri fulmin.* §. VIII, XII.

de l'oxide ; de là les détonations , lorsque l'oxigène a retenu une grande proportion de calorique : le cuivrate d'ammoniaque dans l'état liquide se décompose par la seule chaleur que l'on communique au liquíde. Ce n'est pas seulement lorsque l'ammoniaque a pu se combiner avec un oxide , qu'elle peut éprouver une décomposition par l'action de cet oxide ; mais elle est quelquefois détruite sans entrer en combinaison avec lui, de sorte que l'oxide se trouve, par cette action mutuelle , ramené à un état d'oxidation très-éloigné du précédent , soit que l'on précipite par l'ammoniaque une dissolution métallique , soit que l'on fasse agir cet alcali sur le métal très - oxidé, comme Fourcroy l'a fait voir dans des expériences très-intéressantes sur la dissolution du fer , du manganèse et de quelques autres métaux , ainsi que sur les métaux très-oxidés (1). C'est là une raison qui doit empêcher l'ammoniaque de dissoudre quelques oxides, malgré la puissance alcaline qu'elle possède : j'ai déjà remarqué que les oxides avaient d'autant plus la propriété de se combiner avec les alcalis, qu'ils étaient dans un plus grand état d'oxidation ; si donc l'action de l'ammoniaque commence par désoxider le métal, elle diminue proportionnellement la disposition à se com-

(1) Mém. de l'Acad. 1788.

biner avec lui , et la rend insuffisante pour surmonter la force de cohésion.

Mais la puissance alcaline de l'ammoniaque comparée à celle des autres alcalis, se montre dans la plus grande disposition à former des sels triples, et c'est sur-tout avec l'acide muriatique que se produisent ces sels : parce que c'est celui qui exerce la plus forte action d'acidité, après l'acide fluorique qui a été si peu examiné.

La magnésie doit, après l'ammoniaque, être la plus disposée à former des sels triples ; puisque c'est celle qui la suit en puissance alcaline (87).

Si l'on verse de l'ammoniaque sur une dissolution d'argent qui est dans l'état neutre, on a un petit précipité; mais il ne s'en fait point, s'il y a un petit excès d'acide; c'est que l'oxide d'argent forme avec l'ammoniaque et avec l'acide nitrique un sel triple que l'on peut faire cristalliser, et qui a été observé par Margraf et par Bergman; cependant ce sel triple abandonne une partie de l'oxide d'argent, s'il n'y a pas excès d'acide pour saturer les deux bases; comme Higgins a fait voir depuis long-temps que l'ammoniaque le fesait avec les combinaisons de magnésie (345).

Parmi les oxides, il n'y en a pas qui montre une plus grande disposition à former des sels triples que l'oxide de platine; de sorte que

malgré le grand excès d'acide qu'a sa dissolution,
il prend, selon l'observation de Bergman, une
partie de la potasse et de l'ammoniaque, aux sels
neutres qui ont ces alcalis pour base, et il forme
un sel triple peu soluble qui se précipite, s'il
n'y a pas beaucoup de liquide ; cependant une
partie de l'oxide reste en dissolution, quelque
quantité d'alcali qu'on y ajoute, et la soude
qui n'a pas la propriété de former avec lui un
sel peu soluble, ne produit un précipité que
lorsqu'elle est en grande proportion.

398. Cette disposition à produire des sels triples, est un nouveau rapport avec l'alumine,
et même avec la silice, qui ne se sépare totalement des sels neutres que lorsque l'on a aug-
menté sa force de cohésion par la dessication :
elle dépend, dans ces différentes substances, de
la disposition qu'elles ont à s'unir, soit avec les
acides, soit avec les alcalis.

Les oxides exercent une action mutuelle qui
suffit quelquefois pour en produire une combinaison qui se sépare des acides : l'or et l'étain
nous offrent un exemple de cette propriété qui
a été peu observée jusqu'à présent. Erxleben a
fait voir que le précipité pourpre de Cassius
était une combinaison des deux oxides qui aban-
donnaient leur acide ; ses observations prouvent
que l'oxidation ne doit être que dans un degré
modéré pour que cet effet ait lieu, et que si

on a fait bouillir les dissolutions, le degré trop avancé d'oxidation s'y oppose (1) : dans d'autres circonstances, cette action mutuelle des oxides favorise leur dissolution par les acides ; ainsi Tillet a pu dissoudre le platine dans l'acide nitrique, en l'alliant auparavant avec l'or et l'argent, qui par son action a procuré la dissolution du premier métal (2).

399. Le grand nombre de combinaisons que peuvent former les oxides, et les variétés qui résultent du degré d'oxidation, appellent le secours de la nomenclature méthodique, pour que le discours puisse les représenter sans obscurité et avec concision.

Nous venons de voir que les oxides avaient la propriété de former des combinaisons avec les alcalis ; on a imaginé de considérer alors les oxides comme des acides, parcequ'ils en remplissent les fonctions : Chenevix a rejeté ces dénominations commodes, dans les excellentes observations auxquelles il a soumis la nomenclature, parce que la terminaison commune pourrait faire confondre l'oxide avec un acide : la nomenclature ne peut être d'un usage éclairé que pour ceux qui ont une idée précise des objets : lorsque l'on désigne le plombate de

(1) Wasserberg, Instit.
(2) Mém. de l'Acad. 1779.

potasse ou de chaux, l'argentate d'ammoniaque, on doit se rappeller que les oxides ont dans cette occasion une propriété analogue à celle des acides; mais que, hors de cette circonstance, il ne faut pas les confondre avec les acides; cependant, au moyen de ces dénominations, l'on apperçoit sans embarras les substances que l'on met en action, les combinaisons qu'elles formaient, et celles qui leur succèdent : cette observation doit s'appliquer à beaucoup de cas où l'on peut détourner le sens direct des terminaisons qui servent à la nomenclature, pour indiquer sans confusion et avec précision les éléments qui sont combinés, ou que l'on met en présence; mais cette licence ne doit se prendre qu'avec circonspection.

On pourrait éviter l'équivoque qui résulte de la dénomination d'oxigène que l'on donne au muriate oxigéné de mercure, et aux combinaisons analogues, et qui semble indiquer que ces combinaisons sont dues à l'acide muriatique oxigéné, pendant que c'est l'oxide qui retient réellement l'oxigène, en les désignant, comme l'a proposé Boullai, par le mot sur-oxidé.

CHAPITRE IV.

De la combinaison des substances métalliques avec le soufre, le phosphore et le charbon.

400. Le soufre et le phosphore qui possèdent plusieurs propriétés analogues à celles des métaux, et dont l'affinité pour l'oxigène constitue également le caractère dominant, se combinent avec eux, et forment des composés que l'on peut comparer aux alliages.

Les sulfures métalliques sont cassants et friables, et presque tous plus fusibles que les métaux qui entrent dans leur composition, surtout lorsque ces métaux ont peu de fusibilité par eux-mêmes, de sorte que l'on retrouve dans cette espèce de combinaison, ainsi que dans les autres, ce résultat des propriétés de ses éléments.

Il n'y a que le zinc et l'or qui se refusent à cette combinaison ; mais nous observerons que cette différence ne dépend que de quelques conditions.

Les métaux peuvent se combiner en proportions très-variées avec le soufre, et les combinaisons qu'ils forment ainsi ont des propriétés différentes selon leurs proportions : je me trouve encore ici en opposition avec l'opinion de Proust, qui prétend *que le soufre a été fixe pour le fer, par l'invariable loi des proportions à* $\frac{60}{100}$; mais il reconnaît que les pyrites peuvent en contenir un surplus variable jusqu'à 20 parties et au-delà ; ce soufre qui donne des propriétés particulières à la pyrite, qui prend avec le reste une forme cristalline , qui défend la pyrite de sa décomposition spontanée, qui résiste à l'action des autres substances qui le dissolvent facilement, n'est-il pas retenu par une force de combinaison ? Si la chaleur peut chasser plus facilement ce soufre, regardé comme étranger à la combinaison , on trouve en cela une propriété commune à toutes les substances, qui résistent d'autant moins à l'action expansive de la chaleur, qu'elles se trouvent en plus grande proportion dans une combinaison fixe, car l'action chimique diminue par les progrès de la saturation.

Proust affirme la même chose du sulfate de cuivre ou pyrite cuivreuse; il regarde comme étrangère la partie du soufre qui peut être chassée plus facilement par la chaleur; il ne reste que les proportions invariables , mais ce

____

(1) Journ. de Phys. tom. LIII.

chimiste admet que le cuivre noir est du sulfure dissous par le cuivre : cette dissolution
offre dans la réalité des proportions successives
de soufre et de cuivre.

Il prétend aussi *qu'il s'attache à l'antimoine
une dose de soufre invariablement fixée par
la nature, et qu'il n'est pas donné à l'homme
de pouvoir augmenter ou diminuer* (1). Il fixe
cette proportion à 35 parties sur 100 d'antimoine ; cependant il a trouvé des sulfures du
commerce qui avaient un excès de soufre, et
qui pouvaient encore dissoudre 7 à 8 parties
d'antimoine par 100. D'un autre côté, il a combiné de l'oxide d'antimoine avec différentes proportions de sulfure d'antimoine, et il a eu, sans
dégagement de gaz sulfureux, *des mélanges que
l'on peut représenter par cette formule : oxide* + 1
+ 2 + 3 + 4 *etc. de sulfure d'antimoine.* N'a-t-il
pas formé par là de véritables combinaisons ?
quelques-unes étaient même d'une belle transparence. Je ne vois pas comment *ceci sauve les
oxides de ce métal du soupçon de pouvoir s'unir
au soufre en toutes doses et sans égard aux invariables lois de la proportion;* mais il faut bien
qu'il admette que ces lois ne sont pas invariables,
et qu'il limite son apophtegme, pour les proportions du sulfure d'antimoine avec l'oxide.

(1) Journ. de Phys. tom. LV.

401. Le soufre forme avec les oxides une autre espèce de combinaison ; ce qui distingue ces sulfures, c'est que lorsqu'on leur fait subir un feu plus grand que celui auquel ils ont pu se former, il s'en dégage de l'acide sulfureux ; la même chose arrive, comme le fait voir Proust, lorsque l'on soumet à la distillation un mélange de soufre et d'un oxide ; on obtient encore ordinairement un produit semblable lorsque l'on pousse au feu un sulfure métallique avec un oxide, et le résidu se trouve être un sulfure métallique.

En soumettant les pyrites à l'action du feu, Proust a retiré dans le commencement de l'acide sulfureux et de l'hydrogène sulfuré : il attribue ces deux substances à la décomposition de l'eau, et il conclut que la pyrite est un sulfure métallique ; mais la formation de l'acide sulfureux ne peut être due à la décomposition de l'eau, et ces deux productions qu'il regarde comme simultanées, et qui se détruisent mutuellement, ne peuvent être l'effet d'une même cause ; il y a apparence que l'acide sulfureux qui se produit facilement par les oxides, aura précédé, et que l'hydrogène sulfuré qui a pu seul être dû à la décomposition de l'eau, se sera dégagé après, et qu'il se sera fait une décomposition mutuelle, lorsque ces deux substances se seront rencont-ées. Je tire donc de l'expérience même de Proust, une conséquence opposée à la sienne : elle me paraît prouver que le fer de la pyrite qu'il a essayée était un peu oxidé.

L'oxide de zinc que l'on traite au feu avec le soufre, produit ainsi de l'acide sulfureux, et ce métal forme un sulfure avec l'excès du soufre : ce qui fait voir que si le zinc ne peut s'unir immédiatement au soufre avec lequel on l'expose à la chaleur , l'obstacle à la combinaison ne dépend pas de l'absence d'affinité mutuelle, mais d'une circonstance qui est la volatilité de l'une et de l'autre substance, et qui les réduit dans l'état élastique, avant que la force de cohésion se soit trouvée assez affaiblie pour que leur union pût s'établir.

402. Les sulfures alcalins dissolvent aussi les métaux , et même l'or ; ce qui prouve que si l'or ne peut se combiner immédiatement avec le soufre , ce n'est que par une circonstance analogue à celle qui s'oppose à la combinaison du zinc : la force de cohésion du métal ne permet pas à son affinité , qui sans doute n'est pas énergique , de produire la combinaison et de retenir le soufre ; mais si celui-ci est privé lui-même de sa force de cohésion, s'il peut être retenu par une affinité qui l'empêche de se volatiliser, la dissolution peut s'opérer : les sulfures alcalins peuvent encore dissoudre les oxides ; mais ces oxides se réduisent aussi dans l'état métallique par l'action de la chaleur.

Lorsque l'on décompose les dissolutions métalliques par les sulfures hydrogénés d'alcali, le métal se combine avec le soufre ; et l'hydrogène sulfuré est détruit au moins en partie, parce que l'hydrogène se combine avec l'oxigène du métal : cette décomposition est analogue à celle qu'éprouve l'ammoniaque avec les oxides ; mais la cause de destruction est ici plus puissante, de sorte que les précipités que l'on obtient ainsi, ou au moins la plupart sont des sulfures métalliques et non des sulfures d'oxides, ainsi que l'a constaté Gay Lussac.

J'avais conjecturé que lorsque l'on précipite une dissolution métallique par l'hydrogène sulfuré ou par un hydro-sulfure, le précipité était une combinaison d'hydrogène sulfuré et d'oxide, et que l'on pouvait expliquer par là les propriétés et les différences de plusieurs combinaisons, telles que le *kermès minéral*, et le *soufre doré d'antimoine* ; mais Gay Lussac a éprouvé que les hydro-sulfures métalliques n'existaient pas dans plusieurs cas où on les a supposés, parce que l'hydrogène sulfuré se détruit en opérant la précipitation, et se reproduit lorsque l'on croit ne faire que le dégager : il éclaircira cet objet dans un mémoire particulier.

J'avais fait voir (1) que le mercure qui se ré-

____

(1) Ann. de Chim. tom. XXV.

duit en cinnabre, lorsqu'on le mêle au sulfure hydrogéné de potasse et d'ammoniaque, selon l'observation qui est principalement due à Baumé, y est dans l'état d'un sulfure métallique, et que l'hydrogène sulfuré reste en combinaison avec l'alcali, de sorte qu'il ne réduit pas les sulfures hydrogénés, à la potasse et à l'ammoniaque, comme le dit Proust ; mais j'avais présumé que la combinaison noire qu'il forme d'abord, et qui était connue sous le nom *d'éthiops*, retenait de l'hydrogène sulfuré que l'alcali lui enlevait peu-à-peu : Seguin a fait voir depuis, que l'éthiops ou sulfure noir ne contient point d'hydrogène sulfuré, et qu'il ne diffère du sulfure rouge que par la proportion du soufre, de sorte que le mercure passe dans cette opération à l'état de sulfure rouge, en prenant une proportion convenable de soufre.

Lorsque l'on obtient ce sulfure rouge par le moyen d'un oxide de mercure, il faut que l'hydrogène sulfuré des sulfures hydrogénés soit détruit, jusqu'à ce que l'oxide soit parvenu à l'état métallique.

403. Les phosphures métalliques dont on doit la connaissance à Margraff, et sur-tout à Pelletier, paraissent avoir un peu plus de mollesse, et être en général un peu moins cassants que les sulfures : ils sont plus fusibles que les métaux isolés, et en même temps ils sont plus com-

bustibles, lorsqu'on les expose à une température élevée.

Le platine lui-même est rendu plus fusible
par le phosphore, et Pelletier a profité de cette
propriété pour l'épurer du fer qu'il contient
naturellement, et qui altère ses qualités ; cependant lorsque la plus grande partie du phosphore en a été chassée par une forte chaleur,
l'infusibilité qu'il recouvre s'oppose au dégagement du reste du phosphore ; ce qui est jusqu'à
présent un obstacle à l'utilité de ce procédé :
Proust a trouvé du phosphore dans la mine de
platine.

On sait que presque tous les fers contiennent
du phosphore ; s'il s'y trouve en proportion un
peu considérable, il rend le métal cassant à
froid, et il altère par là le fer retiré de plusieurs mines : il paraît qu'un mélange de chaux,
lorsqu'on passe ces mines aux fourneaux, favorise le dégagement du phosphore, en formant
du phosphate de chaux qui reste dans le laitier ;
le fer retient le phosphore lorsqu'on le convertit en acier, qui participe par là aux mau-
vaises qualités du fer.

Le phosphore ayant une action beaucoup
plus grande sur l'oxigène des métaux, ne doit
pas se combiner avec les oxides, comme le soufre ; mais il doit les réduire pour former des
phosphures.

404. Le carbone paraît avoir avec les métaux des rapports semblables à ceux du soufre et du phosphore; mais son infusibilité s'oppose le plus souvent à sa combinaison; cependant il exerce sur le fer une action assez forte pour former avec lui une combinaison bien déterminée, et dont les propriétés sont très-remarquables, c'est l'acier. Lors donc que l'on fond le fer avec l'attention qu'il soit environné et recouvert de charbon, il en dissout une certaine proportion et se change par là en acier; lorsqu'on cémente des barreaux de fer environnés de poudre de charbon, et qu'on l'expose assez long-temps à une haute température, il s'imprègne également de charbon, et se change en acier; de sorte que l'art de faire de l'acier se réduit à tenir le fer en contact avec le charbon, à une température assez élevée, et soutenue assez long-temps.

Plus la température est élevée, plus la quantité de carbone, tenue en dissolution par le fer, est grande, à mesure que la température s'abaisse, le carbone tend à se séparer, de même que les métaux les plus fusibles se séparent de ceux qui le sont moins, lorsque la température n'est pas suffisante pour les maintenir tous deux en liquéfaction (367); mais il retient du métal; de sorte qu'il se sépare par la différence de solubilité, deux combinaisons, l'une avec excès de fer, l'autre avec excès de carbone. Clouet a prouvé par une belle expérience, que le fer pouvait décomposer l'acide du carbonate de chaux et se changer par là en acier, pendant que l'oxigène de l'acide s'unit à une portion du métal, et se vitrifie avec la chaux, dont l'affinité contribue à l'effet : Guyton, de son côté, a prouvé que le diamant changeait aussi le fer en acier.

Le fer acquiert par sa combinaison avec le carbone, dont il contient toujours plus ou moins, des propriétés analogues à celles de l'alliage d'un métal très-ductile avec un autre qui l'est beaucoup moins ; il devient dur, élastique, cassant : si le fer dont on fait usage, se trouvait affecté de fentes, de filandrures et d'autres interruptions, ces vices deviendraient beaucoup plus sensibles et beaucoup plus nuisibles dans l'acier dont les parties se soudent difficilement ; de là la nécessité d'employer un fer bien pur et bien corroyé, lorsqu'on veut faire de bon acier de cémentation.

Les qualités de l'acier dépendent encore de la proportion du carbone ; s'il en a dissous une trop grande quantité, il devient si cassant qu'il ne peut être employé ; on pourrait le corriger en le fondant avec l'oxide de fer.

La fonte contient aussi du carbone, et ses propriétés varient par les proportions ; elle a outre cela un peu d'oxigène, d'où vient

qu'elle donne moins de gaz hydrogène lorsqu'on
la dissout par l'acide sulfurique (1) ; mais quelques propriétés que l'on a remarquées dans ce gaz
peuvent faire conjecturer qu'elle contient de plus
un peu d'hydrogène, que le carbone de la fonte,
du moins de celle qui est noire, y est encore dans
l'état de charbon (271) ; ce qui ferait une autre différence avec l'acier : une observation de Proust autorise cette conjecture (2) : il dit que dans toutes les
dissolutions des fontes par l'acide sulfurique ou
l'acide muriatique, il se dégage un gaz huileux,
pesant et très-odorant, que Priestley avait déjà
remarqué et appelé *air inflammable extrêmement fétide* : il a même obtenu quelques gouttes
d'huile ; cependant je n'ai point eu ce résultat
de deux espèces de fonte noire que j'ai examinées
sous ce rapport, mais il peut y avoir des différences entre les fontes. Une autre observation me
porte à admettre cette distinction entre le carbone
de la fonte et celui de l'acier : Beddoes a observé
que lorsque l'on réduit la fonte en fer dans les
fourneaux de réverbère, il se produit un gon-
flement considérable dans le commencement,
et que la fonte se couvre d'une flamme bleue
qui annonce l'hydrogène oxi-carburé : il a même
retiré du gaz inflammable qui a tous les carac-

(1) Bergmann, *de anal. ferri.* Mém. de l'Acad. 1786.
(2) Journ. de Phys. tom. XLIX.

tères de l'oxi-carburé, en exposant la fonte à un grand feu dans des vaisseaux fermés (1).

On trouve encore dans l'analyse de la fonte, du fer et de l'acier, une petite quantité de silice dont on ne connaît pas l'influence sur leurs qualités.

On a cherché à reconnaître les proportions de carbone par celles de carbure de fer que l'on obtient par le moyen de la dissolution dans l'acide sulfurique; mais une portion de ce carbure est détruite, et le carbone passe en combinaison, dans le gaz hydrogène; cet effet a lieu principalement lorsque la dissolution se fait avec vivacité, et par le moyen de la chaleur; car le précipité noir qui s'est formé dans le commencement disparaît quelquefois : Vauquelin s'est servi, pour éviter cet inconvénient, de l'acide sulfureux; mais la propriété que le fer a de décomposer une partie de l'acide sulfureux, en lui enlevant le soufre, rend cette analyse difficile et même incertaine : il me semble qu'on peut obtenir des résultats au moins comparables, en fesant la dissolution avec l'acide sulfurique assez étendu d'eau, pour que son action soit lente et très-modérée, et en ajoutant l'acide par parties, jusqu'à ce que la dissolution soit complète.

(1) Trans. philos. 1791, 1792.

405. Le platine laisse en se dissolvant une poudre noire : bien plus, lorsque l'on précipite cette dissolution par un autre métal, par exemple, par le zinc, comme l'a fait Bergman (1), il se précipite encore une quantité considérable de cette poudre : une dissolution de 100 parties de platine, précipitée par le zinc, en a donné 77! Tillet a aussi obtenu une quantité considérable de cette matière noire, en précipitant par le cuivre la dissolution d'argent et de platine dans l'acide nitrique (2). Bergman a observé que cette substance s'exhalait en grande partie en fumée, lorsqu'il l'éprouvait au chalumeau, et qu'elle n'était point altérée par l'aimant, même lorsqu'elle avait été calcinée : Tillet n'en a obtenu qu'une très-petite quantité de platine, et le reste a disparu entièrement dans ses essais de coupelle. Ces faits paraissent annoncer que cette substance est un carbure de platine, et que non-seulement le carbone se trouve en grande proportion dans le platine avant sa dissolution, mais qu'il peut entrer lui-même en dissolution dans une proportion considérable, sans donner aucun indice de son existence, si ce n'est lorsqu'il est précipité par un métal, à moins qu'on ne lui attribue la couleur foncée des dissolutions de platine.

(1) *De cob. niec. plat. et magn.*
(2) Mém. de l'Acad. 1779.

Proust vient de publier des observations in-téressantes sur cette substance; mais il n'a ob-servé que celle qui se sépare lorsqu'on opère la dissolution : ses expériences prouvent que cette substance contient du phosphure et du sulfure de platine; après l'avoir traitée par l'a-cide nitro - muriatique, il n'est resté qu'une poudre noire qu'il compare à la plombagine ; mais celle-ci contient du fer, et il paraît que l'autre substance ne contient qu'une très-petite quantité de platine. Le précipité que l'on ob-tient par les procédés de Bergman et de Tillet, est-il de la même nature que celui qu'a examiné Proust? il est bien à desirer que cet objet occupe encore quelques moments de ce savant chi-miste.

NOTES DE LA Ve SECTION.

Observations sur les précipités des dissolutions métalliques, présentées et lues à l'Institut le 23 ventôse an 11.

L'EXAMEN de plusieurs précipités formés par les alcalis, dans les dissolutions métalliques, a prouvé qu'ils retiennent de l'acide et quelquefois du précipitant employés ; ce qui les a fait classer parmi les sels au *minimum* d'acide, selon la dénomination de Rouelle. Cette appréciation exacte de la nature des précipités a été bornée au petit nombre de ceux qu'on avait analysés, et on n'en a pas moins continué à regarder généralement les produits des précipitations comme des oxides purs, jusqu'à l'auteur des recherches sur les lois de l'affinité, qui, appliquant ses principes sur l'action chimique à la séparation effectuée par les alcalis dans les dissolutions métalliques, en a conclu la véritable nature de ces précipités. Je me propose dans le mémoire que j'ai l'honneur de présenter à l'Institut, de donner de nouveaux développements à cette application de la théorie, en étendant à un plus grand nombre de métaux, les observations faites jusqu'à ce jour ; mais avant de faire connaître les miennes, je vais rappeler succinctement celles qui ont été faites antérieurement sur cet objet.

Rouelle (1) avait reconnu que plusieurs métaux peuvent former avec les acides des combinaisons dans lesquelles ceux-ci entrent en quantités différentes ; il cite entre autres le mercure, qui donne avec l'acide sulfurique deux sels, l'un avec excès d'acide et soluble, l'autre insoluble, qu'on désignait par le nom de turbith, et qu'on prenait avant lui pour un oxide mercuriel ; l'antimoine dont le muriate donne, par l'affusion de l'eau, un précipité dans lequel on retrouve de l'acide muriatique ; le bismuth, qui, traité par l'acide nitrique, se comporte comme l'antimoine dans l'expérience précédente. Ces faits, et plusieurs autres analogues, déterminèrent ce chimiste à partager les composés salins en sels au *maximum*, et sels au *minimum* d'acide. Les objections de Baumé à cette doctrine (2) n'empêchèrent pas les chimistes de l'adopter. Bayen l'appuya (3) par des expériences intéressantes sur les précipités des dissolutions de mercure dont les principaux résultats sont, 1°. que le turbith est un sel au *minimum* d'acide extrêmement peu soluble ; 2°. que la potasse et la soude précipitent du sulfate acide de mercure un sel semblable au turbith, c'est-à-dire, selon Rouelle, un sulfate au *minimum* d'acide ; 3°. que les précipités formés dans le muriate corrosif de mercure par les alcalis fixes, sont des muriates de mercure au *minimum* d'acide ; 4°. que le nitrate de mercure donne également des sels au *minimum* d'acide ; 5°. que les précipités des nitrates et muriates corrosifs de mercure obtenus par l'ammoniaque et la chaux retiennent à-la-fois de l'acide et du précipitant, de sorte qu'ils forment alors des nitrates ou muriates de mercure et de chaux, ou d'ammoniaque.

(1) Mém. de l'Acad. 1754.

(2) Chim. expér. et raison. tom. II.

(3) Journ. de Phys. 1774, 1775.

A la connaissance de ces combinaisons insolubles du mercure, Fourcroy a ajouté celle des sulfate ammoniaco-mercuriel, sulfate mercurio-ammoniacal, et muriate ammoniaco-mercuriel soluble, qu'il a distingué du muriate mercurio-ammoniacal observé par Bayen: les mémoires où ces sels sont décrits (1) contiennent un grand nombre d'expériences, sur les combinaisons de l'acide sulfurique avec le mercure, sur la précipitation de ce métal de ses dissolutions dans les acides sulfurique, nitrique et muriatique, ainsi que sur les sels triples qu'il est susceptible de former avec chacun de ces trois acides et l'ammoniaque. Elles ont toutes donné un nouveau degré de certitude aux résultats obtenus sur cette matière par Rouelle et Bayen, et ont beaucoup étendu nos connaissances sur les composés mercuriels, d'autant plus qu'il a fait entrer dans ses considérations celle de l'état d'oxidation du métal qui a beaucoup d'influence sur les résultats. Plusieurs faits cependant m'ont semblé n'être pas parfaitement d'accord avec la théorie développée par Fourcroy. Quelque défiance que m'inspire une opinion contraire à celle d'un si savant chimiste, je vais me permettre quelques observations, dans l'espérance que, soit que j'aie mal interprété sa théorie, ou que je n'aie pas bien observé, elles pourront l'engager à m'indiquer mon erreur.

En traitant une partie de mercure avec une demie d'acide sulfurique concentré, et en arrêtant l'opération au moment où il n'y a plus de mercure à l'état métallique, on obtient une masse de laquelle on sépare par les lavages, d'abord un sel acide, puis un sel neutre; il reste un sulfate avec excès d'oxide jaune, et sur lequel l'eau n'a plus d'action sensible : il m'a paru que Fourcroy pensait que

(1) Mém. de l'Acad. 1790. Ann. de Chim. tom. X et XIV. Syst. des Conn. chim. tom. V, p. 510 et suiv.

le mercure est au même degré d'oxidation dans le sulfate neutre et dans le sulfate acide; que dans l'un et l'autre il est à un état très-inférieur à celui où il est dans le sulfate avec excès d'oxide; enfin que ce dernier sel ne se développe jamais dans la masse mercurielle sulfurique (1), obtenue par l'action de l'acide sulfurique sur le mercure, que par une nouvelle absorption d'oxigène qu'il croit provenir de celui qui est dissous dans l'eau ou de l'air atmosphérique.

La propriété qu'a l'acide muriatique de former avec l'oxide de mercure très-oxidé un sel soluble, et avec l'oxide peu oxidé un sel insoluble, le rend très-propre à indiquer d'une manière sûre, le degré d'oxidation de ce métal dans ses différentes combinaisons. Je vais me servir de ce moyen d'épreuve pour apprécier l'oxidation des différents sulfates de mercure, tels qu'ils sont décrits par Fourcroy : j'exposerai ensuite les expériences qui prouvent que les trois sulfates peuvent exister à différents degrés d'oxidation, et que conséquemment on ne peut pas leur attribuer comme caractère distinctif, la propriété d'être à tel ou tel état d'oxidation; mais j'observe que dans ce moment je n'examine que les résultats de la masse sulfurique mercurielle, lorsqu'on a arrêté l'opération au moment où tout le mercure étant combiné, la masse blanche qui en résulte est encore surnagée par de l'acide.

Dans ce cas, le sulfate acide que séparent les premiers lavages, donne un léger précipité blanc avec l'acide muriatique; si après cette précipitation on verse de la potasse dans la liqueur, elle précipite abondamment en orangé.

<hr>

(1) Je me sers de cette dénomination, donnée par Fourcroy, au résultat de l'action de l'acide sulfurique sur le mercure, avant qu'on ait versé de l'eau dessus, parce que cette masse peut renfermer différents sels, selon l'état où on l'a amenée, et que cette expression n'en désignant aucun, elle convient à tous les cas.

Ce sulfate est donc au même degré d'oxidation que celui qui est avec excès d'oxide; à part la petite quantité peu oxidée que précipite l'acide muriatique. La couleur orangée de son précipité ne dépend donc pas de l'absorption de l'oxigène atmosphérique, qui, quelque rapide qu'elle soit, ne pourrait pas se faire uniformément dans toute la masse d'un précipité au moment où elle se forme. Pour obtenir ce sel pur, sans aucun mélange de sulfate peu oxidé, il faut dessécher la masse sulfurique mercurielle jusqu'à ce qu'elle ne dégage plus de vapeurs sulfureuses. Alors l'eau sépare de cette masse un sulfate acide qui n'est plus troublé par l'acide muriatique, et qui est précipité en orangé par les alcalis. Le sulfate neutre peu oxidé décrit par Fourcroy, se précipite complétement en blanc par l'acide muriatique, ce qui est conforme à la couleur noire du précipité formé dans ce sel par les alcalis, et ce qui indique que le mercure y est peu oxidé. Le sulfate avec excès d'oxide se dissout, comme l'on sait, complétement dans l'acide muriatique. Il résulterait de là que le sulfate neutre serait le seul peu oxidé, et que les deux autres également oxidés, le seraient tous deux beaucoup plus que le premier de ces sels.

Quant à la formation du sulfate avec excès d'oxide, qui s'opère par les lavages de la masse sulfurique mercurielle, je ne pense pas qu'elle soit occasionnée par un changement d'oxidation; voici sur quoi je me fonde : lorsqu'on pousse cette masse au feu, de manière à ce qu'elle ne contienne plus de sulfate peu oxidé, elle n'en est pas moins blanche, et la couleur du sulfate avec excès d'oxide, ne se développe que par l'affusion d'eau; or, cette eau ne dissout que du sulfate acide aussi oxidé que celui qui est avec excès d'oxide : on ne peut pas supposer qu'il y ait en absorption d'oxigène, puisqu'avant même qu'on eût versé l'eau dessus, elle était soluble sans résidu dans l'acide muriatique. Il me paraît également facile d'expliquer la formation du sulfate avec excès d'oxide, lorsqu'au lieu de pousser la masse au feu, de manière à ce qu'elle ne contienne plus de sulfate peu oxidé, on ne l'a amenée qu'au point prescrit par Fourcroy, pour qu'elle fournisse les trois sulfates. Dans cet état, elle ne se dissout pas tout entière dans l'acide muriatique; la plus grande partie forme du muriate mercuriel corrosif, et une faible portion du muriate doux insoluble; ainsi il existe déjà deux combinaisons différentes de l'oxigène avec le mercure, et lorsque l'eau agit, elle ne fait que les séparer en raison de leur affinité pour l'acide sulfurique, et de la solubilité de ces deux combinaisons. Je me suis assuré que ces différents degrés d'oxidation étaient établis dans la masse sulfurique mercurielle, et que s'il y arrivait un changement, il ne pouvait influer sensiblement sur les résultats, par l'expérience suivante que j'ai répétée plusieurs fois avec soin. J'ai fait bouillir trois onces (91,71 grammes) d'acide sulfurique sur deux onces (61,14 grammes) de mercure, jusqu'à ce que tout le mercure fût combiné; il était alors transformé en masse blanche, que surnageait une petite quantité de liquide acide. J'ai divisé le tout en deux parties parfaitement égales en poids; sur l'une d'elles j'ai versé de l'acide muriatique, dont l'action a été aidée par la chaleur : en ajoutant de l'eau, il n'est resté qu'une petite quantité d'une matière blanche, sur laquelle de nouvel acide muriatique n'a produit aucun effet; lavée et séchée, elle pesait, dans les différentes fois que j'ai répété cette expérience, de 50 à 60 grains (2,65gr. à 3,18gr.); j'ai fait bouillir à différentes reprises sur l'autre moitié de la masse sulfurique mercurielle 4 litres d'eau distillée que j'ai recueillie, l'acide muriatique y a produit un précipité qui s'est toujours trouvé d'un poids inférieur à celui de la partie de la première moitié, non dissoute par l'acide muriatique : on apperçoit facilement toutes les causes qui empêchent de donner à cette expérience l'exactitude que den...ndent les analyses; je crois, cependant, qu'elle en a assez pour que je puisse en conclure qu'il n'arrive pas pendant le cours des lavages , de changements appréciables à l'oxidation du mercure.

L'état d'oxidation du métal est uniquement déterminé par la manière dont on a conduit l'opération ; si l'on se sert d'acide sulfurique étendu d'un volume égal d'eau, on n'obtient que des sels peu oxidés , insolubles dans l'acide muriatique, et qui sont précipités en gris par les alcalis. J'ai prouvé que, dans la méthode décrite par Fourcroy , l'oxidation du mercure n'avait pas encore pu s'élever au point nécessaire pour qu'il fût totalement soluble dans l'acide muriatique, et que, pour que la masse sulfurique mercurielle ne contînt plus de mercure peu oxidé , il fallait la chauffer jusqu'à ce qu'il ne s'en dégageât plus d'acide sulfureux. Dans le premier cas, l'eau dont on a étendu l'acide , modifiant l'action qu'il exerce sur le mercure , celui-ci ne peut s'oxider, autant qu'il l'aurait fait , sans cette circonstance. Dans le second, au contraire, aucune force ne limitant l'action de l'acide, le métal s'oxide davantage , et il passerait tout , comme dans le troisième cas, au plus haut degré d'oxidation où il peut être porté par ce moyen, si on n'arrêtait pas l'opération.

L'existence des sulfates de mercure, à différents degrés d'oxidation, dépendant uniquement de la manière d'opérer, et l'action de l'eau employée en lavage n'y contribuant pas, celle-ci ne s'exerce que sur l'acide combiné d'abord également avec tout l'oxide mercuriel, et dont elle détermine un partage inégal ; de ce partage résulte la formation des sulfates acides et neutres, tandis que celle du sulfate avec excès d'oxide est due à son insolubilité relative.

Le précipité du sulfate acide n'est point un oxide pur, comme l'avance Fourcroy, mais bien d'après les expériences de Bayen, déjà citées, un sel avec excès d'oxide, qui est, selon la remarque de ce même chimiste, analogue au turbith, lorsqu'il est très-oxidé; lorsqu'il l'est moins, il est de couleur grise; l'alcali lui enlève complétement l'acide, en laissant à nud l'oxide noir de mercure. Cette expérience prouve que le sulfate avec excès d'oxide peut également exister à différents degrés d'oxidation.

Je continuerai à me servir du nom de sel avec excès d'oxide donné par Fourcroy aux sels nommés par Rouelle au *minimum* d'acide, parce que cette dernière dénomination semble indiquer un terme fixe de combinaison, et que je ferai voir que les sels avec excès d'oxide, quoiqu'insolubles, sont encore susceptibles de varier dans les proportions de leurs composants.

Vauquelin a observé (1) que le muriate de plomb est susceptible d'entrer en combinaison avec une nouvelle quantité d'oxide de plomb, et de former ainsi un muriate de plomb avec excès d'oxide, distingué du muriate ordinaire, particulièrement par la propriété de prendre une belle couleur jaune à la calcination; il a constaté l'existence des nitrate et sulfate de plomb avec excès d'oxide.

Les précipités des dissolutions de cuivre, si remarquables par la variation inexpliquée de leurs couleurs, ont fixé l'attention de Proust (2); il s'est convaincu que les précipités verts des nitrate, muriate, sulfate et acétate de ce métal sont des sels avec excès d'oxide, dont il a déterminé les proportions : l'analyse de plusieurs de ces sels m'a donné des résultats semblables aux siens. Quant aux précipités bleus de ces mêmes dissolutions, Proust les

(1) Ann. de Chim. tom XXXI.

(2) Ann. de Chimie, tom. XXXII.

regarde comme un genre particulier de composés formé par la combinaison de l'eau avec l'oxide de cuivre, auquel il donne le nom d'*hydrate de cuivre*. Je prouverai dans la suite de ce travail que cette opinion n'est pas fondée, quoique Chenevix ait cherché à l'appuyer par des faits d'ailleurs intéressants. Klaproth a reconnu que les précipités formés par l'eau et l'alcool dans le muriate de tellure (1), retiennent toujours de l'acide; de sorte qu'ils doivent être classés parmi les sels avec excès d'oxide.

Lavoisier (2), qui ne pouvait connaître alors des expériences citées que celles de Rouelle et de Bayen, présumait que les oxides métalliques en se séparant de leurs dissolutions, retiennent de l'acide avec lequel ils étaient combinés, et du précipitant employé à les en séparer. Il a été prouvé depuis (3) que *l'action chimique des dissolutions métalliques est soumise aux mêmes lois que celle des autres substances, si ce n'est que l'oxidation fait varier l'affinité du métal, soit pour les acides, soit pour les autres substances, et multiplie, pour ainsi dire, dans les métaux, la propriété de former des combinaisons.* Les applications de ce principe donnent la théorie de différents phénomènes observés jusqu'à présent sur les dissolutions métalliques. Il en résulte spécialement que, *lorsqu'on décompose une combinaison métallique, l'alcali ou la terre alcaline dont on se sert, fait un partage de l'acide en raison de l'énergie de son action, ce qui donne naissance aux sels avec le moins d'acide. Si la combinaison métallique est faible, l'eau seule suffit pour la décomposer, et il se forme encore des sels avec le plus ou moins d'acide;* quel-

____

(1) Extrait du 3.e vol. des analyses de Klaproth. Annales de Chim. Brumaire an 11.

(2) Opusc. phys. et chim. p. 247.

(3) Recherch. sur la loi des affin. Mém. de l'Instit. tom. III.

quefois aussi c'est l'oxide qui partage le précipitant avec l'acide, quelquefois aussi le précipitant, l'acide et l'oxide métallique forment deux combinaisons complexes, dont l'une est insoluble et l'autre reste liquide.

Toutes les observations réunies ci-dessus, prouvent, ainsi que celles que je vais rapporter, l'exactitude et la vérité de ces conséquences.

Je me suis attaché à évaluer, autant que j'ai pu le faire dans chaque expérience, l'état d'oxidation du métal. Je ne présenterai, à la vérité, que des évaluations relatives ; mais outre qu'elles suffisent à l'interprétation des phénomènes, il eût été impossible, dans le plus grand nombre des cas de parvenir à des données absolues ; car cette propriété des métaux de se combiner avec différentes quantités d'oxigène, est une des causes qui concourrent le plus à faire varier leur affinité pour les acides, ainsi que les résultats de ces combinaisons, et en même temps une des plus difficiles à déterminer, par la facilité avec laquelle les différents degrés d'oxidation se succèdent dans la plupart des métaux. L'étain dont je vais m'occuper en fournit plus d'un exemple.

Je me suis servi, pour apprécier l'oxidation de l'étain, de deux propriétés bien connues dont jouissent ses dissolutions, l'une est celle de donner, avec l'hydro-sulfure de potasse, des précipités brun-noirs ou jaune-dorés, selon que le métal est ou au plus faible, ou au plus fort degré d'oxidation ; les nuances intermédiaires entre celles-ci indiquant les degrés moyens. L'autre est celle de précipiter le muriate oxigéné de mercure en noir, lorsque l'étain est peu oxidé, en blanc, s'il l'est davantage, tandis que, lorsque ce métal est encore dans un plus haut degré d'oxidation, ses dissolutions ne produisent aucun effet sur le muriate oxigéné de mercure.

Ainsi le muriate d'étain peu oxidé précipite en noir

le muriate oxigéné de mercure, et donne avec l'hydro-sulfure de potasse un précipité de même couleur.

Les cristaux de muriate d'étain se dissolvent dans l'eau distillée en la rendant laiteuse, et bientôt il s'y forme un précipité assez considérable, si l'on a mis dans l'eau beaucoup moins de muriate d'étain qu'il n'en fallait pour la saturer. La dissolution donne des signes d'acidité.

Le précipité recueilli et lavé avec le plus grand soin à l'eau distillée, présente les caractères suivants :

A. Il se redissout facilement dans l'acide muriatique, et précipite en noir par le muriate oxigéné de mercure, et l'hydro-sulfure de potasse.

B. L'acide nitrique étendu d'eau le dissout, et précipite le nitrate d'argent.

C. Une légère dissolution de potasse caustique lui fait perdre la couleur blanche, et il en prend une grise foncée; l'alcali saturé d'acide nitrique précipite le nitrate d'argent.

D. Distillé à feu nud, il donne quelques vapeurs de muriate d'étain, puis de l'acide muriatique; on trouve dans la cornue un oxide gris.

Ce précipité est donc un muriate d'étain avec excès d'o-xide, dans lequel le métal est au même degré d'oxidation, que dans le muriate acide qui reste en dissolution; la véritable couleur de cet oxide est d'un gris foncé.

La séparation de ce muriate avec excès d'oxide, me paraît facile à expliquer dans cette circonstance. Il est prouvé, en effet, que l'oxide d'étain tend à former avec l'acide muriatique deux combinaisons, l'une insoluble et où l'oxide domine, l'autre soluble et avec excès d'acide. L'action de l'eau sur l'acide muriatique favorise la for-mation de celle-ci, tandis que l'insolubilité naturelle à la première, contribue à sa séparation.

Lorsque la quantité de muriate d'étain est faible rela-tivement à celle de l'eau employée, l'eau dont l'action est

augmentée par sa quantité, soustrait de l'acide à la combinaison qui existait, et il se sépare du muriate avec excès
d'oxide. En ajoutant à cette dissolution à-peu-près autant
de muriate d'étain qu'il est nécessaire pour qu'elle soit
saturée, la partie inférieure du liquide se trouvant en
contact avec le sel, devient limpide; il ne reste de laiteux
que la partie dans laquelle l'eau a dominé, jusqu'à ce que
la quantité d'oxide d'étain tenue en dissolution, fesant
équilibre à celle de l'eau, le muriate insoluble reprenne
l'acide que l'eau lui avait soustrait. Dans cet état, elle
est encore avec excès d'acide, comme toutes les dissolutions d'étain; gardée dans un flacon usé à l'émeril et rempli,
elle donne en peu de temps un précipité blanc, parce que
les deux causes que j'ai déjà citées agissent encore, quoique très-limitées par la masse de l'oxide d'étain. C'est donc
à l'action que l'eau exerce sur l'acide qu'on doit attribuer
la séparation qui a lieu dans ce cas, et en général toutes
celles qui sont produites par l'eau, sans qu'il y ait changement d'oxidation.

Les dissolutions de potasse, de soude, d'ammoniaque,
de baryte, de strontiane et de chaux, n'enlèvent à l'oxide
d'étain que la quantité d'acide muriatique qui lui était
nécessaire pour former une combinaison soluble, lorsqu'on
agit à froid, et qu'on ne verse pas dans le muriate d'étain
un excès de ces dissolutions. Le précipité n'est point alors
un oxide d'étain, comme on le croit, mais un muriate
avec excès d'oxide, semblable au précédent : il se décompose souvent par les lavages à froid, et plus sûrement à
chaud : l'eau qui a servi à cette décomposition rougit le
papier teint de tournesol, et précipite en noir par l'hydro-
sulfure de potasse; elle tient donc en dissolution du muriate acide d'étain. La couleur du précipité, de blanche
qu'elle était, devient grise. L'oxide n'est cependant pas
encore privé de tout l'acide avec lequel il était combiné;

car en le dissolvant dans l'acide nitrique étendu d'eau, il trouble le nitrate d'argent. Si l'on met un excès d'alcali dans le muriate qu'on précipite, cet excès dissout un peu d'oxide d'étain; la liqueur séparée du précipité, saturée d'acide muriatique, est précipitée en brun par l'hydro-sulfure de potasse, et précipite en blanc le muriate oxigéné de mercure; mais lorsque, au lieu de séparer le précipité de la liqueur qui le surnage, on aide par la chaleur l'action de l'alcali, il enlève l'acide au précipité qui devient d'un gris foncé. En laissant agir à froid l'alcali, il n'y a qu'une décomposition lente et partielle. Les réactifs n'indiquent aucun changement dans le degré d'oxidation de l'oxide dégagé par ce moyen de toute combinaison.

Proust a observé (1) que lorsqu'on a décomposé du muriate d'étain par la potasse, cet alcali redissout tout le précipité formé, si on en met un excès suffisant, et qu'il se forme en peu de temps dans cette dissolution d'oxide d'étain par la potasse une sorte de *choufleur métallique*, qu'il a pris pour de l'étain revivifié, après s'être assuré que la portion d'oxide qui reste en dissolution n'a plus le pouvoir d'altérer le sublimé corrosif. L'on sait, en effet (2), que la potasse dissout plus facilement l'étain très-oxidé que celui qui l'est peu; or, les affinités réunies de l'oxide d'étain pour une nouvelle quantité d'oxigène, et de la potasse pour le métal porté à cet état, suffisent pour détruire l'uniformité de son oxidation. Une partie de l'oxide forme avec l'alcali une combinaison permanente, en enlevant de l'oxigène à l'autre partie, qui se précipite lentement en se grouppant sous la forme d'une herbo-

____

(1) Recherch. sur l'Étain, Journ. de Phys. Fruct. an 8.

(2) Observations sur l'acide de l'Étain par Guyton, Ann. de Chim. tom. XXIV.

risation métallique de couleur gris noir, et retenant encore assez d'oxigène pour être soluble à froid dans l'acide muriatique, sans effervescence. Cet oxide a un brillant métallique qui tient sans doute à l'arrangement symétrique de ses parties. En fesant bouillir une dissolution de potasse sur une quantité d'oxide précipité du muriate, plus grande que celle qu'elle peut dissoudre, le partage d'oxigène a lieu plus promptement : le degré d'oxidation du métal dissous par l'alcali, s'élève comme dans l'expérience de Proust, et celui qui n'est pas dissous est au même état que celui qui est précipité dans cette expérience.

L'énergie avec laquelle la potasse tend à élever l'oxidation de l'étain en le dissolvant, est telle que lorsqu'on ne met qu'un léger excès d'alcali dans le muriate d'étain qu'on a décomposé, la petite quantité d'oxide tenue en dissolution est plus oxidée qu'elle ne l'était dans le muriate, comme le prouve la couleur du précipité fourni par le muriate oxigéné de mercure.

Les six substances alcalines désignées ci-dessus, dissolvent l'oxide précipité du muriate d'étain, en plus ou moins grande quantité, selon l'intensité de leur propriété alcaline, aucune d'elles ne m'a paru former une combinaison insoluble avec le muriate avec excès d'oxide ; mais toutes m'ont fourni des sels triples solubles caractérisés de la manière suivante :

Le muriate d'étain et de potasse cristallise en prismes rhomboïdaux, terminés aux deux extrémités par deux biseaux correspondants aux grands angles du prisme ; il est remarquable que le muriate d'ammoniaque et d'étain, et le muriate d'étain et de baryte affectent absolument la même forme. Le muriate d'étain et de soude cristallisent, ainsi que celui d'étain et de strontiane, en aiguilles très-fines. Le muriate d'étain et de chaux est déliquescent, et très-difficilement cristallisable.

La conjecture du citoyen Thenard (1) sur l'existence du muriate d'ammoniaque et d'étain est ainsi vérifiée ; il est vraisemblable que s'il eût poussé plus loin ses expériences, il eût reconnu à la potasse, à la soude et aux autres bases salifiables, la propriété de former des sels triples métalliques qu'il croyait ne pas leur appartenir.

Les carbonates de potasse et de soude précipitent le muriate d'étain avec une vive effervescence, qu'on pourrait d'abord attribuer à l'excès d'acide, qui accompagne toujours les dissolutions d'étain ; mais elle continue jusqu'à l'entière décomposition du sel métallique, et le précipité se redissout dans les acides sans le moindre dégagement d'acide carbonique ; on forme donc, par ce moyen, un muriate avec excès d'oxide, et non un carbonate d'étain.

J'observerai encore à ce sujet, que lorsqu'on décompose le muriate d'étain par une substance alcaline, le premier effet du précipitant n'est point, comme on pourrait le penser, de saturer l'excès d'acide naturel à ce sel ; qu'au contraire, quelqu'avancée que soit la précipitation, la liqueur donne des signes d'acidité tant qu'elle tient de l'étain en dissolution. Cette remarque, que je crois n'avoir été faite sur aucun sel acidule, prouve que l'acide indiqué par les réactifs, loin de pouvoir être regardé comme libre, et en quelque sorte surabondant à la combinaison, est retenu par l'affinité qui existe entre lui et le sel insoluble, auquel il communique la propriété de se dissoudre dans l'eau. L'action de l'alcali sur la dissolution d'un pareil sel, se borne donc à enlever au sel avec excès d'oxide, l'acide qui le tenait en dissolution, et celui-ci se précipite à mesure qu'il est privé de la portion d'acide qui le rendait soluble.

J'ai vérifié cette observation sur les autres sels d'étain.

(1) Not. sur les différ. comb. du cobalt avec l'ox. suivie de plusieurs obs. sur les sels ammoniac. métal. Ann. de Chim. Flor. an 10.

dont je vais parler, sur ceux de plomb, et sur plusieurs combinaisons du fer et du cuivre, je crois qu'on peut l'étendre à toutes les dissolutions métalliques qui exigent un excès d'acide, ou, en général, aux substances qui peuvent former, avec les acides, deux genres de composés, les uns solubles, et qui ont encore les caractères acides, les autres insolubles, et où l'acide entrant en plus petite quantité, est complétement neutralisé.

La forte affinité de l'étain, pour l'oxigène, rend très-difficile sa dissolution dans l'acide nitrique. Pelletier a prouvé que le sel obtenu par Bayen, en traitant l'étain par cet acide concentré, et qu'il avait nommé sel *stanno nitreux*, est du nitrate d'ammoniaque, et ne contient pas de métal.

Cette observation, réunie à celles qui suivent, me paraît détruire également l'opinion du citoyen Thenard (1), sur la dissolution de l'étain très-oxidé, par l'acide nitrique, à la faveur de l'ammoniaque.

Bayen est cependant parvenu à dissoudre une petite quantité d'étain, par le procédé de Kunckel, que Rouelle a décrit. En employant de l'acide nitrique étendu d'eau, et en opérant à chaud, comme le fait le citoyen Guyton, l'acide et l'eau sont décomposés ; on obtient du gaz oxide d'azote, du nitrate d'ammoniaque, et l'étain trop fortement oxidé n'est point dissous. Proust indique, dans ses recherches sur l'étain (2), le procédé qui lui a le mieux réussi, pour faire du nitrate d'étain. Il consiste à se servir d'acide nitrique à 15 degrés ; à plonger dans l'eau froide le vase dans lequel se fait la dissolution, pour modérer la chaleur qui se produit, et ne mettre le métal que par petites portions. On obtient une dissolution d'étain de couleur jaunâtre, contenant de l'ammoniaque, et dans laquelle l'étain

____

(1) Ann. de Chim., floréal an 10.

(2) Journal de Phys. fruct. an 8.

n'est pas plus oxidé que dans le muriate, puisque, comme dans celui-ci, il précipite en noir le muriate oxigéné de mercure : cette dissolution donne spontanément un précipité blanc, qui augmente beaucoup si on la fait chauffer, et de laquelle se précipite ainsi tout le métal, sans qu'on puisse jamais l'amener à cristallisation. Le précipité que Proust a pris pour de l'oxide d'étain, est un nitrate avec excès d'oxide, auquel la potasse enlève l'acide, en fesant reparaître l'oxide sous la couleur grise, qui lui est naturelle ; il la reprend aussi par la distillation, en exhalant des vapeurs d'ammoniaque. On forme une dissolution qui a les mêmes propriétés que celles-ci, en dissolvant par l'acide nitrique étendu d'eau, l'oxide précipité du muriate d'étain. Les alcalis séparent de l'une et de l'autre de ces dissolutions, un nitrate avec excès d'oxide, semblable à celui qui se précipite spontanément. L'oxide blanc, formé par l'action rapide de l'acide nitrique sur l'étain, ne donne aucun indice de dissolution dans cet acide ; les alcalis le dissolvent abondamment, et sans altérer sa couleur. Lorsque cette dissolution est un peu concentrée, elle prend la consistance gélatineuse, qu'on a remarquée à l'oxide qui se sépare du nitro-muriate d'étain. La distillation jaunit un peu cet oxide, et n'en dégage ni acide nitrique, ni vapeurs nitreuses, ni ammoniaque. Cet oxide se dissout très-peu dans les acides, beaucoup dans les alcalis, pendant que le métal peu oxidé se combine d'une manière tout opposée.

L'acide sulfurique étendu d'eau, ou concentré, n'oxide l'étain qu'avec difficulté, et n'en dissout ainsi qu'une petite quantité ; mais, si on verse de l'acide sulfurique concentré dans du muriate d'étain peu étendu d'eau, l'acide muriatique se dégage, et il se forme un précipité blanc, floconneux, qui se redissout dans l'eau, quoique son insolubilité comparative ait déterminé sa précipitation. En évaporant lentement la dissolution de ce sulfate d'étain, il cristallise en longs prismes très-minces, qui se croisent dans tous les sens. L'oxidation du métal n'a point varié dans cette opération, et il donne, comme dans sa dissolution muriatique, des précipités noirs avec l'hydro-sulfure de potasse, et le muriate oxigéné de mercure. Le précipité qui est formé par les alcalis, bien lavé et redissous par l'acide muriatique, précipite le muriate de baryte. Les alcalis lui enlèvent, à l'aide de la chaleur, une portion de son acide; sa blancheur se ternit, mais il paraît qu'il retient trop fortement l'acide, pour que l'alcali puisse complétement en dépouiller l'oxide d'étain; au feu il noircit, en répandant quelques vapeurs sulfureuses : il est donc prouvé que ce précipité est un sulfate avec excès d'oxide. En chauffant assez fortement ce sulfate d'étain avec de l'acide sulfurique, l'étain peu oxidé décompose cet acide; il se dégage de l'acide sulfureux. Le sulfate d'étain oxigéné qui se forme, n'altère plus le muriate oxigéné de mercure, est précipité en jaune par l'hydro-sulfure de potasse, n'est plus susceptible de cristalliser ; mais, amené à consistance sirupeuse, il se prend par le réfroidissement en masse d'une apparence vitreuse, colorée en jaune, déliquescente, et que l'eau dissout en séparant une partie d'oxide. J'ai obtenu ce précipité en trop petite quantité, pour pouvoir m'assurer s'il retient de l'acide : je n'en ai pas trouvé dans celui qui est formé par les alcalis, et d'après la faible affinité des acides pour l'étain très-oxidé, je présume que le premier n'en contient pas plus.

L'acétate d'étain donne, avec les alcalis, un acétate avec excès d'oxide, blanc, insoluble, décomposable, à chaud, par les alcalis, et dont l'oxide de couleur grise est au même degré que celui du muriate.

Le moyen le plus facile d'obtenir une dissolution d'étain par l'acide acétique, est de décomposer l'acétate de plomb par le muriate d'étain. Dans ce procédé, employé pour opération de teinture par Hausman, outre l'acétate d'étain qui reste en dissolution, et le muriate de plomb qui se précipite, il se forme un sel triple d'étain et de plomb, toutes les fois qu'on met dans le mélange, plus de muriate d'étain, que l'acétate de plomb ne peut en décomposer. La dissolution de ce sel contient beaucoup plus de plomb, que celle du muriate de ce métal, ainsi que le prouve la précipitation par l'acide sulfurique, de volumes égaux de ces deux dissolutions saturées. Il cristallise en lames minces, d'un blanc laiteux, nacrées, ayant un peu l'apparence du mica. Ces lames ont si peu de consistance, qu'en décantant le liquide dans lequel elles ont cristallisé, elles s'appliquent les unes sur les autres, et se confondent sans conserver aucune forme. Ce sel, à deux bases métalliques, peut également être formé par la combinaison directe de l'acide muriatique, avec un mélange des deux métaux, ou de leurs oxides, et par la digestion du muriate d'étain sur un oxide de plomb. Le muriate de plomb et d'étain, obtenu par ces différents procédés, est toujours avec excès d'acide.

J'ai dit plus haut que les recherches du citoyen Vauquelin, sur la décomposition du muriate de soude, par l'oxide de plomb, l'ont conduit à l'examen des muriate, sulfate et nitrate de plomb, avec excès d'oxide : je joins à ces sels l'acétate avec excès d'oxide, qu'on sépare par précipitation de l'acétate, et que l'action des alcalis, aidée de celle de la chaleur, prive complétement d'acide, en laissant l'oxide rouge de plomb, dégagé de toutes combinaisons.

Je termine ce premier mémoire, en réunissant les conséquences qui m'ont paru dériver des observations que j'y ai exposées. 1°. L'existence des sulfates de mercure à différents degrés d'acidité, résulte de l'action de l'eau employée en lavages : l'oxidation du métal dans ces diverses combinaisons, n'en reçoit aucune modification, et n'est déterminée que par la manière d'opérer, qui rend l'action de l'acide plus ou moins puissante. 2°. Les séparations produites par l'eau, dans les combinaisons métalliques, sans que l'oxidation du métal varie, sont dues à l'action de ce liquide sur les acides. 3°. L'excès d'acide indiqué, par les réactifs dans certains sels, est la cause de leur solubilité, et lorsqu'on le combine avec une substance, qui a pour lui plus d'affinité que n'en a le sel insoluble, celui-ci se sépare. 4°. La propriété des métaux, de former des sels triples, ne se borne pas à ceux qui résultent de l'union d'un même acide avec un métal et un alcali, elle paraît s'étendre aux résultats de la combinaison d'un même acide, avec deux métaux différents. 5°. Enfin les précipités formés par les alcalis dans les dissolutions d'étain et de plomb, sont des sels avec excès d'oxide.

Suite des observations sur les précipités des dissolutions métalliques, lues à la séance du 12 floréal.

J'ai rappelé dans mon premier mémoire, que les précipités verts de cuivre, c'est-à-dire, ceux que l'on obtient toutes les fois qu'on n'a pas entièrement précipité le métal tenu en dissolution, ont été reconnus par Proust (1), pour des sels avec excès d'oxide, dont il a déterminé les proportions. Il a remarqué que dès qu'on approche du terme de la précipitation complète, le précipité prend une teinte bleue, qui se fonce, si l'on met un excès d'alcali,

(1) Ann. de Chim. tom. XXXII.

et que ce précipité, déjà distingué du premier par sa couleur, en diffère encore par les propriétés suivantes :

» Il n'a point la pulvérulence des précipités verts ;
» mais une consistance qui approche assez de celle du bleu
» de prusse ».

« En le chauffant, étendu en poudre fine sur un papier,
» il se décolore lentement, perd de l'eau, et se change en
» oxide noir. Le degré de chaleur n'est cependant pas suf-
» fisant pour brûler le papier ».

« Sec, il est inaltérable ; mais gardé sous l'eau, il
» s'obscurcit, se décompose successivement, et finit par
» n'être plus que de l'oxide noir, après avoir perdu de son
» volume. La lumière solaire accélère cette décomposition ».

« 100 parties de ce précipité donnent, par la distillation,
» 24 eau, 75 oxide noir, et la valeur de 1 acide carbo-
» nique ».

« Les acides le dissolvent sans effervescence ».

« Jeté dans les solutions saturées de sulfate, nitrate et
» muriate de cuivre, il y reprend assez d'acide pour se
» changer en sulfate, nitrate et muriate verts, avec excès
» d'oxide ».

De toutes ces propriétés, Proust conclut que cette substance n'est composée que d'eau et d'oxide : il la nomme en
conséquence *hydrate de cuivre*. Il a cherché à éloigner,
par des preuves que je vais réfuter, tout soupçon sur la
présence des acides ou des alcalis dans ces précipités. Les
expériences que je vais rapporter, me paraissent prouver
qu'ils retiennent constamment de l'acide ; que c'est à ce
principe qu'ils doivent leur couleur, et qu'ils ne diffèrent
de ceux qui sont verts, qu'en ce qu'ils en contiennent
moins que ceux-ci. Ils rentrent ainsi dans la classe des
sels avec excès d'oxide.

Pour m'assurer si le précipité formé dans le sulfate de
cuivre par la potasse, retient de l'acide, j'en ai lavé avec

grand soin, et séché lentement ; car il se décompose à une très-légère chaleur ; 100 parties , dissoutes dans l'acide muriatique, donnent, avec le muriate de baryte , un précipité de 23 parties ; ce qui indique 7 parties d'acide sulfurique. Si l'on fait digérer de la potasse sur le précipité bleu , il perd sa couleur. L'alcali saturé d'acide muriatique forme avec le muriate de baryte , un précipité de même poids que le précédent. L'oxide noir qui reste , pèse 72 parties. Le précipité bleu analysé par ce moyen , donne les résultats suivants , 0,72 oxide de cuivre , 0,07 acide sulfurique : resté pour l'eau 0,21. En rapprochant ces résultats de ceux donnés par Proust, pour le sulfate vert, avec excès d'oxide ; savoir : 0,68 oxide, 0,18 acide , 0,14 eau , on voit que le premier de ces sels contient moins d'acide , plus d'oxide et plus d'eau que le dernier.

Les différences qu'on remarque entre l'analyse que Proust a faite du sulfate bleu avec excès d'oxide , et celle que je présente, peuvent être attribuées à celles des moyens que nous avons employés. Cependant , en me servant même du sien , je n'ai pas trouvé plus d'accord entre nos résultats. Pour faire cette analyse , Proust a distillé 100 parties de ce sel , dont il a retiré 0,75 oxide , 0,24 eau , et 0,01 acide carbonique : j'ai obtenu , en répétant cette expérience , à-peu-près la même quantité d'acide sulfurique ; quand je l'ai faite à une chaleur douce , l'eau qui distillait n'était pas sensiblement acide , mais la dissolution de l'oxide noir par l'acide muriatique , précipitait le muriate de baryte. D'autres fois , j'ai donné une chaleur capable de désoxider en partie le cuivre , alors la dernière portion d'eau qui passait , rougissait fortement le papier teint de tournesol , et le cuivre redissous , donnait encore un léger précipité avec le muriate de baryte.

Enfin , une observation de Proust même , ajoute à l'évidence des preuves que je viens de donner sur l'existence de l'acide dans ces précipités. Il a remarqué qu'ils se décomposent lentement sous l'eau : cette décomposition, accélérée par la lumière, l'est encore plus par la chaleur. Ainsi, en fesant bouillir deux litres d'eau sur 60 grammes de sulfate bleu avec excès d'oxide, on voit en peu de temps sa couleur se ternir et passer au noir. L'eau ne donne pas de marques d'acidité avec les papiers réactifs, cependant elle précipite abondamment le muriate de baryte. Rapprochée dans une cornue, et ramenée environ à $\frac{1}{10}$ de son volume, elle rougit le papier teint de tournesol. En poussant encore plus loin l'évaporation, l'acide se concentre ; il arrive au point de produire sur la langue la même impression que l'acide sulfurique du commerce, et en continuant à le chauffer il s'exhale en vapeurs blanches, entièrement semblables à celles de l'acide sulfurique. Il reste au fond de l'évaporatoire une tache noire, due sans doute à quelque peu de matière végétale, séparée du filtre par l'eau, et sur laquelle l'acide sulfurique a exercé son action ; du reste, cette évaporation menée lentement et arrêtée aux époques les plus favorables à la cristallisation, n'a donné aucun sel. L'eau bouillante, en fesant perdre la couleur bleue à ce précipité, n'a donc fait que lui enlever de l'acide sulfurique.

La décomposition du sulfate bleu avec excès d'oxide, n'est jamais complète par ce moyen, quelque multipliés que soient les lavages à l'eau bouillante. Dès la première ébullition, il perd sa couleur bleue, elle paraît brune ; mais en séchant elle devient d'un gris bleuâtre. Dans les lavages subséquents, sa couleur tourne de plus en plus vers le brun, et l'eau acquiert toujours la propriété de précipiter le muriate de baryte.

J'ai fait bouillir en cinq lavages cinq litres d'eau, sur 60 grammes de sulfate bleu avec excès d'oxide ; la dernière eau précipitait, ainsi que je l'ai annoncé, le muriate de baryte, et le résidu dissous dans l'acide muriatique, donnait également un précipité avec ce réactif.

Les précipités bleus du nitrate et muriate de cuivre, exposés sur des charbons ardents, exhalent des vapeurs qui, de même que celles qui sont dégagées par l'action de l'acide sulfurique concentré sur ces mêmes précipités, y dénotent la présence des acide nitrique et muriatique. Pour faire voir que ce dernier acide est contenu dans le précipité bleu du muriate de cuivre, il suffit d'observer que si on le dissout par l'acide nitrique, cette dissolution précipitera celle d'argent.

Si ces expériences établissent suffisamment, comme il me le paraît, que ces précipités contiennent de l'acide, elles détruisent encore les objections que Proust oppose à cette opinion. Je crois qu'elles me dispensent de réfuter celles qu'il tire de ce que *la potasse, qui ne pardonne pas à l'acide carbonique des carbonates métalliques, lors même qu'elle n'est pas entièrement caustique, n'y souffrirait, à plus forte raison, aucun des autres acides connus, et de ce qu'il s'empare avec une extrême avidité de tous les acides qu'il rencontre.*

On pourrait soupçonner que ces précipités retiennent, outre l'acide, une partie de l'alcali employé à les séparer, et peut-être trouverait-on que l'analyse de Proust, alléguée par lui pour détruire cette opinion, ne suffit pas pour en démontrer la fausseté; mais il me semble que si le sulfate bleu avec excès d'oxide, par exemple, avait contenu de l'alcali, l'eau aurait dû en séparer un sulfate qui aurait cristallisé pendant l'évaporation. Le nitrate bleu avec excès d'oxide, poussé au feu dans un creuset avec un peu de charbon, n'a donné aucune trace d'alcali. Ces expériences confirment l'assertion de Proust.

Chenevix en admettant, l'existence de l'hydrate de cuivre, a cherché à l'appuyer par plusieurs expériences consignées dans un memoire sur l'analyse des arseniates de cuivre et de fer (1). Le nom de l'auteur et le genre de preuves qu'il apporte, laisseraient sûrement encore des doutes, si elles n'étaient réfutées d'une manière convaincante.

Quoique frappé de l'impropriété de la dénomination d'hydrate de cuivre donnée au précipité bleu de ce métal, Chenevix l'adopte. Il confond même sous ce nom les précipités bleus et verts, sans égard pour la nature saline de ces derniers, bien déterminée par Proust. Il croit que les couleurs bleue et verte des dissolutions de cuivre sont dues, comme celles de leurs précipités, à la combinaison de l'eau et de l'oxide de cuivre : d'où il résulte que ces dissolutions colorées ne sont point, selon lui, une combinaison d'acide et d'oxide de cuivre ; mais une combinaison d'acide avec l'hydrate, ou avec l'oxide uni avec la quantité d'eau nécessaire pour le faire passer à l'état d'hydrate. De sorte que, pour présenter une idée exacte de la composition des sels de cuivre, il prescrit d'indiquer la quantité d'acide, la quantité d'eau de cristallisation, la quantité d'oxide et celle de l'eau qui le constitue hydrate.

En partant de cette idée, Chenevix affirme que *si l'on verse sur de l'oxide brun de cuivre de l'acide sulfurique étendu d'eau, on obtient un sel qui surpasse de 24 pour cent la quantité qu'on en obtiendrait en employant le précipité vert :* ce qu'il explique, en disant que *la première opération de l'oxide est de prendre la quantité d'eau qui lui est nécessaire pour devenir hydrate, et que la combinaison de l'acide sulfurique a lieu, non avec l'oxide, mais avec l'hydrate.*

L'examen attentif des résultats de cette expérience m'ins-

____

(1) Trans. philos. 1802.

pire quelques doutes sur leur parfaite exactitude. 100 parties d'hydrate contiennent en effet, d'après les données de Proust, adoptées par Chenevix, 75 d'oxide noir de cuivre. Or, ces 75 d'oxide de cuivre forment 235 de sulfate de cuivre (1), et 100 parties d'oxide 313 de sulfate. La différence de ces produits est 78 : les 25 parties d'eau combinées primitivement dans le prétendu hydrate, se retrouvant dans l'un et l'autre de ces produits, leur différence n'est réellement que de 78—25 ou 53. Mais Chenevix, au lieu d'avoir employé le sulfate bleu avec excès d'oxide ou hydrate de Proust, dit expressément qu'il s'est servi de la substance verte, dans laquelle ce dernier chimiste n'a reconnu que 68 d'oxide noir, et qui conséquemment ne donnerait que 213 parties de sulfate de cuivre. La différence entre les quantités de ce sel, produites par la combinaison de l'acide sulfurique avec 100 parties d'oxide ou 100 parties de sulfate vert avec excès d'oxide, est donc de 100 parties, moins 32 d'eau et d'acide combinés avec l'oxide dont la substance verte est précisément de 68 parties de sulfate de cuivre, et non de 24, comme l'a dit Chenevix. Il est vraisemblable que se fiant à la théorie qu'il s'était faite, il n'aura donné qu'une légère attention à cette expérience, qui, en supposant même qu'elle fût exacte, n'infirme pas l'existence de l'acide dans ces précipités, et ne démontre en aucune manière la nature de l'hydrate, telle qu'elle est supposée par Proust.

Chenevix avait observé que *le muriate de cuivre, doucement rapproché, change sa couleur vert-bleuâtre en un beau brun, qui en se refroidissant, ou par l'affusion d'eau, reprend sa couleur primitive;* et il conclut de ce fait en faveur de sa théorie, en disant que *la liqueur brune est une dissolution de muriate de cuivre, tandis*

______

(1) Ann. de Chim. tom. XXXII.

*que la liqueur verte, comme toutes les dissolutions bleues
ou vertes de cuivre, est une combinaison d'acide muriatique et d'hydrate de cuivre, ou un muriate d'hydrate
de cuivre.* Il avoue d'ailleurs n'avoir pu produire ces changements de couleur aussi souvent qu'il l'aurait voulu. Tout
ce que j'ai dit jusqu'à présent me paraît détruire la conséquence théorique déduite de ce phénomène ; mais comme
on n'a point indiqué ses véritables causes, et qu'elles ne
sont pas sans intérêt, je vais leur donner quelque déve-
loppement.

En rapprochant une dissolution de muriate vert de cuivre,
sa couleur se fonce et elle devient si intense, qu'elle
paraît presque noire. Cependant en agitant le liquide dans
l'évaporatoire, les bords qui s'en imprègnent se teignent
en vert-bouteille foncé, si le vase est de verre, et en
jaune vert, s'il est de porcelaine. La dissolution n'a éprouvé
aucun changement : l'eau ne la trouble pas, elle ne fait
qu'éclaircir sa nuance, et si l'on en met suffisamment,
l'amener à une couleur vert-bleuâtre très-pâle. Je crois
donc que l'auteur de l'analyse des arseniates de cuivre et
de fer n'a point indiqué exactement la couleur qu'il a dû
obtenir dans l'expérience qu'il rapporte.

Toutes les fois qu'une dissolution de cuivre est réellement brune, l'eau y apporte des changements très-remarquables. Elle y produit un précipité blanc, et en ne mettant même qu'une petite quantité d'eau, la liqueur ne
conserve qu'une teinte bleuâtre peu foncée. On reconnaît
facilement dans ce précipité le muriate blanc de cuivre peu
oxidé, décrit par Proust (1). La couleur bleue de la liqueur indique qu'elle tient en dissolution du muriate de
cuivre plus oxidé. Les circonstances dans lesquelles les
dissolutions muriatiques de cuivre deviennent brunes, don-

(1) Recherch. sur l'Etain, Journ. de Phys. 1800.

nent la théorie de la séparation de ces deux muriates différemment oxidés, qui est produite par l'eau.

Si l'on traite du cuivre par l'acide muriatique et à vaisseaux clos, la dissolution est sans couleur; l'eau en précipite complétement le métal, sous la forme de muriate
blanc. Exposée à l'air, cette dissolution prend d'abord
une légère couleur feuille-morte, qui devient brune, et
passerait au vert si on la laissait assez de temps. Quand
elle est brune l'eau agit dessus, comme je l'ai dit plus
haut.

Les battitures de cuivre contiennent, d'après Proust,
environ 27 pour cent de cuivre métallique, le reste est
oxidé à 25 pour cent. Si donc l'on verse de l'acide muriatique concentré, il y a effervescence, production de
chaleur, et la dissolution faite, presque instantanément,
est de couleur brune très-foncée.

Le chimiste que je viens de citer a fait connaître la
propriété qu'a le muriate d'étain de désoxider en partie le
muriate de cuivre, et de le faire passer à l'état de muriate
blanc peu oxidé et insoluble. En mêlant à du muriate de
cuivre une quantité suffisante de dissolution d'étain, on en
sépare ainsi tout le cuivre (1). Si l'on ne verse que goutte
à goutte la dissolution d'étain dans le muriate de cuivre,
le précipité blanc que chaque goutte forme, se redissout
par l'agitation : la couleur de la liqueur devient d'un vert
de plus en plus foncé, et enfin avant que le précipité soit
permanent, elle a pris une couleur brune très-intense, et
sans aucun mélange de vert. L'action de l'eau sur le muriate de cuivre amené à cet état, est la même que sur
les autres dissolutions brunes.

Ces différentes manières de produire une dissolution
muriatique brune de cuivre indiquent que le métal est

____

(1) Recherch. sur l'Etain. Journ. de Phys. 1802.

à un état intermédiaire d'oxidation, plus élevé que celui
où il est dans le muriate blanc, moins que dans le muriate vert dans lequel le métal paraît être combiné avec
tout l'oxigène qu'il peut saturer. L'eau qu'on verse dans
une dissolution brune de cuivre enlève d'abord de l'acide
au métal, et détermine un nouvel ordre de combinaison
entre l'oxigène et lui. Une partie du métal se trouve à-
la-fois privée de l'acide nécessaire à sa dissolution, et de
l'oxigène qui lui est superflu pour former du muriate blanc;
l'autre partie du cuivre reste en dissolution combinée avec
l'oxigène, qui constitue la différence d'état du métal dans
le muriate blanc, à celui où il était lorsqu'il formait une
dissolution brune : ainsi sur-oxidé, il donne à sa dissolution la couleur verte qu'ont toutes celles où le cuivre
est oxidé à 25 pour cent.

Le partage d'acide qui a lieu se présente dans un trop
grand nombre de cas pour qu'on puisse hésiter à l'admettre.
C'est à lui qu'est due encore la précipitation du muriate
blanc, observée par Proust, lorsqu'on verse de l'eau dans
du muriate de cuivre peu oxidé, dont l'acide est saturé
d'oxide. Un excès d'acide redissout le précipité et ôte à
l'eau la faculté de le reproduire. Le précipité blanc est
donc un muriate peu oxidé avec excès d'oxide. J'ai rapporté plusieurs faits analogues.

Quoique les circonstances dans lesquelles se forment les
dissolutions brunes de cuivre déterminent l'état d'oxidation
du métal, et que la couleur brune de ces dissolutions
indique qu'elles ne sont point un mélange de deux dissolutions de cuivre, l'une peu oxidée et sans couleur, l'autre
verte et très-oxidée, on pourrait, au premier coup-d'œil,
répugner à regarder le partage d'oxidation comme produit
instantanément, et résultant de l'action de l'eau sur l'a-
cide; mais outre que ces doutes me paraissent peu fondés,
je crois qu'ils seront levés par le rapprochement de plu-

sieurs phénomènes semblables ; tels sont : le partage qui
a lieu dans l'oxidation de l'étain peu oxidé, dissous par
la potasse ; celui que produit l'acide sulfurique dans le
muriate blanc de cuivre avec excès d'oxide, duquel résulte que le cuivre étant uniformément oxidé à 16 pour
cent, une partie du métal est complétement revivifiée,
tandis que l'autre, portée à 25 pour cent d'oxidation, est
dissoute par l'acide sulfurique (1) ; celui qui est produit de
la même manière, selon Chenevix, par l'acide phosphorique sur du cuivre oxidé à 11 ½ pour cent.

De ce que je viens d'exposer, tant sur les dissolutions
de cuivre que sur leurs précipités, il résulte 1°. que les
précipités bleus sont des sels avec excès d'oxide, contenant
moins d'acide que les sels verts avec excès d'oxide. L'eau
qui entre dans leur composition n'y est pas autrement combinée que dans les autres substances salines ; 2°. que le
cuivre n'est pas borné dans ses combinaisons, aux deux
degrés d'oxidation déterminés par Proust : il en parcourt
d'autres qui repassent facilement aux deux extrêmes. Cette
opinion, opposée à sa doctrine, est conforme à ce qui
a lieu pour plusieurs autres métaux, et notamment
pour l'étain, dans lequel je puis désigner quatre états
différents ; celui où sa dissolution n'altère point celle
du muriate oxigéné de mercure, celui où elle la précipite
en noir, et où l'oxide est gris ; enfin celui auquel passe
ce dernier oxide, lorsqu'étant en partie désoxidé par l'action de la potasse, il acquiert une sorte de brillant métallique. Je ne prétends cependant pas que ces états indiquent chacun un degré constant d'oxidation. 3°. Il en résulte
encore que le précipité blanc, formé par l'eau dans le muriate de cuivre peu oxidé, est un muriate peu oxidé avec
excès d'oxide. Ce sel perd de l'acide par l'action de l'eau

(1) Proust, Journ. de Phys. 1800.

bouillante, selon Proust; il devient jaune, et en cet état il me paraît être, au muriate blanc avec excès d'oxide, à-peu-près ce que les sels bleus avec excès d'oxide sont aux sels verts avec excès d'oxide.

Il est moins aisé, ce me semble, d'assigner la différence qu'il y a entre les dissolutions bleues ou vertes de cuivre, que celles des dissolutions incolores aux brunes. Au premier aspect on croirait qu'elle est également produite par celle de l'oxidation; car les dissolutions où le cuivre doit être le plus oxidé, comme celle des sulfate, nitrate, et muriate oxigéné, sont constamment de couleur bleue, et celles où l'on pourrait croire le métal moins oxidé, comme dans le muriate et l'acétate, sont le plus souvent de couleur verte; mais en fesant ces dernières dissolutions avec de l'oxide précipité des premières, leur couleur est encore verte. Certaines dissolutions de cuivre prennent tantôt l'une, tantôt l'autre de ces couleurs. Au milieu d'une dissolution verte, on voit quelquefois se former des cristaux bleus : quelque soit leur couleur, ces dissolutions ont toujours un excès d'acide.

La facilité avec laquelle l'oxidation du cuivre varie, qui me paraît déterminer la différence des couleurs blanche, brune ou verte de ces dissolutions, et ne pas influer sur celles qui sont colorées en bleu ou en vert, explique encore l'utilité de ce métal dans les *réserves* employées dans l'art de l'impression des toiles. On donne le nom de *réserve* à des compositions destinées à empêcher que les parties de l'étoffe sur lesquelles on les applique, ne se colorent dans la cuve d'indigo, faite au moyen du sulfate de fer et de la chaux. Les recettes plus ou moins surchargées de choses inutiles qu'on suit dans les manufactures, prescrivent toutes le verdet gris et l'acide sulfurique ou le sulfate de cuivre. Quoique l'avantage de ces dissolutions de cuivre soit bien reconnu dans les réserves, comme ce métal fixe certains principes colorants, son application sur les toiles a de l'inconvénient, quand la teinture en bleu doit être suivie de quelques autres opérations de teinture; il eût donc été important de pouvoir le remplacer dans ces circonstances. Les propriétés connues du sulfate de zinc, et sur-tout celle qu'il a de ne point agir comme mordant, paraissaient le rendre propre à cet objet: cependant il ne le remplit que très-imparfaitement. Si l'on met dans une cuve d'indigo trois échantillons, l'un de toile qui n'a reçu aucune préparation, l'autre imprégné de sulfate de zinc, le troisième imprégné de sulfate de cuivre, le premier sort vert de la cuve; lavé et aéré, il prend un bleu dont l'intensité dépend de la force de la cuve, et du temps qu'il y est resté; le second sort également vert, mais le lavage enlève presque tout l'indigo désoxidé qui était à sa surface, il ne garde qu'une légère teinte bleue; enfin le dernier sort bleu de la cuve, et redevient blanc par le lavage. On voit que le sulfate de zinc, décomposé par la chaux, qui tient en dissolution l'indigo désoxidé, a pu effectivement préserver en grande partie la toile du contact de l'indigo dissous, et que l'effet a été plus complet avec le sulfate de cuivre, parce que, au moment où la décomposition de ce sel avait lieu, l'indigo précipité de sa dissolution s'est oxidé aux dépens de l'oxide de cuivre, et n'a pu ainsi se fixer sur la toile. Cette observation doit faire sentir de quelle importance il est de n'employer que du sulfate de fer bien exempt de sulfate de cuivre pour monter les cuves, soit à bleus cuvés, soit à bleus fayancés.

Proust, que l'intérêt de la science a rendu si sévère à l'égard des autres, ne trouvera dans la contradiction que je lui oppose, qu'un motif semblable au sien. Il me paraît qu'il s'est trompé en avançant que *la potasse caustique ou saturée dissout l'hydrate de cuivre*. La potasse saturée ou le carbonate de potasse a seul cette propriété : ce carbonate forme, avec l'oxide de cuivre, un sel triple dont la cristallisation, les propriétés et les proportions ont été décrites par Chenevix (1). Quant à la potasse caustique, Vauquelin avait fait voir (2), antérieurement au travail de Proust, qu'elle ne peut dissoudre l'oxide de cuivre, du moins au degré d'oxidation où il est dans le muriate vert, le nitrate et le sulfate de cuivre. L'analyse du laiton lui avait aussi donné lieu de constater que les couleurs bleue et verte sont communiquées accidentellement à l'oxide de cuivre, naturellement brun.

La plupart des dissolutions de fer m'ont donné des sels avec excès d'oxide, soit par l'action des alcalis, soit par celle de l'eau, ou par précipitation spontanée. Pour m'assurer de la nature de ces précipités, je me suis servi de procédés analogues à ceux que j'ai déjà décrits, et ces expériences sont trop simples pour que je m'appesantisse sur les détails. En général, les précipités des dissolutions très-oxidées, comme celles du sulfate rouge, du nitrate fait très-rapidement, et de l'oxalate très-oxidé ne retiennent point d'acide, ou seulement une très-petite quantité. Les précipités des dissolutions peu oxidées sont, au contraire, presque toujours des sels avec excès d'oxide. Dans les premiers, la couleur rouge de l'oxide domine ; les seconds se colorent en diverses nuances de jaune. La potasse enlève l'acide à ces sels, et les prive de leur couleur, en laissant à nud l'oxide noir de fer dans ces derniers, et l'oxide rouge dans les premiers. On ne doit donc pas s'en rapporter à la couleur des précipités pour juger de l'état d'oxidation du métal dans ces dissolutions. Dans la fabrication des toiles peintes, pour obtenir la

(1) Trans. philos. 1802.

(2) Ann. de Chim. tom. XXVIII.

couleur appelée *jaune de rouille*, on se sert de sulfate vert de fer, ou mieux encore, d'acétate peu oxidé formé par la décomposition de l'acétate de plomb par le sulfate de fer. Le sel avec excès d'oxide qui se forme sur la toile, a une couleur jaune agréable qui se ternit par le contact des alcalis, en tournant au gris, puis rougit par l'expo- sition à l'air; cet effet de l'alcali est dû à ce que l'oxide noir, privé par lui d'une partie de l'acide qu'il sature, paraît d'abord sous sa couleur naturelle, qui tourne au rouge à mesure que le métal s'oxide par le contact de l'air. Ce n'est donc pas à une désoxidation qu'on doit at- tribuer, comme le pense Roard (1), le passage de la cou- leur jaune des taches de rouille au noir, par l'action des lessives très-concentrées.

Ce qui précède fait voir que la quantité d'acide, retenue par le métal, modifie les nuances et y contribue avec l'état d'oxidation du fer, dont Chaptal a si bien fait sentir l'in- fluence dans la teinture en jaune (2).

L'oxalate de fer, observé par Bergman, est un oxalate avec excès d'oxide, dans lequel l'oxide est noir. En fesant agir l'acide oxalique sur de la limaille de fer, il se forme de l'oxalate avec excès d'oxide, et l'on obtient une dis- solution de fer qui, quelque prolongée que soit l'opéra- tion, est toujours acide. Cet oxalate acidule de fer cris- tallise en prismes rhomboïdaux applatis, inaltérables à l'air. Si l'on met dans de l'acide oxalique, de l'oxide de fer récemment précipité d'une dissolution peu oxidée, il se forme beaucoup d'oxalate avec excès d'oxide, et quand on n'a employé qu'à-peu-près la quantité d'oxide néces- saire pour saturer l'acide, on obtient un oxalate neutre de fer qui est soluble, et dont les cristaux sont formés par deux

(1) Ann. de Chim. tom. XL.
(2) Mém. de l'Inst. tom. III.

pyramides quadrangulaires opposées base à base, et dont tous les sommets sont tronqués. L'oxalate acidule de potasse, mis à digérer avec de la limaille de fer, produit un sel triple décrit par Roard ; mais si la quantité de fer est plus grande que celle que pourrait dissoudre l'acide sensible aux réactifs dans l'oxalate acidule de potasse, le fer, en raison de sa masse, continue à enlever de l'acide à la potasse, et la liqueur donne des marques d'alcalinité. Filtrée et évaporée, l'alcali libre, dont l'action n'est plus combattue par celle du fer, soustrait à son tour de l'acide au métal dissous : il se précipite de l'oxide de fer ; la liqueur devient neutre, et donne par le refroidissement des cristaux d'oxalate de potasse et de fer, formés par des lames vertes implantées les unes sur les autres.

Les faits recueillis dans ces deux mémoires prouvent, indépendamment des conséquences particulières que j'ai tirées de plusieurs d'entre eux, la généralité de ce principe : lorsqu'on décompose une combinaison métallique, il se fait un partage de l'acide, en raison de l'énergie de la substance employée ; de là naissent les sels avec excès d'oxide. Les proportions de ces composés sont, comme dans les autres phénomènes chimiques, le résultat de la quantité des substances mises en action, et des autres circonstances de l'expérience qui, quelquefois, déterminent des proportions fixes.

APPENDICE

SUR LES SUBSTANCES VÉGÉTALES,

ET SUR LES SUBSTANCES ANIMALES.

Les produits de la végétation sont composés des mêmes substances, dont nous avons observé l'action chimique, mais surtout de celles dont l'élasticité est comprimée par les combinaisons qu'elles forment : cette composition les rend sujets à subir facilement des changements (187), non-seulement par l'action des autres substances, mais même par l'action réciproque de leurs propres éléments et par les variations de température.

Cependant leur formation et les changements spontanées qu'ils subissent, ne supposent ni d'autres affinités, ni d'autres principes d'action, que ceux qui produisent les effets chimiques : on doit en être d'autant plus persuadé, que l'on peut former des substances d'une nature végétale, telles que l'acide oxalique, l'oxalate acidule de potasse, l'acide malique, l'acide acétique, qui sont absolument semblables aux productions naturelles ; c'est que l'on n'emploie pas dans un laboratoire des moyens différents de ceux de la nature ; on réunit seulement les circonstances qui favorisent l'exercice des propriétés qui sont départies à chaque substance : la nature ne tient sa puissance que de ces propriétés éternelles : les vues particulières qu'on lui prête, les moyens qu'on lui suppose, ne font qu'éloigner l'observation des véritables causes auxquelles on en substitue d'idéales, dont la magie est d'autant plus grande, qu'on les enveloppe d'un nuage plus ténébreux.

Si le chimiste ne peut réunir les circonstances nécessaires à une production, si même il ne les connaît pas, il y a aussi un grand nombre de combinaisons qui ne se forment que par ses soins ; ainsi l'alcool, l'éther, l'huile animale rectifiée, la chaux, la baryte, ne peuvent se rencontrer dans les productions naturelles.

Lors même que les causes de ces productions ne peuvent être connues, il reste à la chimie à reconnaître la succession des changements qui s'opèrent en elles, la filiation des substances qui servent à leur formation réciproque, l'influence des circonstances qui peuvent la favoriser ou l'empêcher : elle cherche l'analogie qui se trouve entre chacun de ces objets, et les autres qui peuvent être soumis à une analyse exacte : elle forme des conjectures sur les moyens qui peuvent donner un tel résultat ; elle les compare avec ceux dont elle a appris à faire usage dans d'autres circonstances ; elle prépare ainsi les progrès ultérieurs de l'observation, qui doivent rectifier les premières tentatives, donner d'autres indications et reculer successivement les limites de l'art.

C'est ainsi que la chimie a été appliquée, dans ces derniers temps, aux phénomènes de la végétation ; déjà elle est parvenue à des déterminations importantes qui, s'alliant avec l'étude de l'organisation, que l'on a cultivée avec un égal succès, composent cette belle partie de la physique, que l'on appelle physiologie végétale.

Je présenterai un précis ou plutôt un apperçu des connaissances que la chimie a données sur cet objet encore nouveau ; il me serait difficile de m'arrêter à des opinions bien établies, et je ne m'engagerai pas dans les discussions qu'elles exigeraient ; je n'ai pour but que de comparer les produits de la végétation et les forces qui y sont mises en action, avec les autres substances et les autres causes des phénomènes chimiques. Je dois de plus faire l'aveu que ces recherches m'ont peu occupé. On devra donc regarder comme des opinions nécessairement conjecturales par elles-mêmes, et peu approfondies par leur auteur, le petit nombre d'idées que je vais présenter.

Après une esquisse des phénomènes de la végétation, en commençant par la germination qui ouvre la scène, je passerai à la considération des différences de composition qui distinguent les substances végétales, des changements qu'elles éprouvent par leur action réciproque , par celle des autres substances , et par les variations de température.

Senebier et Hubert ont observé que les graines ne pouvaient germer dans le gaz azote et dans le gaz hydrogène (1); mais elles germent dans le gaz oxigène (et alors il se produit de l'acide carboni-que), ou dans le mélange du gaz oxigéne , soit avec le gaz azote, soit avec le gaz hydrogène ; dans ce dernier mélange , le gaz hydrogène prend lui-même du carbone , et il se change en hydrogène oxicarburé; de sorte qu'alors ce n'est pas de l'acide carbonique qui se forme , mais une combinaison ternaire d'hydrogène , de carbone et d'oxigène (287).

Gough (2) et Rollo (3) ont aussi éprouvé que la germination ne pouvait avoir lieu sans le contact du gaz oxigène , et les expériences de Voodhouse (4) confirment ce résultat. Les deux premiers ont observé qu'au moyen de cette pro-duction d'acide carbonique , les substances cé-réales devenaient sucrées , comme on le voit dans la drèche. Gough a particulièrement remarqué que lorsque cet effet de la germination n'avait pas lieu, par le défaut de l'oxigène , il se dégageait du gaz inflammable et de l'acide carbonique , de la

(1) Mém. sur la Germin. Phys. végét. tom. III.
(2) Bibl. Brit. tom. XI.
(3) Ann. de Chim. tom. XXV.
(4) *Ibid*, tom. XLIII.

graine humectée qui entrait en putréfaction, et qui, par là, perdait la propriété de germer ; que cet effet était d'autant plus prompt, que la température était plus élevée, et que les graines différaient par la disposition à se putréfier, en sorte que les unes perdent par là beaucoup plus facilement que les autres, la faculté de germer ; mais l'un et l'autre ont cru que ce gaz oxigène servait en partie à former l'acide carbonique, et qu'en partie il entrait dans la composition de la substance sucrée.

T. de Saussure a prouvé que l'acide carbonique, qui est produit dans la germination, est dû à la combinaison du gaz oxigène, avec le contact duquel elle s'opère, puisque le volume n'est pas sensiblement altéré, et que ce qui manque après cela d'oxigène dans l'air restant équivaut à la portion qui a dû entrer dans la composition de l'acide carbonique (1).

Il résulte de ce qui précède, que dans la germination, ou dans le commencement de la végétation, il se produit de l'acide carbonique, dont le carbone est dû à la graine, et l'oxigène à l'atmosphère, qui doit être en contact avec elle ; par là se trouve formée dans la graine une substance sucrée, qui doit servir aux progrès de la végétation, mais qui ne participe pas à l'oxigène qui entre en combinaison.

(1) Journ. de Phys. an VI, an VII.

Quelques graines, les pois, par exemple, peuvent éprouver un commencement de germination sous l'eau et sans le contact de l'air ; il s'en dégage alors de l'acide carbonique, qui provient en entier de leur substance ; mais la germination cesse bientôt de faire des progrès, et la putréfaction s'établit.

Senebier compare ce premier acte de la germination à la fermentation. Je ne suis pas de l'avis de ce savant physicien, s'il fait la comparaison avec la fermentation vineuse : pour celle-ci, la substance sucrée doit être formée ; et cela est si vrai, que les graines céréales ne deviennent fermentescibles qu'autant qu'elles sont devenues sucrées par la germination, dont les effets différents doivent précéder ceux qu'elle produit : c'est par l'action du gaz oxigène que la graine doit se débarrasser de son carbone dans la germination ; c'est par l'action du ferment sur la substance sucrée, que l'acide carbonique est produit dans la fermentation vineuse, ainsi que nous le verrons.

Lorsque la graine a germé et que la plante végète, les phénomènes sont différents ; la lumière devient nécessaire à la plante, et sans elle, elle s'étiole, la substance verte n'est pas formée, ou du moins elle ne l'est que dans un très-petit nombre de circonstances.

On trouve, dans les observations, des résultats différents sur les effets qui sont produits dans la végétation, au soleil et à l'ombre ; cependant on

me paraît d'accord sur l'effet de la privation de la
lumière : l'air, dans lequel s'opère alors la végétation, est vicié, de sorte que la proportion d'oxigène y diminue, ainsi que l'a fait voir Jnghenouse;
et T. Saussure a prouvé que cet effet dépendait
de ce qu'une partie de son oxigène était employée
à produire de l'acide carbonique, qui n'était pas
décomposé dans cette circonstance.

On admet en général, depuis que Priestley a
ouvert la carri.e de ce genre d'observations, que
l'air dans lequel s'opère la végétation avec l'influence de la lumière, reçoit une plus grande
proportion d'oxigène ; mais la plupart des observations ont été faites en tenant les plantes sous
l'eau, et alors l'effet que la lumière produit sur
l'eau, peut être confondu avec celui qui provient
de la plante.

Rumford a fait voir (1) que la soie écrue, que
le coton et d'autres substances étant exposés dans
l'eau et à la lumière, occasionnaient le dégagement d'une certaine quantité de gaz oxigène,
quoique lentement, et sur-tout lorsqu'il y avait
production de la matière verte, et d'animaux
microscopiques ; or, cette dernière circonstance
suffit pour qu'il y ait dégagement de gaz oxigène.
Woodhouse répond que les plantes le donnent trop
promptement pour l'attribuer à cette cause; cependant il est probable qu'elle a contribué aux

____

(1) Trans. philos. 1787.

produits que l'on a obtenus , sans se défier de cette source d'erreur.

Senebier a éprouvé que les plantes que l'on a exposées au soleil , dans l'eau qui a subi l'ébullition , ne donnent point de gaz oxigène. Cette observation fait voir que le gaz oxigène , qui se dégage des végétaux placés dans l'eau , ne doit pas être attribué à la plante seule ; mais on ne pourrait en conclure qu'il ne s'en dégage point ; car l'eau privée de gaz oxigène , pourrait retenir celui qui en proviendrait. Spalanzani a aussi observé, que les effets de la végétation sur l'air variaient, lorsqu'on les observait ; en plaçant les plantes dans l'eau , ou en les tenant dans l'air ; il n'a obtenu une dilatation de l'air qu'avec quelques plantes , et alors il avait ordinairement acquis plus d'oxigène (1). On a reconnu une cause de cette différence , et l'on a constaté que la proportion du gaz oxigène est constamment accrue dans l'air où se fait la végétation , avec l'exposition à la lumière , lorsque l'air ou l'eau sur laquelle se trouve la plante , contiennent de l'acide carbonique ; mais qu'avec d'autres conditions , les résultats sont différents.

C'est à Senebier que l'on doit l'importante découverte de la décomposition de l'acide carbonique , par la végétation , et du dégagement de l'oxigène qui en provient. On a appris par là quelle est l'ori-

____

(1) Journ. de Phys. an VII.

gine du carbone qui se fixe dans les plantes, lors-qu'elles croissent dans l'eau et qu'elles sont isolées de toutes les substances qui pourraient leur en fournir immédiatement. T. Saussure a déterminé les circonstances de cette décomposition par des expériences très-précises, faites sur les pois. Il a fait voir que l'acide carbonique était décomposé, et que la proportion du gaz oxigène était augmentée dans l'air ; mais que sans l'acide carbonique, l'état de l'air dans lequel se fesait la végétation n'éprouvait aucun changement à la lumière, et qu'à l'obscurité, il perdait de l'oxigène en raison de l'acide carbonique qui se forme, mais qui n'éprouve pas de décomposition, de sorte que la proportion de l'oxigène va alors en diminuant.

On pourrait conclure de ces dernières observations, si les plantes exerçaient toutes une action uniforme, que l'air n'acquiert une proportion plus grande d'oxigène par l'action de la lumière, qu'au moyen de la décomposition de l'acide carbonique, qui se trouve dans l'air ou dans l'eau, avec laquelle les feuilles sont immédiatement en contact ; mais cette conclusion n'infirme point la décomposition de l'eau qui repose sur d'autres preuves.

Les végétaux contiennent tous plus ou moins des substances huileuses et résineuses ; la partie colorante elle-même, qui est produite dans les végétaux exposés dans l'eau pure, à la lumière, a un caractère résineux ; or toute substance huileuse et résineuse a, dans sa composition, une proportion d'hydrogène beaucoup plus grande que l'eau, puisque l'eau est en partie le résultat de la combustion de cette substance, c'est-à-dire, de sa nouvelle combinaison avec l'oxigène : il faut donc qu'il y ait aussi, une décomposition d'eau, pour donner naissance aux substances d'un caractère résineux, lorsque la végétation s'est faite sans le concours des substances étrangères.

Saussure a observé que des pois végétaient dans l'air atmosphérique, contenu dans un espace isolé, soit que cet air fût pris dans l'état naturel, soit qu'il fût préalablement lavé avec de l'eau de chaux, sans que son volume diminuât et que sa pureté fût altérée ; cependant lorsqu'il a laissé de la chaux dans l'appareil, celle-ci a pris de l'acide carbonique, et la végétation a cessé. Il conclut de là qu'il se forme alors réellement un peu d'acide carbonique, quoiqu'il ne soit pas perceptible par l'examen de l'air, mais qu'il est repris et décomposé de nouveau par le végétal, et que sans cette décomposition successive, la végétation ne peut subsister.

Mais loin qu'on puisse en inférer que l'eau n'est pas décomposée en même-temps, il me semble que cette observation même prouve le contraire ; car l'air atmosphérique n'a pas changé d'état, et cependant le terme moyen de l'accroissement que chaque petite plante a pris pendant l'espace de dix jours, a été de huit grains, qui ne peuvent être attribués au carbone, ou à la décomposition de l'acide carbonique, et il s'est formé des parties vertes : il faut donc qu'il y ait eu décomposition d'eau, que son oxigène soit entré dans une combinaison, pendant que son hydrogène s'est fixé dans une autre.

Cependant il y a eu production et décomposition de l'acide carbonique, mais de manière que celui qui s'est formé n'a fait que compenser celui qui a été décomposé : si ces deux effets ne peuvent être produits, le végétal périt.

On doit conclure de là, que dans le cas de l'observation précédente, l'accroissement que reçoit le végétal est dû particulièrement à la décomposition de l'eau ; mais que cette décomposition n'a pas lieu, s'il ne se fait en même-temps une décomposition d'acide carbonique dans une partie du végétal, pendant qu'une autre partie donne du carbone, pour produire ce même acide.

Il me paraît donc vraisemblable que, suivant l'explication qu'a donnée Fourcroy, dans l'*Encyclopédie méthodique*, l'action du carbone sur l'hydrogène, concourt à la décomposition de l'eau et de l'acide carbonique, et qu'elle est nécessaire pour que cette double décomposition puisse s'opérer : c'est ainsi qu'un sulfure décompose l'eau, qui résisterait à l'action séparée du soufre et de l'alcali.

Est-ce à l'acide carbonique qui se trouve en petite quantité dans la sève, qu'il faut attribuer celui qui sert immédiatement à l'entretien et à la croissance de la substance végétale ? les expériences de Saussure indiquent que non ; car le rameau d'une plante qui était en terre, n'a pas présenté de différence avec les pois qui croissaient dans l'eau. La sève a subi des élaborations multipliées, avant que de former le suc propre que reçoivent les feuilles : c'est ce suc qu'il faudrait examiner sous ce point de vue.

Il me paraît donc que les observations qui ont été faites jusqu'ici, prouvent que l'acide carbonique et l'eau, sont décomposés à la faveur de l'action de la lumière et de l'action réciproque du carbone et de l'hydrogène, que cette décomposition s'achève dans la feuille exposée au soleil, que souvent l'oxigène se dégage, et que quelquefois il reste en combinaison ; mais l'on ignore encore dans quel état de combinaison l'acide carbonique et l'eau étaient parvenus dans la feuille dans laquelle leur décomposition est achevée.

Les expériences que l'on a faites prouvent bien que l'acide carbonique peut servir à l'accroissement des végétaux, et qu'une certaine proportion favorise cet effet ; mais elles ont toutes été exécutées, en tenant les plantes ou leurs racines dans l'eau pure, ou qui ne contenait que de l'acide carbonique : on a aussi observé l'action de l'air atmosphérique sur les engrais, et l'on l'a vu qu'ils formaient de l'acide carbonique ; mais ces observations ne prouvent pas que les racines des végétaux ne reçoivent que de l'acide carbonique, lorsqu'elles croissent en pleine terre.

Hassenfratz avait prétendu que les substances qui favorisent la végétation y contribuaient, parce qu'elles leur fournissaient du charbon rendu soluble ; et Kirwan a adopté son opinion : d'un autre côté Senebier, qui avait fait voir que l'acide carbonique, suffisait pour entretenir la végétation, et qui avait éprouvé que l'eau de fumier produisait de mauvais effets, a conclu que tout le charbon qui s'accumule dans les végétaux, provenait de l'acide carbonique qu'ils reçoivent de l'atmosphère et de l'eau, ou qui est produit par les engrais.

Cette conclusion est peut-être trop générale ou trop prématurée : il me paraît qu'il faut des expériences plus multipliées et plus rigoureuses, pour prouver que toutes les substances qui favorisent la végétation comme engrais, ne servent qu'à produire de l'acide carbonique : on sait même que plusieurs substances colorantes pénètrent au de là des racines, sans avoir perdu leur qualité, et que par conséquent des substances qui contiennent du charbon, peuvent parven.. dans les plantes et fournir à la nutrition, sans avoir passé par l'état d'acide carbonique; l'observation de Saussure, que j'ai citée, paraît prouver que l'acide carbonique qui a pu parvenir par les racines, n'est pas celui qui est décomposé dans la feuille.

Quoiqu'il en soit, les végétaux qui croissent et se succèdent sur les terrains escarpés où les animaux ne peuvent porter des principes de reproduction, et qui éprouvent même, par l'écoulement des eaux pluviales, une perte des substances formées par la végétation, ne peuvent devoir le carbone et l'hydrogène, qu'à la décomposition de l'acide carbonique et de l'eau, soit que la végétation la produise immédiatement, soit que les substances qui en ont d'abord résulté, aient passé dans d'autres combinaisons et aient servi comme engrais à la dernière végétation.

Quoique l'azote doive être regardé comme un élément propre aux substances animales, et qu'il serve à donner leur caractère distinctif, il est cependant indubitable qu'il entre dans la composition de plusieurs parties des végétaux, même lorsqu'ils ne doivent leur croissance qu'à la décomposition de l'eau et de l'acide carbonique: ainsi Rouelle a fait voir que lorsqu'on exposait au feu le suc exprimé des plantes herbacées, la fécule qui se coagule par l'action de la chaleur, ainsi que par celle de l'alcool, contient une substance qui a les propriétés des substances animales ; mais il paraît que c'est sur-tout lorsque les plantes approchent de la maturité, que l'azote s'y fixe et que la lumière est favorable à sa production ; car selon l'observation de Proust, les plantes étiolées en contiennent beaucoup moins que celles qui sont devenues vertes (1).

On ne sait pas comment cet azote pénètre dans les végétaux, pour entrer dans leur composition, mais il peut être introduit avec l'eau, qui en tient toujours en dissolution, et qui est absorbée en si grande quantité dans la végétation : on ne me paraît pas fondé à le regarder comme associé nécessairement à l'acide carbonique ; celui-ci peut en être entièrement dépouillé, quoiqu'il favorise son dégagement de l'eau qui en contient.

Les observations qui ont été faites sur les terres qui se trouvent dans les végétaux, prouvent qu'elles sont en beaucoup plus grande quantité dans les plantes herbacées que dans les ligneuses, et dans celles-ci que dans les arbres ; et les expériences que Saussure a faites sur les cendres des plantes qui ont végété sur les cimes de quelques montagnes, dans des terrains différents (2), me paraissent prouver, par les rapports qu'il a

(1) Journ. de Phys. tom. LVI, p. 107.

(2) *Ibid.* tom. LII.

observés entre les parties des terres sur lesquelles les plantes ont végété, et celles qui composent les cendres de ces plantes, que la magnésie, l'alumine et la silice, ne sont point l'ouvrage de la végétation, mais qu'elles proviennent du terrain, et qu'elles ne se trouvent qu'accidentellement dans les végétaux : on ne pourrait être indécis, que sur la terre calcaire ; cependant les observations de Bergman et de Senebier, sur la quantité que peut en fournir même l'eau de pluie, rendent au moins très-probable, qu'elle est également étrangère à la végétation ; ce qui doit sur-tout s'appliquer au fer et au manganèse que l'on trouve dans les cendres. Ces terres introduites dans les végétaux, peuvent s'y distribuer et contribuer aux effets organiques ; mais il paraît que la silice y éprouve une action moins forte de combinaison que les autres, puisqu'elle se réunit et forme une espèce de cristallisation dans le tabasheer, comme l'a observé Macie (1), et qu'elle est repoussée en grande partie à l'épiderme des joncs et des graminées, comme on le voit par les observations de Davy (2).

Quant aux sels qui contiennent un acide minéral, il est aussi probable qu'ils ne font que s'introduire dans les végétaux ; on retire abondam-

(1) Trans. philos. 1791.
(2) Journ. of Nichols. 1789.

ment la soude de quelques plantes qui croissent sur les bords de la mer , pendant que les mêmes plantes n'en donnent point , lorsqu'elles ont pris leur accroissement dans des terrains éloignés des eaux salées , et selon une observation que je tiens de Cels , celles qui en donnent sur les rivages de la mer , qui ne sont pas trop humectés , ne contiennent plus que du muriate de soude , lorsqu'elles croissent dans l'eau salée elle-même ; ces considérations me portent à croire que la soude des plantes vient du muriate de soude , qui est décomposé par la réunion des conditions qui produisent cette décomposition dans d'autres circonstances (225).

La potasse se trouve beaucoup plus généralement dans les plantes , et l'on ne connaît point encore son origine : on trouve ceci de remarquable, dans les observations de Saussure , que la potasse s'est trouvée en plus grande proportion dans les cendres des végétaux qui avaient pris leur croissance dans un terrain calcaire ; d'un autre côté, les plantes herbacées en contiennent plus que celles qui ont un tissu plus serré : en attendant le résultat d'observations plus positives , je suis porté à croire que la potasse n'est point l'ouvrage de la végétation , parce que tous les phénomènes que présente la végétation , indiquent que ses effets ne sont dûs qu'à des causes qui agissent avec lenteur , à des forces qui se balancent presque, de sorte qu'un petit abaissement de température suffit pour les suspendre, et qu'on ne doit point en attendre des produits qui supposent des agents énergiques.

Une partie des matériaux, dans la végétation ordinaire, doit provenir de la terre et entrer dans la composition de la séve ; mais celle-ci, telle qu'on la retire des arbres, a déjà subi un travail. On doit à Vauquelin des observations très-intéressantes sur la séve (1) ; il y a trouvé de l'acétate de potasse et de l'acétate de chaux ; et dans celle de quelques arbres, de l'acide acétique en excès, mais c'est sur-tout dans la sève qui se meut en premier ; celle qui succède n'en contient pas, ou en contient beaucoup moins, et comme il a reconnu ces substances dans le terreau, on peut présumer qu'elles proviennent de la terre, ainsi que les autres substances salines, et qu'elles sont détruites par l'acte prolongé de la végétation ; cependant les différentes séves lui ont présenté d'autres substances, qui ne peuvent être attribuées qu'à l'œuvre de la végétation : ainsi la séve de quelques arbres lui a donné du tannin et de l'acide gallique, celle du bouleau contient une quantité assez considérable de substance sucrée, mais point de tannin ni d'acide gallique ; toutes ont une quantité plus ou moins grande de substance, qui donne de l'ammoniaque et qui contient de l'azote.

(1) Journ. de Phys. an VII.

32..

. La séve a pris un caractère plus décidé, lors-qu'elle forme le suc propre des plantes ; tel que la térébenthine : celui - ci se trouve rarement dans la tige, si ce n'est dans l'écorce ou dans la partie qui l'avoisine, il a ordinairement un caractère particulier dans les feuilles, dans les fruits, et dans d'autres parties de la plante : il ne suit pas la direction de la séve ; car « lors-» qu'on enlève une portion d'écorce à un ce-» risier, le mucilage s'écoule par la partie la » plus élevée de la section ; et quand on fait » une entaille à une branche de sapin, la téré-» benthine sort de la partie la plus voisine du » petit bout, lors même que la branche est » courbée vers la terre (1).

Ainsi les sucs qui pénètrent dans la plante, vont toujours changeant de propriétés, en se distribuant dans les différentes parties de la tige, des feuilles et des fruits.

Ces changements sont dûs, 1º. à l'action ré-ciproque de substances qui, contenant des élé-ments naturellement élastiques, éprouvent des modifications par les plus légères causes ; elles deviennent plus stables à mesure qu'elles par-viennent à une combinaison où les éléments peu-vent exercer avec énergie leur action réciproque, et subir une condensation proportionnée ; par

(1) Physiol. végét. tom. II.

là se forment des substances qui acquièrent une existence particulière, et qui quelquefois s'isolent entièrement des autres : c'est de cette manière que la tige, devenue ligneuse, ne s'accroît plus que par des prolongements plus souples à sa surface ou à ses extrémités, que des gommes ou des résines transsudent, et que des acides ou leurs combinaisons se fixent dans quelques parties.

Les substances donc qui tendent à prendre la solidité et qui sont près d'exister, doivent être sollicitées par là même à se former, et les éléments ont une disposition à produire les combinaisons où la condensation réciproque est la plus grande.

2°. A l'action des organes qui contribue particulièrement aux transmutations qui s'opèrent, lorsqu'elles sont limitées au petit espace qu'ils occupent; par exemple, c'est au petiole des feuilles, et au pédoncule des fruits que les sucs prennent des propriétés très - différentes; de là dépend l'utilité de la greffe.

Quoique l'action des organes soit obscure, et que jusqu'à présent on ait fait peu d'expériences qui puissent conduire à connaître en quoi elle consiste, on peut cependant former quelques conjectures, et en comparer les effets à ceux dont la cause est mieux connue.

On peut remarquer que les substances solides

exercent sur les liquides une action par laquelle ils tendent à donner leur constitution aux substances qui sont tenues en dissolution, pendant que celles qui sont liquides tendent au contraire à maintenir la liquidité de celles qui se trouvent avoir le plus de disposition à conserver cet état (29).

Si cette action produit des effets considérables dans les tubes capillaires, combien ne doivent-ils pas être plus grands dans des tubes très-petits et très-multipliés, et sur-tout lorsqu'ils sont formés de molécules qui ont peu de ténacité, et que l'affinité réciproque par conséquent affaiblit peu la tendance à la combinaison!

Les sucs qui parcourent ces vaisseaux, se trouvent eux-mêmes composés de substances très-mobiles dans leur composition, et ordinairement ils en contiennent dont la dissolution est imparfaite; de sorte qu'ils sont laiteux, ou que l'on peut y distinguer au microscope des parties qui paraissent isolées; or ces parties faiblement tenues en dissolution, n'opposent pas de résistance aux forces qui tendent à les modifier, et nous trouverons un exemple frappant de cette action dans les phénomènes de la fermentation.

Cette action des solides concourt, avec la disposition que les éléments d'une combinaison ont à se réunir dans les proportions où leur action réciproque produit le plus de condensation, et avec les effets de la lumière et de l'air, qui ont lieu dans quelques parties, pendant que d'autres sont privées de cette influence.

La graine commence donc à se débarrasser, au moyen de l'action de l'air, du carbone qui s'opposait à l'action réciproque des deux substances dont elle est principalement composée ; ainsi se produit une matière sucrée, qui ayant acquis de la solubilité, peut exercer une action sur les rudiments végétaux ; cette action se porte sur eux et sur la partie glutineuse, le concours de la lumière devient nécessaire, il se forme continuellement de l'acide carbonique, qui se décompose ensuite mutuellement avec l'eau ; l'oxigène, le carbone, l'hydrogène et l'azote se distribuent de manière que l'un de ces éléments domine souvent dans l'un des produits, pendant qu'un autre donne son caractère à un autre composé : quelques substances se forment au contraire en conservant un équilibre d'action entre leurs éléments ou un état neutre.

Les changements qui s'opèrent dans les fruits sont indépendants de la végétation : Inghenouse a observé qu'ils détériorent l'air ; ils produisent l'acide carbonique, même lorsqu'ils sont exposés à la lumière.

Il paraît donc qu'ils éprouvent un changement analogue à celui qui produit la germination dans les graines ; ils perdent une partie de leur carbone, et par là leur suc devient sucré, d'austère qu'il était, par l'ouvrage de la végétation. Pour les pétales et les feuilles qui dégénèrent, ils forment aussi de l'acide carbonique ; mais alors il s'opère une autre espèce de décomposition.

Les produits de la végétation diffèrent par les éléments qui les composent, par leurs proportions et par les qualités dominantes qu'ils peuvent conserver et leur imprimer ; dans les uns, les propriétés de l'oxigène leur donnent leur caractère, ce sont les acides ; dans les autres, ce sont celles de l'hydrogène, telles sont les huiles et les résines ; d'autres doivent leurs propriétés caractéristiques à l'azote ; elles se rapprochent par là des substances animales, et se putréfient comme elles ; plusieurs se trouvent dans un état de combinaison qui ne laisse appercevoir aucune supériorité de l'un de leurs éléments ; en sorte qu'ils paraissent y éprouver à-peu-près une saturation complète : dans cette classe se trouvent les substances gommeuses, l'amidon et le sucre.

Aucune de ces substances, dont on peut former plusieurs sous-divisions, établies sur des différences plus ou moins grandes, n'existe sans la réunion de l'oxigène, de l'hydrogène et du carbone, et il y en a, telles que le sucre, l'amidon et la gomme, qui ne contiennent point d'azote ;

mais celui-ci se trouve en proportion plus ou moins grande dans les autres, et même dans quelques acides ; nous avons vu que l'acide tartareux en contenait (327), et il résulte des observations de Proust, qu'il y en a aussi une certaine quantité dans l'acide acétique (1).

On ne peut conclure rigoureusement des propriétés caractéristiques d'une substance végétale, qu'elle contient une plus grande proportion d'un élément qu'une autre, dans laquelle les propriétés des éléments se sont dans un état de neutralisation, car si l'hydrogène se trouve en certaine quantité, par exemple, il produit une beaucoup plus grande saturation de l'oxigène que le carbone, comme on le voit par la comparaison de l'acide carbonique et de l'eau (262).

Il est difficile d'asseoir son jugement sur les résultats des analyses qni ont été faites jusqu'à présent ; il serait bien à desirer que les chimistes tournassent leur attention sur cet objet, avec les soins par lesquels ils sont parvenus à déterminer la composition des substances minérales : le carbone et l'azote peuvent être évalués avec exactitude ; l'incertitude est plus difficile à éviter pour l'oxigène et pour l'hydrogène.

Le sucre, selon Lavoisier, contient 84 parties d'oxigène, 28 de carbone et 8 d'hydrogène : il a

____

(1) Journ. de Phys. tom. LVI.

négligé dans cette évaluation, le carbone qui entre dans la composition de l'acide carbonique et du gaz hydrogène oxicarburé, qui se dégagent dans l'analyse du sucre, et en le comprenant, j'ai observé que la quantité de carbone devrait être portée à-peu-près, à 0,33; mais comme le charbon retient de l'hydrogène, il me paraît que l'évaluation de Lavoisier peut être admise, comme une approximation satisfesante. Fourcroy et Vauquelin ont trouvé que 100 parties de gomme contiennent 23,08 de carbone, 11,54 d'hydrogène et 65,38 d'oxigène (1) : ils attribuent à 100 parties d'acide oxalique, 77 parties d'oxigène, 13 de carbone et 10 d'hydrogène : je me permettrai d'élever quelques doutes sur cette dernière analyse; le sucre doit être privé d'une partie de son hydrogène, en passant à l'état d'acide, par l'action de l'acide nitrique, car c'est l'hydrogène qui se combine de préférence avec l'oxigène, surtout lorsque la combinaison ne prend pas l'état élastique, ce qu'on voit facilement dans l'action de l'acide muriatique oxigéné, qui produit sur le sucre les effets d'une légère combustion : or le sucre n'a selon l'analyse de Lavoisier qu'ils admettent, et dont les résultats me paroissent approcher beaucoup de la réalité, que 0,08 d'hydrogène.

Quoi qu'il en soit, on voit par l'analyse que je

____

(1) Syst. des Conn. Chim. tom. VII.

viens de citer, que les acides moins énergiques que l'oxalique, ne doivent pas avoir une proportion d'oxigène plus grande que le sucre et la gomme, quoique ceux-ci n'aient aucune propriété acide.

L'on ne peut déduire la solidité ou la mollesse, la solubilité ou l'insolubilité des substances végétales, de celles des parties qui les composent, parce que la condensation que subissent leurs éléments élastiques varie assez par les proportions, pour changer leurs dispositions à cet égard.

Ainsi une plus grande quantité de terre, n'est pas la cause de la plus grande solidité ; les plantes herbacées donnent beaucoup plus de cendres que les bois durs. La quantité de carbone ne répond pas également à la plus grande dureté : les bois ne donnent à-peu-près qu'un cinquième de leur poids en charbon (1), tandis que le sucre et la gomme en laissent beaucoup plus, et que celui de la noix de galle, passe le tiers de son poids. Chaptal remarque que la fécule que l'on fait digérer avec l'acide nitrique, prend des propriétés qui l'approchent des substances ligneuses ; que l'enveloppe cellulaire, qui est immédiatement recouverte par l'épiderme dans les végétaux, prend un caractère ligneux par l'action de

____

(1) Proust, Journ. de Phys, an VIII. Elém. de l'art de la Teinture, tom. I.

l'air, et que les arbres acquièrent une grande dureté, lorsqu'on les dépouille de leur écorce (1); et il attribue la plus grande solidité acquise dans ces circonstances, à la combinaison de l'oxigène. Jameson a confirmé ces conjectures par les effets que l'acide nitrique faible produit sur l'amidon (2). En effet, le bois donne beaucoup d'acide dans sa distillation. Cette oxidation est analogue à celle de l'indigo, qui acquiert de l'insolubilité par la combinaison de l'oxigène, et qui se laisse dissoudre par les alcalis, dès qu'il en est privé.

Les substances que l'on confond sous le nom d'extrait, éprouvent des changements rapides par l'action de l'air, par celle de l'eau et de l'alcool, par la chaleur que l'on fait subir à leur dissolution, comme on le voit dans l'excellente analyse du quinquina, que l'on doit à Fourcroy (3). Ces différents moyens produisent facilement des séparations et de nouvelles combinaisons, qui n'existaient pas; en sorte que ce n'est qu'avec beaucoup de circonspection que l'on peut conclure des produits que l'on obtient par ces moyens, quel était l'état naturel de la substance que l'on examine.

Les huiles valatiles prennent, par l'action de

(1) Elem. de Chim. tom. III.

(2) Bibl. Brit. tom. VIII.

(3) Ann. de Chim. tom. VIII et IX.

l'air, les propriétés des résines, et perdent leur. volatilité, soit parce que l'oxigène s'y combine, soit principalement parce que la partie d'hydrogène qui y tient le moins, se sépare en formant de l'eau ; mais il se produit entre quelques substances, une action vive, qui en change promptement les propriétés, et qui mérite une attention particulière, par les lumières qu'elle peut répandre sur l'action réciproque des substances végétales, même dans d'autres circonstances, et sur les procédés de l'un des arts les plus utiles à la société : je veux parler de la fermentation vineuse.

La théorie de cette fermentation doit déterminer quelles sont les substances qui sont nécessaires, pour qu'elle puisse s'établir, quels sont les résultats de l'action mutuelle de ces substances, et en quoi elle consiste.

Les chimistes se sont bornés long-temps aux apparences de la fermentation vineuse ; ils n'y ont apperçu qu'un mouvement intestin qui atténuait, brisait les parties grossières, en dégageait la chaleur, y changeait l'état du phlogistique ; ils négligeaient le premier objet qui devait précéder les raisonnements, la détermination des substances dont l'action réciproque produit la fermentation ; ou s'ils admettaient un ferment, si même ils abusaient de l'idée d'un ferment, ils ne considéraient, dans cet intermède, que la cause excitatrice du mouvement intestin ; mais ils le laissaient indéterminé.

Les progrès de la méthode , firent chercher quelle était la substance qui devait porter son action sur la matière sucrée , que l'on reconnaît dans celle qui subit la fermentation : les expériences parurent indiquer que c'était un acide ; ce fut l'opinion à laquelle furent conduits Henri et Bullion. Ce dernier cependant apperçut qu'il fallait une autre substance intermédiaire dont il ne reconnut pas la nature.

Fabroni remporta un prix proposé en 1785 , par l'académie économique de Florence : il établit (1) que le suc exprimé des raisins dépose un sédiment , que ce sédiment forme un cinquième du volume du liquide , que lorsque la fermentation est achevée , il se trouve diminué d'un tiers dans son volume apparent , et qu'à une température basse , le suc se clarifie entièrement , en déposant cette substance ; cependant il en retient en dissolution , et peut encore fermenter à la température convenable.

Il est parvenu à séparer parfaitement le sédiment , par des filtrations répétées , à travers des papiers épais et fins ; mais il avertit qu'il a eu soin auparavant , de le rendre plus glutineux , au moyen d'une forte chaleur , à laquelle il l'expose quelques instants. Le moût ainsi préparé , ne

____

(1) De l'Art de faire du vin, par Fabroni.

peut fermenter , mais le sédiment mêlé à une substance fermentescible , la fait entrer en fermentation.

Si on place du moût sur le feu , à peine est-il arrivé au degré moyen, entre la glace et l'eau bouillante , qu'il devient comme une matière presque coagulée , et le sédiment se dégage sous la forme d'écume.

D'autres expériences de Fabroni , prouvent que la partie glutineuse du froment , produit, soit sur le moût , privé de son sédiment , soit sur une préparation artificielle , le même effet que le sédiment du moût, si ce n'est que la fermentation s'établit plus lentement et exige une température plus élevée, et le concours du tartre ; il fait voir que les feuilles et leur suc peuvent aussi servir , parce qu'il s'y trouve une substance pareille à la partie glutineuse, mais liquide ; ainsi que l'a prouvé Hilaire Rouelle ; il a observé que les fleurs du sureau pouvaient exciter la fermentation en raison de cette substance qu'elles contiennent.

« Ce qui concourt sur-tout , dit Fabroni , à » prouver que le prompt mouvement de la fer- » mentation est dû à cette substance végéto- » animale , c'est de voir que c'est elle qui cons- » titue principalement l'écume du vin et de la » bierre qui fermentent ; substance dans laquelle » réside la faculté de conduire à une prompte

» fermentation , les corps avec lesquels on la
» mêle : on trouve dans Pline , ajoute-t-il , que
» cette faculté n'était point inconnue aux an-
» ciens ».

Fabroni n'a point trouvé cette propriété d'exciter la fermentation dans la colle forte , dans
l'albumine de l'œuf, ni dans la partie indissoluble
de la fibre animale.

Le travail de Fabroni est précédé d'un examen
anatomique de la graine de raisin , et il fait voir
qu'elle est composée de différentes substances liquides , qui sont séparées par des membranes ,
que c'est dans les cellules placées entre le centre
et l'écorce , que se trouve principalement la
substance sucrée , qu'il s'y forme quelquefois de
petits cristaux saccarins , et que c'est dans les
membranes que réside particulièrement la substance végéto-animale : il résulte de cette observation importante , que les raisins , et Fabroni
l'applique aux autres fruits , ne peuvent subir la
fermentation , que lorsque par la pression et la
trituration , on a confondu et mêlé les matières
dont l'action réciproque produit la fermentation.

L'ouvrage de Fabroni se trouve embarrassé de
beaucoup de considérations , qui sont tirées de
l'hypothèse du phlogistique , et qui l'empêchent
de déduire , dans leur simplicité , les conséquences
qu'offrent ses observations , et malgré leurs résultats , il cherche à faire intervenir l'action d'un

acide, qui peut être quelquefois un agent utile; mais qui n'est pas nécessaire, ou dont il faut du moins séparer l'action particulière : cet excellent physicien a rectifié ses idées dans un mémoire qu'il a présenté pendant son séjour à Paris, à la société phylomatique, et dont nous devons l'extrait à Fourcroy (1).

On voit par cet extrait, que Fabroni ne regarde plus l'acide comme un agent indispensable de la fermentation, et qu'il a réduit ses explications à une plus grande simplicité : « La matière sucrée » est l'élément nécessaire de la fermentation vi- » neuse ; elle s'y décompose ; elle ne fermente » qu'à l'aide d'une autre substance, capable de » réagir sur elle et d'en dégager un fluide élas- » tique.

» La matière qui décompose le sucre, dans » l'effervescence vineuse, est la substance végéto- » animale ; elle siége dans des utricules particu- » lières, dans le raisin, comme dans le bled ; en » écrasant le raisin, on mêle cette matière gluti- » neuse avec le sucre, comme si on versait un » acide et un carbonate dans un vase ; dès que » les deux matières sont en contact, l'efferves- » cence ou la fermentation y commence, comme » cela a lieu dans toute autre opération de chi- » mie. . . .

(1) Ann. de Chim. tom. XXXI.

» Quand ces matières se trouvent liquides, le
» carbone de la partie glutineuse se porte sur
» l'oxigène du sucre, se brûle et se dégage en
» gaz ; le sucre, en partie désoxidé, forme un
» nouveau mode de combinaison, avec l'hydro-
» gène et l'azote ».

Thénard a fait des observations semblables sur
le suc de groseille, le suc de cerise et sur celui
de plusieurs autres fruits, de sorte que l'on peut
regarder comme constant, 1°. Que les sucs expri-
més des fruits qui peuvent subir la fermentation
vineuse, contiennent une substance sucrée et
une substance végéto-animale ; 2°. Que ces substances sont isolées l'une de l'autre dans le fruit
qui les contient ; 3°. que, dès qu'elles sont rapprochées et confondues par l'expression, leur action
réciproque commence les phénomènes de la fermentation ; mais il se présente ici différentes
questions : cette matière végéto - animale, qui
sert de ferment, est-elle une substance uniforme?
doit-elle être dans l'état de dissolution pour
exercer son action ? Une autre substance telle
que le tartre, peut elle favoriser cette action ?
Il résulte des expériences de Fabroni et de Thénard, que la matière végéto - animale, qui est
contenue dans les sucs fermentescibles, est semblable à la levûre qui se sépare du vin et de la
bierre en fermentation ; mais le premier a fait
voir que la partie glutineuse du froment pouvait

aussi exciter la fermentation, quoiqu'alors elle soit plus tardive et exige une plus haute température : j'ai produit la fermentation, dans un mélange de sucre et de gluten, en y ajoutant un peu de tartre ; de sorte que le gluten peut remplir les fonctions de la levûre, quoique moins parfaitement; cette différence ne me paraît tenir qu'à l'adhérence plus grande des parties, qui s'oppose à son action sur les autres substances, et en employant un gluten dont la tenacité était diminuée par un commencement de putréfaction, j'ai vu la fermentation s'établir plus facilement. On apperçoit, dans l'analyse et dans la disposition à la putréfaction, peu de différence entre le gluten et la levûre ; cependant Hilaire Rouelle a retiré un peu d'acide de la levûre, au commencement de sa distillation, produit qu'il n'a pas obtenu du gluten (1). Cette différence doit être attribuée à une portion d'amidon, qui se sera séparée avec la substance végéto-animale ; car il n'a point retiré d'acide, du gluten coagulé des sucs herbacés, et Fabroni a éprouvé que ces sucs pouvaient être substitués à la levûre.

Le ferment est donc une substance végéto-animale, ou dont la composition a de l'analogie avec celle des substances animales et peut avoir quelques différences dans ses propriétés, qui la

______

(1) Tableau de l'Anal. Chim.

rendent plus ou moins propre à produire la fermentation.

Séguin, qui a entrepris une grande suite d'expériences principalement dirigées vers la perfection des différents arts qui ont la fermentation pour objet, a observé que la levûre, que l'on mettait en digestion avec l'eau chaude, formait une dissolution qui avait après cela, la propriété de fermenter avec le sucre, pendant que le ferment des fruits se coagule par la même chaleur. La levûre que j'ai fait bouillir avec de l'eau, pendant dix minutes, a fermenté avec le sucre, mais beaucoup plus tard que dans son état ordinaire; il en est de même de celle qui a été tenue en digestion avec l'alcool; enfin celle qui a été fortement desséchée, fermente aussi beaucoup plus lentement, de sorte que cette substance peut éprouver elle-même des modifications qui altèrent les qualités du ferment.

Il en est de même de la substance sucrée, quoiqu'on la compare au sucre. La levûre et le sucre doivent être pris pour types des deux substances qui agissent dans la fermentation, comme un acide et un alcali, dont il existe plusieurs espèces, dans la théorie des combinaisons salines : Proust établit même une différence entre le sucre que l'on peut retirer du moût de raisin, par la cristallisation et le sucre ordinaire (1); ces

____

(1) Journ. de Phys. tom. LVI.

différences doivent en produire dans le résultat
de la fermentation ; la substance sucrée du moût
de bière ne ressemble que par les propriétés
générales , à celles du moût de vin.

Si lorsque la fermentation est devenue vive ,
entre le sucre et la levûre , on filtre le liquide ,
il passe transparent, et toute la fermentation cesse
ou est suspendue ; elle recommence aussitôt , dès
que l'on mêle de nouveau le ferment avec la dissolution sucrée ; cependant le liquide que l'on
a filtré, se trouble un peu dans la suite ; il forme
un petit dépôt , et il s'y établit lentement une
fermentation peu active : il suit de là que c'est le
ferment, qui n'est pas en dissolution , qui exerce
l'action la plus vive. En effet, celui qui peut
entrer en dissolution limpide, doit subir , par-là
même , une force de combinaison qui s'oppose
à son changement d'état , ou qui le rend lent et
successif , au lieu du mouvement brusque et
tumultueux qui caractérise la fermentation vineuse. On pourrait croire que c'est l'action du
sucre qui produit la dissolution du ferment dont
je viens de parler ; mais Séguin s'est assuré , que
l'eau mise sur le ferment , produisait , en y
dissolvant du sucre apres l'avoir séparée, le
même effet que lorsqu'on filtrait le mélange de
sucre et de ferment, après avoir séjourné ensemble ; de sorte que l'eau seule dissout autant

du dernier, que lorsqu'elle tient en même-temps du sucre en dissolution.

Plusieurs expériences de Fabroni et de Bullion paraissent prouver que le tartre est favorable à la fermentation ; mais comme il n'en est point un ingrédient nécessaire, il y a apparence qu'il n'agit que sur la substance végéto-animale. On sait que les acides végétaux peuvent dissoudre le gluten, et le tartre acidule paraît avoir particulièrement cette propriété : le gluten mêlé avec le sucre et l'eau, ne m'a donné que des indices douteux de fermentation ; mais en ajoutant à ce mélange un cinquième de tartre du poids du gluten, la liqueur est devenue vineuse, quoique la fermentation ait été beaucoup plus lente et qu'elle ait exigé une température plus élevée qu'avec la levûre ; ainsi quoiqu'il faille encore des expériences pour déterminer jusqu'à quel point le tartre peut être utile, il est probable qu'il sert en diminuant l'insolubilité du ferment. Est-ce par le tartre ou un autre acide, ou par la partie glutineuse, que la rafle du raisin contribue à la fermentation ?

Lorsque à une température assez élevée, le ferment et la substance sucrée ont été confondus par l'expression des graines de raisins, de même que par la compression ou trituration des autres fruits, on voit presqu'à l'instant un mouvement spontané s'établir par leur action réciproque, le gaz acide carbonique qui se dégage , agite le liquide ; et c'est avec raison que Fabroni compare ce phénomène à l'effervescence ; la cause et l'effet en sont les mêmes : la substance sucrée perd sa saveur douce , la liqueur prend plus de légèreté spécifique et devient vineuse ; le mouvement intestin et les bulles d'acide carbonique qui s'attachent aux parties solides , rejettent celles-ci à la surface , sous la forme d'écume ; là se trouve une grande partie du ferment , et si on laisse s'écouler l'écume ou si on la sépare , la fermentation peut cesser avant que la partie sucrée ait subi la fermentation ; un moyen de la ranimer lorsqu'elle languit , c'est de renouveler le mélange , par le mouvement ou par le foulage.

Lorsque la fermentation a perdu sa vivacité, la liqueur qui était trouble s'éclaircit , les parties hétérogènes se déposent : ce sédiment est formé en grande partie du ferment superflu.

Cependant le vin éclairci continue à éprouver un changement beaucoup plus lent, et qui dure quelquefois des années : par-là ses qualités se perfectionnent jusqu'à un certain point , et il devient plus spiritueux. Pendant cette action lente, il se dépose encore du ferment , qui forme en grande partie la lie, probablement parce que celui qui était liquide , s'est coagulé par l'action de la liqueur , devenue plus spiritueuse. Que la lie, qui se dépose successivement, soit due en grande partie, à la substance végéto-animale, son analyse le prouve; car Rouelle en a retiré beaucoup d'ammoniaque, et Proust la compare aussi aux substances animales.

Nous avons remarqué, ci-devant, que lorsque l'on filtrait un mélange de sucre et de levûre, la fermentation, quoique vive, était suspendue, mais qu'il s'en établissait en suite une lente et peu active : il paraît donc que dans cette fermentation artificielle, ainsi que dans celle du moût du raisin, toute la partie de la fermentation à laquelle on donne spécialement ce nom, et qui précède la clarification, est due à l'action du ferment qui n'est pas en dissolution, de sorte que l'état trouble est une condition nécessaire des sucs fermentescibles.

Lavoisier a fait, sur les produits de la fermentation du sucre et de la levûre, des expériences où il a porté sa précision ordinaire : il en résulte que 100 parties pondérales de sucre ne consomment qu'environ $\frac{1}{72}$ de levûre, abstraction faite de l'eau qui lui est étrangère; qu'il se produit un peu plus de 35 parties d'acide carbonique; que l'on retire par la distillation de la liqueur vineuse, près de 58 parties d'alcool, et qu'il reste un peu plus de deux parties d'acide acétique, qui s'est formé pendant la fermentation, et quatre parties d'extrait. Ces produits doivent sans doute varier selon les différences de la substance sucrée ; mais ils suffisent pour donner une idée exacte de la fermentation.

Lavoisier avait pensé d'abord que la formation de l'alcool était due à la décomposition de l'eau ; mais l'analyse qu'il fit du sucre, lui fit voir que les 0,64 d'oxigène qu'il contient, suffisent pour expliquer la production de l'acide carbonique et celle de l'acide acétique, qui ont lieu dans la fermentation vineuse. En effet, par-là même qu'il se dégage du carbone et de l'oxigène, comme l'observe Chaptal (1), l'hydrogène restant le même, « Les caractères de cet élément doivent » prédominer, et la masse fermentescible doit » parvenir au point où elle ne présentera plus » qu'un fluide inflammable. »

L'extrait que laisse la distillation du vin donne, par la distillation, un acide qui est analogue à l'acide acétique, et qui, saturé de chaux, laisse exhaler des vapeurs ammoniacales : l'acide acétique tient lui-même de l'azote dans sa composition ; on retrouve donc dans ces produits, au moins en partie, l'azote du ferment.

Le ferment paraît d'abord agir sur le sucre, par la disposition qu'a une partie de son carbone à se combiner avec l'oxigène. Thénard a observé que la levûre absorbait facilement l'oxigène avec

______

(1) Elém. de Chim. tom. I.

lequel on la tient en contact ; il en est de même du gluten, dont la couleur s'altère et se fonce promptement.

Lorsque la fermentation vineuse est achevée, ou approche de sa fin, il reste encore du ferment en dissolution ; mais alors il éxerce une action différente, il produit une autre modification, qui va être examinée, il fait passer le vin à l'aigre, sur-tout avec une certaine élévation de température ; celui même qui s'était déposé, contribue à cet effet.

Cette action ultérieure du ferment explique les soins que l'on doit se donner, pour clarifier les vins que l'on veut conserver ; car par-là on sépare le ferment dont l'action prolongée deviendrait nuisible : il y a apparence que l'utilité du soufrage consiste à coaguler cette partie soluble du ferment.

Les observations précédentes font voir que les connaissances que l'on a acquises sur la fermentation, permettent de soumettre l'art de faire le vin, à des principes aussi exacts, que quelqu'autre art que ce soit ; elles répandent peut-être quelque lumière sur les excellents préceptes que Chaptal a donnés sur cet objet (1).

Il faut, dans un moût donné, une certaine proportion de ferment et de matière sucrée ; c'est

____

(1) De l'Art de faire les Vins. Ann. de Chim. tom. **XXXVI.**

ordinairement la dernière qui se trouve en trop petite proportion : on peut l'augmenter par l'addition du sucre ou de quelqu'autre substance sucrée. On peut séparer une partie du ferment, mais celui-ci manque probablement dans les vins qui restent doux ou fades ; l'écume n'est donc point un récrément inutile, elle contient un ingrédient nécessaire, qu'il peut être bon, dans quelques circonstances, d'augmenter, au lieu de le diminuer : plus on favorise le contact de cet ingrédient avec la substance sucrée, plus on donne de l'activité à la fermentation. Il faut séparer ce sédiment avec soin, lorsque le vin est parvenu au degré où on le desire ; mais il ne faut pas opérer cette séparation avant cette époque. L'action qu'il exercerait après cela, serait nuisible. On ignore encore en quoi consistent les effets du tartre, ou même s'il s'en produit dans la fermentation, ainsi qu'il se forme de l'acide acétique. Pour l'acide malique que l'on trouve en certaine quantité dans quelques vins, est-il aussi un produit de la fermentation, ou bien existait-il dans le suc du raisin ? On peut diminuer les proportions de l'eau, par l'évaporation du moût.

J'ai supposé jusqu'à présent que les liqueurs vineuses ne devaient les changements qu'elles éprouvent, qu'à la substance sucrée qu'elles contiennent ; mais soit que cette substance puisse avoir une différence assez grande de composition, soit qu'elle se partage en deux parties, dont l'une a des propriétés analogues à celles de l'amidon, et l'autre à celles du sucre, on observe, dans la plupart des vins, des propriétés qui supposent l'existence de ces deux substances, ou qui s'expliquent par elle.

Lorsque le vin est parvenu a un certain degré de la fermentation lente, il passe souvent à l'aigre, et se change en acide acétique : l'élévation de la température et le contact de l'air dont l'oxigène s'absorbe, favorisent le changement. Cependant quelques vins sucrés ou généreux, ne subissent point cette altération, selon l'observation de Chaptal ; quelques autres, au contraire, l'éprouvent très-facilement. Cette différence paraît prouver que quelques vins sont dûs à un moût qui ne contenait qu'une substance sucrée, pendant que celui qui a formé les autres, avait encore une substance beaucoup plus disposée à l'acétification.

Lorsque la fermentation acéteuse s'établit, la liqueur vineuse se trouble, et elle s'éclaircit à la fin, par un dépôt qui est dû, en grande partie, à une nouvelle séparation du ferment. Il paraît donc que le ferment, qui est resté en dissolution, produit la fermentation vineuse pendant qu'il se trouve de la substance sucrée, que lorsque celle-ci est à-peu-près épuisée, il exerce une action plus faible et qui exige ordinairement une plus haute température , sur une autre substance qui est analogue à l'amidon , et qu'alors il produit de l'acide acétique.

L'oxigène qui s'absorbe pendant la fermentation acétique, selon l'observation de Rosier , peut servir à décomposer la combinaison vineuse , en se combinant avec l'hydrogène , ou bien il entre immédiatement dans la composition de l'acide acétique ; mais à en juger par l'altération du vin qu'on laisse en contact avec l'air , il produit beaucoup plus le premier effet que le second. Cependant la production de l'acide acétique n'est pas toujours due à ces deux causes ; il s'en forme pendant la fermentation vineuse du sucre et de la levûre, même sans communication avec l'air : il est vrai qu'alors il peut être dû à la portion d'amidon que contient toujours la levûre : c'est un objet qui reste à éclaircir.

Parmentier, Deyeux et Vauquelin , ont examiné *l'eau sure* des amidoniers, qui renferme les résultats de la fermentation de la farine livrée à elle-même et à l'action de l'eau ; ils en ont retiré une petite quantité d'alcool, une assez grande quantité d'acide acétique, et Vauquelin y a trouvé un peu d'ammoniaque et de phosphate de chaux (1).

Il est naturel d'attribuer la petite quantité d'alcool à ce peu de substance sucrée que les farines contiennent ; pour l'ammoniaque et le

(1) Ann. de Chim. tom. XXXVIII.

phosphate de chaux, ce sont indubitablement des produits de la putréfaction d'une portion du gluten.

Vauquelin observe que l'on ne retire pas dans la fabrication de l'amidon, tout celui qui existait avant l'opération, et qu'il faut qu'une partie ait été détruite par l'acétification : le gluten et la substance qui produit l'alcool, doivent, soit par la putréfaction, soit par la fermentation vineuse, ne contribuer que pour une très-petite portion, à la quantité d'acide acétique qui se forme.

J'ai exposé, à une température un peu élevée, et avec une certaine quantité d'eau, un mélange de gluten et d'amidon, l'un et l'autre lavés avec soin ; il s'est formé promptement de l'acide acétique, sans indice de liqueur spiritueuse ; mais bientôt l'acide a été saturé en partie par l'ammoniaque, en sorte que le gluten n'a pas tardé à passer à la putréfaction.

Les observations précédentes me paraissent prouver que l'acétification est principalement due à l'action du gluten, ou d'une substance qui en approche, sur l'amidon ou sur une substance analogue, quoiqu'il puisse s'en former aussi un peu par la fermentation vineuse, ou par l'action de l'oxigène sur le vin.

La fermentation panaire a beaucoup de rapport avec l'acéteuse, elle s'établit entre le gluten et l'amidon qui se trouvent assez rapprochés pour pouvoir agir l'un sur l'autre; je me suis assuré qu'il se dégageait beaucoup d'acide carbonique; la levûre accélère cette fermentation, parce qu'elle a moins de cohérence que le gluten : le levain produit le même effet, parce que le commencement de fermentation qu'il a éprouvé a aussi diminué la cohérence de ses parties, et l'a disposé à exercer son action : par là il peut servir de ferment aux substances sucrées : l'acidité qu'il a acquise peut favoriser cet effet, en donnant un peu moins d'insolubilité au gluten. Comme l'action réciproque est plus faible dans cette fermentation, elle a besoin d'un degré de chaleur plus élevé que la vineuse. Lorsqu'elle a fait des progrès, l'on ne peut plus séparer le gluten de l'amidon, et elle se confond ensuite avec la fermentation acéteuse. Ainsi des graines céréales peuvent éprouver différents changements, selon l'état du gluten et de l'amidon qu'elles contiennent ; si ces deux substances restent isolées, l'humidité fait passer le gluten à la putréfaction, et la graine perd la propriété de germer ; si elles sont confondues, c'est la fermentation panaire ou l'acéteuse qui s'établit entre elles, sur-tout lorsque l'on facilite leur action par celle d'un gluten plus atténué ; mais pour que l'amidon puisse subir la fermentation vineuse, il faut qu'il ait abandonné une partie de son carbone, et qu'il ait acquis ainsi les

propriétés d'une substance sucrée ; de là , la préparation de la bière commence par la germination. Dans les sucs des fruits doux , la substance sucrée se trouve produite ; ils peuvent
passer immediatement à la fermentation vineuse.

Les chimistes sont partagés sur l'existence de
l'alcool dans le vin ; quelques-uns le regardent
comme tout formé, et d'autres ne considèrent
le vin que comme une substance disposée à le
produire par l'action de la chaleur.

En dissolvant le résidu de la distillation avec
la liqueur qui a passé dans le récipient , on est
bien loin d'avoir une liqueur semblable au vin ,
qui a été soumis à l'opération , et si l'alcool était
tout formé , il pourrait s'élever à une chaleur
inférieure à celui qui est nécessaire pour l'ébullition de l'eau , puisque le degré de sa propre
ébullition est de 66 degrés du thermomètre de
Réaumur ; il n'entraînerait avec lui qu'une quantité d'eau à-peu-près correspondante à la tension
de celle-ci. L'accélération du terme de l'ébullition que j'ai supposée (244, 245), ne peut être
qu'un petit effet : on obtiendrait, de prime-
abord, de l'alcool, en ménageant la chaleur ,
comme on peut en obtenir du vin , auquel ou
a mêlé de l'alcool ou de l'eau-de-vie.

Il me paraît donc que l'alcool n'a pas encore
une existence isolée dans le vin , quoiqu'il puisse
s'en trouver un peu dans les vins généreux et

vieillis ; mais qu'il faut regarder cette liqueur , à part le tartre et les autres acides, comme un composé uniforme dans lequel l'hydrogène est, suivant la pensée de Chaptal, dominant par ses propriétés : la chaleur sollicite ce principe élastique à se séparer , mais son élasticité étant balancée par l'affinité qui le retient en combinaison , il se fait un partage des éléments , en raison de ces deux forces , et il passe à la distillation un liquide dans lequel les propriétés de l'hydrogène sont devenues beaucoup plus dominantes , pendant que les autres principes plus fixes restent et forment l'extrait : une seconde distillation de la liqueur spiritueuse en sépare l'eau , qui n'est retenue avec l'alcool que par une faible affinité.

Lors même que l'extrait provient d'une liqueur formée par le moyen du sucre et de la levûre, il retient de l'acide acétique, comme je l'ai observé ci-devant, et il donne, par la distillation , un produit acide ; mais si l'on ajoute de la chaux à cet acide, qui est de l'espèce acétique, il s'en dégage des vapeurs ammoniacales ; l'acide acétique tient lui-même de l'azote dans sa composition, comme l'a fait voir Proust (1) ; d'où il résulte que le charbon qui reste dans cette opération doit aussi en receler ; car le charbon

____

(1) Journ. de Phys. tom. LVI.

2. 34

des substances qui ont de l'azote, peut former de l'acide prussique, et Proust a observé que le résidu de la distillation de l'acétate de potasse en contenait.

L'alcool subit, par l'action de quelques acides, un changement qui produit des propriétés nouvelles ; il passe à l'état d'éther.

Comme l'acide muriatique n'est propre à produire de l'éther que lorsqu'il est dans quelques combinaisons où on le supposait oxigéné, on avait cru que l'oxigène devait entrer dans la composition de l'éther, et que l'alcool devait en recevoir d'un acide pour prendre l'état d'éther ; on était confirmé dans cette opinion par la supposition que l'acide acétique qui peut produire un éther, différait de l'acide acéteux par un excès d'oxigène.

Nous devons à Fourcroy et à Vauquelin des observations intéressantes sur l'action que l'acide sulfurique exerce, soit sur les substances végétales et animales, soit sur l'alcool (1), et sur la production de l'éther.

Ils ont observé, que cet acide en séparait une substance charbonneuse, qu'en même temps sa concentration diminuait, et que par conséquent il se produisait de l'eau : ils expliquent par cette action le changement de l'alcool en éther : l'oxi-

(1) Ann. de Chim. tom. XXIII.

gène et l'hydrogène de l'alcool sont décidés à former de l'eau, et une partie de son charbon est séparée ; de sorte que l'alcool diffère de l'éther, selon
eux, en ce qu'il contient plus de carbone, moins
d'hydrogène et d'oxigène, et que l'huile douce qui
succède à sa production est à-peu-près à l'éther
ce que l'alcool est à ce dernier ; ils font voir que
la production de l'éther précède la formation de
l'acide sulfureux, et que par conséquent l'acide
sulfurique ne peut y contribuer en donnant de
l'oxigène.

Je me permettrai quelques observations sur
cette théorie lumineuse.

1°. Ce n'est pas du charbon qui est séparé
par l'action de l'acide sulfurique ; mais une substance résineuse ou bitumineuse qui, bien lavée,
donne dans la distillation un acide et une huile.

2°. La production d'un acide ne me paraît pas
être un effet constant, je n'en ai pas apperçu en
fesant agir l'acide sulfurique sur le sucre. Si cet
acide est concentré, il se forme de l'acide sulfureux ; s'il est assez délayé, on n'apperçoit que la
séparation de la substance noire, sans aucune
odeur d'acide acétique.

Il arrive donc ici ce que l'on observe en général
dans l'action d'un liquide, sur une substance dont
la composition est mobile ; l'acide sulfurique tend
à se combiner avec tout ce qui peut prendre l'état
liquide ; il détermine ainsi la formation de l'eau ;

d'un autre côté, il se produit une substance solide, avec des proportions dans lesquelles l'élément, qui a le plus de disposition à la solidité, domine : c'est un phénomène semblable à celui de la séparation du sulfate insoluble, et du sulfate soluble de mercure, par l'eau (387).

Si dans cette séparation il se trouve un excès d'oxigène dans la partie soluble, il peut former un acide soluble ; mais sa formation n'est pas un effet nécessaire de l'action de l'acide sulfurique, puisque le sucre, traité avec cet acide, n'a point laissé appercevoir l'odeur qui aurait décélé l'acide acétique, pour peu qu'il y en eût eu de produit.

Si nous appliquons ces considérations à la transformation de l'alcool en éther, nous voyons qu'il s'y fait une séparation d'une substance résineuse, et une production d'eau, mais ici il se trouve un grand excès d'hydrogène ; que doit-il donc arriver ? il doit tendre à se séparer par son élasticité, qui est accrue par la chaleur, et former une combinaison inverse de celle de la substance qui devient solide, c'est-à-dire, une combinaison dans laquelle l'hydrogène domine : c'est l'éther. Il suit de-là que l'éther doit contenir une proportion beaucoup plus grande d'hydrogène que l'alcool, et beaucoup moins d'oxigène ; cependant mes confrères y admettent une plus grande proportion d'oxigène.

Si l'on fait passer de l'alcool par un tube incandescent, il se dégage du gaz hydrogène carburé, d'une grande légèreté spécifique ; mais il
distille un liquide acide, dans lequel on retrouve,
par conséquent, un excès d'oxigène ; si l'on soumet l'éther à la même opération, il se dégage
aussi de l'hydrogène carburé, qui a plus de pesanteur spécifique que le précédent, mais qui a
les mêmes quantités de carbone et d'hydrogène,
sous un même poids, selon l'observation des
chimistes hollandais (1). Ce gaz ne contient point
d'acide carbonique, et il ne se forme pas de liquide
acide, comme dans la destruction de l'alcool.

Lorsque l'on décompose l'alcool par l'acide muriatique oxigéné, on a pour résidu, une substance qui a quelque ressemblance à celle qu'on
obtient par-là, du sucre même (2) ; mais l'éther
paraît se réduire entièrement en eau, et ne laisse
qu'un peu d'huile épaisse (3).

S'il se trouvait une proportion plus considérable d'oxigène dans l'éther, elle devrait nuire à
sa plus grande inflammabilité, et par la forte
action qu'il exerce, à sa légèreté spécifique.

Quoique les dernières expériences n'aient pas
été faites avec le soin qu'éxigerait une compa-

(1) Journ. de Phys. an II.

(2) Mém. de l'Acad. 1785.

(3) *Ibid*. tom. II.

raison exacte de l'alcool et de l'éther, elles concourent cependant, avec les indications de la théorie, à prouver que l'éther contient une plus petite proportion d'oxigène que l'alcool.

La formation de l'huile douce est accompagnée de la production de l'acide sulfureux, ce qui fait voir qu'elle contient une proportion moindre d'hydrogène, et une plus grande d'oxigène, que l'éther.

Fourcroy et Vauquelin prétendent qu'il se forme de l'acide acétique avec l'éther : Pelletier n'en a point apperçu, non plus que Proust (1). On peut donc regarder ce résultat comme douteux ; mais il est intéressant de l'éclaircir, car la formation de l'acide acétique prouverait qu'il entre de l'azote dans l'alcool ; ceci doit s'appliquer à l'acide qui se forme, lorsqu'on fait passer l'alcool par un tube incandescent.

Dans la formation de l'éther nitrique, les chimistes savent qu'il se produit de l'acide acétique, mais on trouve dans l'acide nitrique, l'origine de l'azote qui doit entrer dans sa composition. Dans cette opération, il se produit un gaz particulier, que Pelletier avait remarqué, et que les chimistes hollandais ont analysé ; ce gaz est inflammable, il est soluble dans l'eau, il se combine avec les alcalis : il est dû à

(1) Journ. de Phys. an II.

l'éther et au gaz nitreux, qui conservent une existence particulière, mais qui forment cependant une combinaison dont les propriétés sont communes, jusqu'à ce qu'une affinité supérieure puisse la rompre ; c'est un nouvel exemple d'un gaz inflammable, qui contient une proportion considérable d'oxigène. On doit éviter le dégagement de ce gaz dans la production de l'éther nitrique, puisqu'il soustrait l'éther.

Les causes de la production de l'éther font voir pourquoi quelques acides ne peuvent en produire ; Pelletier n'a pu obtenir de l'éther, de l'acide phosphorique et de l'acide arsénique, parce que ces acides ont trop peu d'action sur l'eau : l'acide acétique doit être dans l'état où il est connu sous le nom de vinaigre radical, parce que ce n'est que dans cet état qu'il est assez privé d'eau. L'acide muriatique doit être combiné avec un métal très-oxidé, parce que c'est alors que, privé d'eau et très-concentré, il a une forte action sur ce liquide, comme l'a fait voir Adet, pour le muriate d'étain fumant (393).

Dans la distillation des substances végétales, il se fait d'autres séparations, et il se forme d'autres combinaisons, déterminées par la composition des substances qui subissent cette opération, par la température et les autres circonstances qui peuvent modifier l'action chimique : une huile volatile se change, à une chaleur modérée, en une huile plus volatile et en une résine ; la première, soumise à une plus haute température, se réduit en gaz hydrogène carburé, et en acide carbonique ; une grande partie du charbon reste fixé. La résine, soumise à la même épreuve, donne les mêmes produits, mais en proportion différente ; le charbon qu'elle laisse est beaucoup plus abondant.

Les produits diffèrent encore, selon la composition des substances grasses, ainsi que leurs propriétés ; les huiles fixes paraissent contenir plus d'oxigène et moins de carbone ; avec une plus grande proportion d'oxigène, elles passent à l'état de suif et de cire ; elles donnent plus d'acide dans leur décomposition.

Les substances qui contiennent beaucoup d'oxigène, donnent, dans leur décomposition, de l'hydrogène oxi-carburé. Les produits gazeux varient, comme l'observe Lavoisier, selon l'action plus prompte ou plus lente de la chaleur, parce que dans le premier cas, l'eau peut être décomposée, et que dans le second, elle peut passer à la distillation, avant que d'éprouver cette décomposition.

L'azote qui se trouve dans plusieurs substances végétales, entre en combinaison plus intime avec l'hydrogène et forme de l'ammoniaque, quelquefois même de l'acide prussique. Le charbon retient une partie de l'azote ; les terres et les sels non-décomposables , restent confondus avec lui.

Tous ces changements sont dûs, 1º. à l'affinité qui tend à réunir les différents éléments qui se trouvent en présence , à les isoler par leur solidité, ou leur élasticité, déterminée par les proportions dans lesquelles leur action réciproque est le plus énergique, et par la température; 2º. à l'action réciproque des composés, qui tend à leur donner un état commun de liquidité , ou à en séparer les parties qui diffèrent par leur disposition à l'état solide ou à l'état élastique.

Si les applications de la chimie , à la composition des substances végétales , à leur production et à leur action réciproque, présentent encore beaucoup d'objets indéterminés , si la théorie doit se borner à établir sur plusieurs de ces objets , des conjectures qui ne pourront se consolider que par une suite de recherches , ou si même il en est un certain nombre sur lesquels on ne pourra obtenir que des apperçus, combien plus grandes sont les difficultés qui se présentent , lorsque l'on veut reconnaître les propriétés des substances animales , dans leurs rapports avec les éléments qui les composent, et avec les changements successifs qu'elles éprouvent !

Un plus grand nombre d'éléments entrent dans les combinaisons qui forment les substances animales; l'azote, que les substances végétales ne contiennent pas toujours , ou qu'elles n'ont qu'en petite quantité, est une partie nécessaire de celles qui sont animales : le soufre et le phosphore semblent se trouver dans toutes : elles contiennent toutes des proportions considérables d'hydrogène : par-là, à moins qu'elles n'aient acquis une consistance qui puisse les maintenir dans leur état, elles sont très-mobiles et très-sujettes à éprouver des variations, d'autant plus qu'elles ne reçoivent, dans leur composition, que peu d'oxigène, qui, par la force de son action, pourrait donner plus de stabilité à la composition.

La difficulté de ces applications s'accroît bien plus, lorsque l'on porte son attention sur les phénomènes de l'animal vivant ; la respiration qui maintient le corps animal dans une température élevée ; la circulation qui renouvelle sans cesse le contact des substances différentes et d'une composition variable, dans des vaisseaux également différents et dont l'action est continuellement modifiée par les propriétés vitales, produisent des changements continuels et de nouvelles combinaisons.

Quand on pèse ces difficultés, on ne peut qu'être surpris de la précipitation avec laquelle quelques-uns s'empressent de donner des explications chimiques de tous les phénomènes de l'animal vivant.

D'un autre côté, des physiologistes célèbres prétendent que les phénomènes du corps vivant

sont entièrement isolés des lois physiques , et
sont complétement dûs à une force vitale , dont
ils se servent vaguement pour toutes leurs explications ; le sang même et les autres liquides sont ,
selon eux , doués de cette force qui préside à tous les
changements qu'ils éprouvent ; on dirait que les
substances animées n'ont plus ni pesanteur ni
tendance à la combinaison , et que les agents chimiques les plus puissants, perdent toute énergie
sur une substance qui est dominée par cette
force.

Certes il faut distinguer tout ce qui dépend
de l'action vitale , dont on apperçoit les effets
distincts , tels que ceux qui dépendent de la sensibilité, de la contractilité animale , de la contractilité organique.

L'observation de ces effets , la connaissance
des organes qui les produisent, de leurs distribu-
tions , de leurs rapports entre eux et de leurs
affections particulières , les modifications même ,
qui peuvent en résulter dans l'action réciproque
des liquides et des solides , sont l'objet d'un ordre
de recherches , qu'il ne faut pas confondre avec
celles qui ont pour objet les autres phénomènes
physiques , mais il ne faut pas en conclure qu'il
ne faut plus faire entrer , dans les considérations
physiologiques, les causes physiques qui exercent
leur action sur les substances brutes. La lumière
n'agit-elle pas sur l'œil , conformément à ses pro-

priétés ? les vibrations de l'air ne portent - elles pas sur l'oreille des impressions qui suivent leurs variations ? l'acide nitrique et la potasse ne dissolvent-ils pas une substance vivante , comme si elle était {privée de la vie ? le phosphate de chaux des os , l'acide phosphorique et les phosphates de l'urine ne sont-ils pas des combinaisons dont les éléments sont soumis à l'affinité , indépendamment de la vitalité ?

Il me semble donc que les combinaisons qui se succèdent dans l'animal vivant , sont également un effet de l'affinité , lequel varie par les circonstances , comme dans les autres phénomènes chimiques , mais ces circonstances sont très-multipliées ; l'action organique peut encore les faire varier par la contraction et le mouvement soumis à la sympathie organique et aux affections vitales.

Les dispositions chimiques qui peuvent se trouver dans les substances animales , dépendent des éléments qui les composent , de leurs proportions , de leur état de combinaison , particulièrement de leur mollesse et de leur solidité ; ainsi , tout étant égal , une plus grande proportion d'azote doit les rendre plus putrescibles. On voit donc que pour remonter à la source des propriétés chimiques des différentes substances animales , il faut commencer par en faire une analyse exacte , et déterminer les proportions de leurs éléments. Fourcroy est presque le seul qui se soit occupé de cet objet avec quelque suite ; mais c'est un travail qui ne peut être poussé à une précision suffisante, que par des recherches longues et multipliées, et la chimie n'a acquis, que de nos jours, les préliminaires nécessaires.

La vitalité n'appartient qu'aux substances qui ont une certaine proportion d'azote et d'hydrogène ; on dirait qu'une action modérée de ces éléments est nécessaire pour qu'il puisse s'établir un autre ordre de propriétés, et que ces propriétés se modifient selon les qualités chimiques de la combinaison ; ainsi la sensibilité est exquise, avec une mollesse qui s'allie au degré nécessaire de solidité, pour que l'action vitale, qui exige un commerce entre les parties intégrantes d'une substance, puisse se communiquer, telle est la pulpe nerveuse ; dès que la solidité augmente à un certain degré, la sensibilité diminue et même disparaît : les parties solides reprennent-elles de la mollesse, il arrive souvent qu'elles acquièrent une nouvelle sensibilité.

C'est sur-tout dans les animaux microscopiques, que l'on voit les progrès de la vie : des rudiments qui n'offrent que les apparences de la végétation, et qui la conservent encore dans une partie de leur croissance, se changent en animaux ; c'est ainsi que la matière verte, que Priestley avait prise pour un végétal ordinaire,

est composée, en grande partie, d'animalcu-
les, qui peuvent ensuite se multiplier de différentes manières ; comme l'a observé Jnghenouse (1), et qui donnent du gaz oxigène, par
l'exposition à la lumière.

Les fucus, les bissus, les trémelles, et un
nombre indéfini d'autres substances qui jouissent
des propriétés des polypes (2), présentent des
phénomènes communs à l'état végétal et à l'animal, et passent de l'un à l'autre.

Quelques-unes de ces substances peuvent provenir de la décomposition des substances animales, qui, si elles sont en petite quantité,
relativement à l'eau, ne se putréfient pas dans
ce cas, mais si elles éprouvent un commencement
de putréfaction, ses produits disparaissent par la
suite du procédé, sur-tout, l'odeur qui en est
un indice, et il se dégage du gaz oxigène.

Cet effet remarquable, observé par Priestley (3),
n'a lieu qu'avec le secours de la lumière : à
l'ombre, l'on n'obtient que les produits de la
putréfaction.

La production de ces substances, qui ont une
organisation végéto-animale, paraît avoir tou-

(1) Nouv. expér. et observ. tom. I.

(2) Recherc. chim. et microscop. sur les Conserves, les
Bisses, Tremelles, etc. par Girod Chantrans.

(3) Expér. et observ. sur différentes branches de la
Physique, tom. III.

jours besoin du concours de la lumière, elle est toujours accompagnée d'un dégagement de gaz oxigène; elle exige donc une décomposition de l'eau, dont l'hydrogène entre, par-là, dans leur composition.

L'azote y entre aussi, car elles se putréfient facilement, et Girod Chantrans en a retiré de l'ammoniaque par l'analyse. Il paraît que les substances animales peuvent leur fournir cet azote ; ce qui fait qu'elles sont sur-tout propres à leur prompte production : elles peuvent cependant, selon l'observation de Priestley, se produire ou croître sans le concours des substances animales, et alors il paraît qu'elles s'emparent de l'azote qui est dissous dans l'eau ; de là vient, que selon l'observation de Spalanzani (1), les animaux microscopiques meurent bientôt, lorsque l'eau dans laquelle ils vivent, n'est pas en contact avec une certaine quantité d'air. Quelques substances végéto-animales peuvent recevoir un accroissement assez considérable dans l'eau pure, au moyen de quelques fragments qu'on y place, comme le fait voir Girod Chantrans, pour que l'on en onstate la composition ; alors ces substances contiendraient-elles cette grande proportion de terre calcaire qu'il y a trouvée ? Il reste à examiner si ces productions

(1) Œuvres, tom. II.

vertes peuvent se passer de la décomposition de l'acide carbonique, lorsqu'elles ne sont pas dues à une substance animale. Il est vraisemblable qu'elles retiennent un peu d'oxigène dans leur composition, puisqu'on en obtient de l'huile par la distillation.

On doit déjà à Cabanis plusieurs considérations importantes sur ce passage de la substance brute à la substance animée; il répandra sur cet objet, une nouvelle lumière, puisqu'il a annoncé qu'il continuait de s'en occuper (1).

Quelques poissons paraissent croître par un procédé semblable; Rondelet en a vu acquérir un poids considérable, en vivant dans l'eau pure. Il y a apparence que la décomposition d'eau se fait abondamment dans tous les animaux, car ils se chargent d'une graisse abondante, en vivant d'aliments qui contiennent peu d'hydrogène, et en général toutes les substances animales ont une grande proportion d'hydrogène.

L'azote qui s'accumule dans les animaux qui respirent, leur vient en partie par la respiration même. Priestley avait déjà observé qu'il se fesait une absorption assez considérable de ce gaz, mais on pouvait trouver quelques causes d'incertitude dans le procédé qu'il avait employé; Davy, qui porte une grande exactitude dans ses expériences,

(1) Rapports du Phys. et du moral de l'homme, tom. II.

nient de lever le doute qu'on pouvait conserver ; il a observé que dans la respiration ordinaire , la quantité de gaz azote qui s'absorbe , est à-peu-près le sixième de celle du gaz oxigène , et que icelui-ci n'est employé qu'en partie à former l'acide carbonique , de sorte qu'une autre partie sert à la composition de l'eau , ou entre dans quel-qu'autre combinaison (1).

L'action chimique des substances qui jouissent de la vie , étant plus vive que celle des substances qui sont en végétation , il doit en résulter des combinaisons beaucoup plus difficiles à se for-mer. La chaux et le phosphore sont peut-être au nombre de ces productions , car les expériences de Vauquelin , qu'il serait si important de répéter et de varier , indiquent , dans les excréments d'une poule , une quantité de chaux et d'acide phosphorique , beaucoup plus grande que celle qui existait dans les aliments dont elle a été nour-rie (2). Il serait à desirer que Girod Chantrans eût aussi examiné si les plantes animales produi-saient du phosphore ou de l'acide phosphorique.

Les substances animales abandonnées à elles-mêmes , entrent en putréfaction ; les change-ments qu'elles subissent par-là , le terme où s'arrête leur décomposition selon les circons-

(1) Trans. philos. 1790.
(2) Biblioth. Britan. tom. XXI.

tances , les combinaisons qui se forment , sont encore bien loin d'être connus , comme l'observe Proust.

Si la putréfaction s'établit avec peu d'eau , il se dégage beaucoup d'un gaz inflammable qui est carburé ou oxi-carburé , et qui est mêlé à une certaine quantité d'acide carbonique ; si on lave le gaz , il s'en sépare de l'acide carbonique , et il perd beaucoup de sa puanteur ; lorsqu'on s'oppose à son dégagement dans un flacon fermé , la putréfaction s'arrête bientôt , et ne reprend ses progrès , que lorsque le gaz , qui produisait une compression , peut s'échapper ; s'il y a beaucoup d'eau avec la substance animale , il ne se dégage que peu de gaz , mais le liquide devient très-fétide ; enfin si la proportion d'eau est très-considérable , et si le vase est exposé au soleil , il n'y a pas de putréfaction , mais production de substance animée , et dégagement de gaz oxigène. Lorsque la substance , qui se putréfie est en contact avec une grande quantité d'air , il se fait une production d'acide carbonique , mais non de gaz inflammable , et le volume du fluide élastique diminue , au lieu d'augmenter ; la substance qui subit alors la putréfaction , perd sa consistance et devient visqueuse et à demi-liquide , de sorte qu'il y a indubitablement production d'eau ; en même-temps il se forme de l'ammoniaque , et au commencement , un acide dont les indices dispa

raissent par l'augmentation de l'ammoniaque ;
après quelques renouvellements successifs de l'air,
l'odeur putride disparaît.

La cause de l'influence meurtrière des émana-
tions putrides, n'est pas encore éclaircie ; Priestley et Cavendish ont éprouvé qu'un air pouvait
être rendu infect, sans que l'épreuve eudiométrique laissât appercevoir ses qualités délétères.
Il paraît, en combinant le trop petit nombre
d'observations que l'on a sur cet objet, que la
production, qui donne l'odeur putride, n'a que
peu de disposition gazeuse, et qu'il ne s'en dissout qu'une partie peu appréciable, dans les gaz
qui sont en contact avec elle, ou qui se dégagent
pendant la putréfaction. Crawford a observé
qu'elle ne prenait pas l'état de gaz par la distillation (1). On peut attribuer les précipités qu'il a
obtenus de quelques dissolutions métalliques,
par la sanie ichoreuse, à un peu d'hydrogène sulfuré. Cette combinaison doit avoir nécessairement de l'azote, puisque les substances qui n'ont
pas de l'azote, ne se putréfient pas, et que probablement elles sont d'autant plus putrescibles,
qu'elles en contiennent une plus grande quantité.
Quoiqu'il en soit de cette substance, la chimie
a pu en détruire les effets délétères, même sans
la connaître, et c'est un service que Guyton a

____

(1) Trans. philos. 1790.

rendu ; et dont l'importance sera d'autant plus grande, qu'elle sera plus sentie (1).

Les acides peuvent servir à la désinfection, ou parce qu'ils détruisent la combinaison putride, comme le fait très-probablement l'acide muriatique oxigéné, et peut-être l'acide nitrique et l'acide sulfureux, ou en se combinant simplement avec la substance putride. C'est ainsi que paraît agir l'acide muriatique ; mais il ne faudrait pas en conclure que cette substance est un alcali, car les alcalis ont aussi la propriété de se combiner avec elle, et d'en diminuer au moins les effets ; les antiseptiques les préviennent, en produisant, avec les substances animales, une combinaison qui résiste davantage aux causes de décomposition.

On a attribué à l'action vitale la puissance distinctive de s'opposer par elle-même à toute putréfaction ; mais le ferment de nature animale, n'entre pas en putréfaction dans la fermentation vineuse, et même dans l'acéteuse ; plusieurs substances antiseptiques l'empêchent de naître par leur combinaison ; le gluten de la farine ne se putréfie qu'avec un certain degré d'humidité, et la putréfaction fait des progrès dans quelques substances qui ne sont pas encore privées de l'influence vitale. Il me semble donc que l'on peut

____

(1) Traité des moyens de désinfecter l'air.

chercher les causes chimiques qui s'opposent à la putréfaction pendant la vie, et qu'on peut les trouver dans la succession de combinaisons qui s'opèrent, et dans l'évacuation continuelle de l'urée, qui contient beaucoup d'azote, selon la belle observation de Fourcroy (1), soit que l'azote entre dans la composition de l'urée, comme il le croit, soit qu'elle s'y trouve déjà dans l'état d'ammoniaque, comme l'annonce Proust, les autres substances excrémentielles doivent aussi contribuer à cet effet ; enfin l'action vitale doit concourir, par les mouvements et les contractions qu'elle produit, et qui repoussent les objets qui affectent les organes d'une certaine manière.

Celles des substances animales qui contiennent le moins d'azote, ne subissent qu'un commencement de putréfaction, et se changent en fromage ; c'est à cette circonstance que me paraissent dues les propriétés de la substance caséeuse du lait : Hilaire Rouelle a observé que le gluten subissait aussi ce changement : en laissant à l'air l'albumen de l'œuf coagulé par la chaleur, je l'ai vu passer lentement à l'état de fromage. Vauquelin a observé que dans la formation du fromage, il se produisait de l'acide acétique, et de l'ammoniaque ; cette production paraît avoir lieu dans toute putréfaction.

(1) Syst. des Conn. Chim. tom. X.

Par une température élevée , les éléments des substances animales se séparent en formant des combinaisons décidées par la volatilité et la fixité ; l'azote et l'hydrogène produisent de l'ammoniaque et de l'acide prussique ; une grande partie de l'hydrogène entre dans la composition de l'hydrogène carburé et des huiles ; il se forme aussi de l'acide carbonique , soit par la décomposition de l'eau , soit au moyen de l'oxigène qui entrait dans la composition de la substance animale ; c'est probablement à ce dernier que l'on doit la formation d'un acide analogue à l'acide acétique , que l'on trouve dans les produits de la distillation ; enfin le résidu charboneux contient des phosphates et différentes terres et oxides.

On apperçoit aussi , dans cette opération , des indices du soufre : le charbon retient de l'azote et du soufre , au moyen desquels il peut former de l'acide prussique et de l'hydrogène sulfuré.

CONCLUSION

DE LA SECONDE PARTIE.

L'AFFINITÉ réciproque de toutes les substances et les dispositions qui leur appartiennent et qui dépendent du rapport qui se trouve entre le calorique, et les parties qui les composent, forment la puissance qui produit tous les changements de combinaison qui se succèdent dans la nature et les phénomènes qui en sont dérivés ; de là naissent toutes les forces qui se balancent, se confondent ou s'opposent, qui se neutralisent ou se développent avec leur énergie primitive.

Dans la première partie de cet essai, j'ai comparé les effets de ces causes générales, pour reconnaître les lois qu'elles suivent : j'ai analysé ceux de chaque disposition commune aux substances différentes. J'ai conclu de ces considérations, que toute action réciproque des corps qui tend à en changer l'état de combinaison, est soumise aux mêmes lois, et que tous les phénomènes qui en résultent ne sont pas un produit de la seule affinité des substances, mais qu'ils dépendent encore des dispositions qui les distinguent et des changements qu'elles subissent, par les circonstances où elles se trouvent.

Dans la seconde partie, j'ai examiné les dispositions particulières des substances, et j'ai tâché de reconnaître, dans les effets de leur action, l'influence de ces dispositions, et les modifications qu'elles peuvent apporter dans l'exercice de l'affinité qui leur est propre, ou qu'elles peuvent recevoir elles-mêmes.

Les qualités individuelles ont des rapports par les tendances à la combinaison qui en est le principe ; c'est par ces rapports que l'on doit classer les substances, et comparer les propriétés chimiques qui les distinguent. En m'appuyant sur ces considérations, j'ai comparé successivement les substances dont l'action énergique produit les effets les plus distincts, contribue le plus aux phénomènes, et devient l'instrument dont se sert le chimiste.

Si les propriétés chimiques des différentes substances sont dues à leur affinité et à leurs dispositions particulières, celles des combinaisons qu'elles forment, dépendent de la saturation respective, des changements de constitution qui sont dûs à l'action réciproque, du degré de la force qui maintient la combinaison ; ainsi les propriétés des substances simples sont, non-seulement la cause des combinaisons, mais encore celle de leurs propres affections ; j'ai tâché de les suivre, dans les transmutations qu'elles éprouvent, et dans la révivification qu'elles doivent à des conditions opposées.

Après avoir reconnu les propriétés des substances qui exercent une action chimique, on peut procéder à l'examen des phénomènes qui en sont une conséquence, mais qui dépendent souvent d'une action très-compliquée, dont il faut tâcher de distinguer tous les éléments.

Dans cet examen, on ne parvient quelquefois qu'à des résultats qui peuvent recevoir une double explication, et même les causes des phénomènes peuvent se trouver trop complexes, pour que l'on puisse les distinguer avec les données actuelles, et les combinaisons trop mobiles, pour que l'on puisse assigner les parties qui les composent, ou du moins l'état où elles se trouvent.

Lorsque l'observation ne peut parvenir à des résultats déterminés, il reste encore au pouvoir de la chimie, de reconnaître et de réunir les circonstances qui peuvent décider une production ou un phénomène ; il peut s'étendre par-là sur les procédés les plus obscurs des arts et sur les phénomènes les plus compliqués, en sorte que les applications de la chimie n'ont d'autres limites que celles de l'action réciproque des corps.

Dans les recherches qui ont pour objet les

propriétés générales, ainsi que dans celles qui s'occupent des propriétés particulières et des applications de la chimie, soit qu'on analyse une substance ou un phénomène, on ne doit prononcer que sur des expériences précises, et dont toutes les circonstances ont été examinées avec soin, de sorte que cette exactitude, dans l'art des expériences, doit être la sollicitude perpétuelle des chimistes ; mais ce serait une erreur grave, que de vouloir recueillir les résultats des expériences isolées, sans être guidé par une théorie éclairée ; cette théorie n'est-elle pas elle-même, le fruit des expériences dirigées vers la détermination plus ou moins précise des propriétés générales ? chaque principe qu'elle établit ne doit être qu'une conséquence d'expériences faites sur une propriété commune, et sans le secours de ces principes, on n'obtient que des faits observés, incomplètement, incohérents entre eux et inutilement accumulés.

J'ai cherché à évaluer toutes les forces qui concourrent à l'action chimique, et ensuite les principales propriétés des substances qui exercent ces forces ; j'ai examiné les causes, et j'ai tâché de les balancer avec leurs effets ; mais, je le répète en terminant cet essai, je suis persuadé moi-même, que soit dans la discussion des principes, soit dans les applications nombreuses qui se sont présentées, il m'est souvent arrivé de m'appuyer sur des faits dont l'exactitude n'est pas assez confirmée, d'attribuer à une cause, des effets qui en sont indépendants, et de donner trop d'autorité à des vues qui ne sont encore que conjecturales ; toutefois j'aurai rempli mon objet, si j'attire l'attention des chimistes sur des principes qui ont été admis avec trop de confiance, et sur des propriétés qu'il me paraît important d'établir avec plus de soin, pour que la science puisse s'affermir dans sa marche rapide ; je serai le plus vigilant d'entre eux, pour épier les causes d'erreur qui auront pu m'en imposer.

FIN DE LA SECONDE PARTIE.

ERRATA.

PREMIERE PARTIE.

Pages.	Lignes.	
39	21	: elle n'humecte, elle ne mouille ; *lisez*, il.
80	11	(35) ; *lisez*, (52).
81	5	force de la cohésion ; *lisez*, la force de cohésion.
88	17	c'est si ; *lisez*, c'est que si.
94	3	(51) ; *lisez*, (50).
119	5	le sulfate de baryte ; *lisez*, le muriate.
125	24	: d'alcali, pour les autres acides, les portions ; *lisez*, d'alcali : pour les autres acides, les proportions.
159	8	37 p. 50 ; *lisez*, 37,50.
279	15	qui les concerne ; *lisez*, qui le.
291	26	(*Note I*) ; lisez, (*Note V*).
360	21	plus la solubilité ; *lisez*, plus l'insolubilité.
408	4	: dans le carbonate de ; *lisez*, dans le carbonate de soude que.
439	23	: la forme de trois ; *lisez*, la forme de leurs.
451	2	l'on veut ; *lisez*, où l'on veut.
471	6	en raison inverse du poids ; *lisez*, en raison du poids.

SECONDE PARTIE.

44	26	d'une combinaison lente ; *lisez*, d'une combustion.
45	11	qu'elle ; *lisez*, elle.
85	23	(*Note XVIII*) ; lisez, (*Note XX*).
95	30	est condensé ; *lisez*, est engagé.
309	18	avec la chaux ; *lisez*, avec l'alumine.
321	3	des propriétés acides ; *lisez*, des propriétés des alcalis.
391	17	à son action ; *lisez*, à leur action.

9 782013 691154